高等职业教育机电类专业“十二五”规划教材

电力电子技术

赵俊生 主 编

王 冲 程敬春 雷时荣 副主编

唐义锋 主 审

中国铁道出版社

CHINA RAILWAY PUBLISHING HOUSE

内 容 简 介

本书紧密结合电力电子技术实际情况，体现CDIO工程教育理念，将基础理论知识与技能实训相结合，充分体现了高等职业教育的应用特色和能力本位，突出应用能力和创新能力的培养。全书内容丰富，实用性强，可用于学生的基础理论学习与实际操作训练，以及课程设计与毕业设计。全书内容分为6章：电力电子器件、可控整流电路、直流变换电路、无源逆变电路、交流变换电路与软开关技术、电力电子装置。每章均包含相应的技能实训，便于学生进行实际操作练习。

本书可作为高职院校电气自动化、机电应用技术、机械自动化、数控技术应用等专业的教学用书和短期培训教材，也可供广大工程技术人员参考。

图书在版编目(CIP)数据

电力电子技术/赵俊生主编．—北京：中国铁道出版社，2013.6

高等职业教育机电类专业"十二五"规划教材

ISBN 978-7-113-15843-9

Ⅰ.①电… Ⅱ.①赵… Ⅲ.①电力电子技术-高等职业教育-教材 Ⅳ.①TM1

中国版本图书馆CIP数据核字(2013)第009373号

书　　名：电力电子技术
作　　者：赵俊生　主编

策　　划：吴　飞　张永生　　　　读者热线：400-668-0820
责任编辑：吴　飞　鲍　闻
封面设计：付　巍
封面制作：白　雪
责任印制：李　佳

出版发行：中国铁道出版社(北京市宣武区右安门西街8号　邮政编码：100054)
网　　址：http://www.51eds.com
印　　刷：三河兴达印务有限公司
版　　次：2013年6月第1版　　2013年6月第1次印刷
开　　本：787 mm×1 092 mm　1/16　**印张**：13　**字数**：317千
印　　数：1～3 000册
书　　号：ISBN 978-7-113-15843-9
定　　价：28.00元

前言

FOREWORD

为了适应社会经济和科学技术的迅速发展，以及教育教学改革的需要，根据“以就业为导向”的原则，注重以先进的科学发展观调整、组织教学内容，增强认知结构与能力结构的有机结合，强调培养对象对职业岗位（群）的适应程度，在广泛调研的基础上，我们组织编写了本书。本书立足于对电气运行与控制专业整体优化，力图有所突破、有所创新。

本书体现CDIO工程教育理念，基础理论知识强调“实用为主，必需和够用为度”的原则，将基础理论与技能实训相结合，充分体现了高等职业教育的应用特色和能力本位，突出应用能力和创新能力的培养。全书内容丰富，实用性强，可用于学生的基础理论学习与实际操作训练，以及课程设计与毕业设计。全书内容分为6章：电力电子器件、可控整流电路、直流变换电路、无源逆变电路、交流变换电路与软开关技术、电力电子装置。全书共设置了11个技能实训项目，将相关知识做了较为精密的整合，内容深入浅出，通俗易懂，还有新技术的介绍。

本书集实验、技能训练与技术应用能力培养为一体，体现了职业教育对人才培养模式的新要求；将知识点和能力点紧密结合，注重培养学生实际动手能力和解决工程实际问题的能力，突出了职业教育的应用特色和能力本位；实训项目相对独立，内容覆盖面宽，选择性强，可满足不同层次、不同专业的需求。书中列举的技能实训项目，旨在培养学生电力电子技术的应用方法和动手能力。本书计划学时数为90学时。

本书由炎黄职业技术学院赵俊生任主编，江苏财经职业技术学院王冲，炎黄职业技术学院程敬春、雷时荣任副主编。具体编写分工：赵俊生编写第1～3章，王冲编写第4章，程敬春编写第6章，雷时荣编写第5章。全书由赵俊生统稿。

本书由江苏财经职业技术学院唐义锋教授主审。唐教授提出了许多有益的意见和建议。本书得到了江苏财经职业技术学院、炎黄职业技术学院领导，以及许多其他单位、个人的大力支持和帮助，在此一并表示诚挚的谢意。

由于编者水平有限，书中的疏漏和不妥之处在所难免，恳请读者批评指正。

编　者

2013年1月

目 录

CONTENTS

第1章 电力电子器件

学习目标

- 通过学习了解电力电子器件的基本特性和分类。
- 掌握常用电力电子器件的工作原理、特性、主要技术参数，熟练掌握器件的选取原则与使用方法。
- 掌握典型全控型器件，了解电力电子器件的串并联，了解电力电子器件的保护。学会晶闸管导通关断的测试。

在电力电子电路中能实现电能的变换的开关电子器件称为电力电子器件，从广义上来说，电力电子器件可分为电真空器件和半导体器件两类，本章涉及的器件都是指半导体电力电子器件。电力电子器件是电力电子技术及应用系统的基础。熟悉和掌握电力电子器件的结构、原理、特性、主要参数和使用方法是学好电力电子技术的前提。

1.1 概　　述

电力电子技术包括电力电子器件、电力电子电路和控制技术三部分，其研究任务是电力电子器件的应用、电力电子电路的电能变换原理、控制技术，以及电力电子装置的开发与应用。

电力电子技术是将电子技术和控制技术引入传统的电力技术领域，利用半导体电力开关器件组成各种电力变换电路实现电能的变换和控制，构成的一门完整学科。该学科被国际电工委员会命名为电力电子学(Power Electronics)技术、控制技术和电力技术的新兴交叉学科。图 1-1 形象地描绘了电力电子技术学科与其他学科的关系。

1. 电力电子技术的发展

电力电子技术的发展取决于电力电子器件的研制与应用。电力电子器件是电力电子技术的基础，也是电力电子技术发展的动力，电力电子技术的每一次飞跃都是以新器件的出现为契机的。

自 20 世纪初发明汞弧整流管单相桥式整流器以来，用于功率变换的主要器件是汞弧整流管和硒整流器。1947 年，美国的贝尔实验室发明了晶体管，引发了电子技术的一场革命。以此为基础，美国在 1956 年研制出了最先用于电力领域的半导体器件——硅整流二极管，又称电力二极管。普通的电力二极管因其正向通态压降(1 V 左右)远比汞弧整流器(10～20 V)小而取代汞弧整流器，大大提高了整流电路的效率。普通整流管通常应用于 400 Hz 以下的不可控整流电路。随着在生产工艺上以缩短整流管正反向恢复时间来降低整流管的开关损耗为目的的研究取得了成功，开发出了快恢复整流管和肖特基整流管，并应用于中频(10 kHz以下)和高频(10 kHz以上)整流的场合。20 世纪 80 年代中后期，为了进一步减少低压高频开关电源中电力半导体器件的管压降和损耗，同步整流管也应运而生。

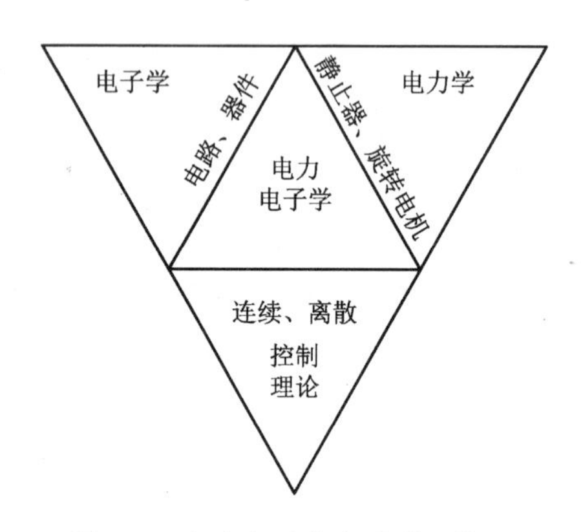

图 1-1　电力电子技术学科的构成

1957 年，美国通用电气公司(GE)发明了普通反向阻断型可控硅整流管(Silicon Controlled Rectifier，SCR)，以后称为晶闸管(Thyristor)。它标志着电力电子技术的诞生。经过工艺完善和应用开发，到 20 世纪 70 年代，晶闸管已形成了从低压小电流到高压大电流的系列产品。以晶闸管为主要器件的电力电子技术在电化学工业、铁道电气机车、钢铁工业(感应加热)、电力工业(直流输电、无功补偿等)的迅速发展也有力地推动了晶闸管的进步。电力电子技术的概念和基础就是基于晶闸管及晶闸管变流技术的发展而确立的。

从 20 世纪 70 年代开始，在其后的近 30 年时间里，世界各国相继开发出一系列晶闸管的派生器件。

集成门极换流晶闸管(IGCT)是由瑞士 ABB 公司和日本三菱公司合作开发的，其容量可达 4 500 V/4 000 A，工作频率可达数千赫，已成功应用于中压变频器、电力机车牵引驱动和高压直流输电等领域，这是一种极具发展潜力的高电压、大电流的电力半导体器件。可关断晶闸管(GTO)的容量可达 6 000 V/6 000 A，工作频率在 500 Hz 以下，因此它在低频、高电压、大电流应用领域具有优势。可以说，GTO 和 IGCT 两种自关断器件，加上高电压、大电流的晶闸管器件已成为今天电力电子技术中关键的应用器件。

到 20 世纪八九十年代，用于电力变换的功率 GTR 才进入到工业领域，被广泛应用于中小功率的电路中。GTR 是全控型器件，驱动信号可控制其开通，也可以控制其关断，它的工作频率比晶闸管高，为 10～20 kHz。脉冲宽度调制(PWM)技术在 GTR 变换电路中的应用使得主流线性电源迅速被高频开关电源取代。GTR 也曾被应用于中小功率电动机变频调速(目前已被 MOSFET 或 IGBT 取代)、不间断电源(UPS，已被 IGBT 管取代)等工业领域。但是，GTR 存在着电压耐量不高、电流容量较小、存在二次击穿、不宜并联以及开关频率偏低等问题，其应用范围受到了限制。

在 20 世纪 70 年代后期，功率场效应晶体管开始进入实用阶段，进入 80 年代，在降低器件的导通电阻、消除寄生效应、扩大电压和电流容量以及取代电路集成化等方面进行了大量研究，取得了很大进展。在功率场效晶体管中，应用最广泛的是电流垂直导电结构的器件（VD-MOS）。VDMOS 是一种场控可关断器件，具有频率高、开关损耗小、安全工作区宽、输入阻抗高、易并联等优点，目前广泛应用于高频开关电源、计算机电源、航空电源、小功率 UPS 以及小功率（单相）变频器等领域。

提到 20 世纪 80 年代初的电力半导体器件，较为引人注目的成就之一就是开发出双极型复合器件。目前被认为最具有发展前途的是 1983 年由美国 GE 公司发明的绝缘栅双极型晶体管（IGBT）。它实现了器件高电压、大电流参数同其动态参数之间最合理的折中，因而兼有 MOS 器件和双极型器件的突出优点，目前 IGBT 容量可达 4 500 V/1 200 A 或 3 300 V/1 500 A。IGBT 取代功率 GTR 早已成为事实，目前 IGBT 正成为高电压、大电流应用领域中 GTO 和 IGCT 的潜在竞争者。值得关注的是，美国 IR 公司开发了 WAPP 系列 IGBT，美国 APT 系列开发了 GT 系列“霹雳型” IGBT，目前已有 600 V/100 A 及其以下的此类 TGBT 商品，其硬开关工作频率已高达 150 kHz，而软开关工作频率可达 300 kHz，它的电流密度是相同电压等级的功率 MOSFET 管的 2.5 倍，体积比 MOSFET 管小，成本也比较低，所以它正在越来越广泛地应用在高频开关电源中。

多年来，为了提高电力电子装置功率密度以减小体积，一般把多个大功率器件组成的各种单元与驱动、保护、检测电路集成一体，构成功率集成电路（PIC）。制造具有各种不同功能的功率集成电路的最大优势是引线减少、可靠性提高，经济效益也明显增加。PIC 使用方便、性能可靠，代表着电力电子器件的发展方向。由于不同元器件、电路、集成芯片的封装或相互连接产生的寄生参数已成为影响电力电子系统性能的关键问题，所以采用 IPM 可以减少设计工作量，使生产自动化，提高系统品质、可靠性和可维护性，缩短设计周期，降低成本。目前三相六管封装的 IPM 容量可达 1 200 V/600 A，单相桥臂两管封装的 IPM 容量可达到 1 200 V/2 400 A。大功率 IPM 已成为电力电子技术领域一个研究重点。

综上所述，电力半导体器件经过了 50 多年的发展，器件制造技术水平不断提高，已经历了以硅整流管（SR）、晶闸管（SCR）、可关断晶闸管（GTO）、巨型晶体管（GTR）、功率 MOSFET、绝缘栅双极型晶体管（IGBT）为代表的分立器件时期，现在已发展到由驱动电路、控制电路、传感电路、保护电路、逻辑电路等集成在一起的高度智能化的 PIC 和 IPM 时期。电力半导体器件实现了器件与电路的集成，强电与弱电、功率流与信息流的集成，成为机和电之间的智能化接口，它是机电一体化的基础单元。按照其控制特性来说，电力半导体器件可分为以硅整流管（SR）为代表的不可控器件，以晶闸管（SCR）为代表只能通过门极电流控制其开通而不能控制其关断的半控型器件和可关断晶闸管（GTO）、绝缘栅双极型晶体管（IGBT）为代表的既能控制其开通又能控制其关断的全控型器件三大类。在器件的控制模式上，电力半导体器件已经从电流型控制模式发展到电压型控制模式，这不仅大大降低了门极的控制功率，而且大大提高了器件导通关断的转换速度，从而使器件的工作频率由工频、中频到高频不断提高。在电力电子技术走向智能化、高频化、大功率化、模块化、绿色化的进程中，作为其基础的新型电力半导体器件不断涌现，为电力电子技术的发展做出新的贡献。

2. 电力电子电路及其控制技术的发展

电力电子电路的根本任务是实现电能的变换和控制。完成电能变换和控制的电路称为电力电子电路，这是电力电子技术的主要内容，其基本形式分为如下几种：

1）整流电路

将交流电能转换为直流电能的电路称为整流电路，也称为 AC/DC 变换电路。完成整流任务的电力电子装置称为整流器。对晶闸管组成的整流器实施相移控制技术可将不变的交流电压变换为大小可控的直流电压，即实现相控整流。晶闸管相控整流能取代传统的直流发电机组，实现直流电机的调速，广泛应用于机床、轧钢、造纸、纺织、电解、电镀等领域。但是，晶闸管相控整流电路的输入电流滞后于电压，其滞后角随着触发延迟角 α 的增大而增大，输入电流中谐波分量相当大，因此功率因数很低。把逆变电路中的 SPWM 控制技术用于整流电路，就形成了 PWM 整流电路。通过对 PWM 整流电路的适当控制，可以使其输入电流非常接近正弦波，其和输入电压同相位，功率因数近似为 1。这种整流也可以称为高功率因数整流器，其应用前景十分广泛。

2）直流变换电路

将直流电能转换为另一固定电压或可调电压的直流电能的电路称为直流变换电路。它的基本原理是利用电力开关器件周期性的开通与关断来改变输出电压的大小，因此也称为开关型 DC/DC 变换电路，或称直流斩波器。直流变换技术广泛地应用于无轨电车、地铁列车、蓄电池供电的无极变速电动汽车的控制，从而获得加速平稳、快速响应的性能，同时收到节约电能的效果。

3）逆变电路

将直流电能变换为交流电能的电路称为逆变电路，又称 DC/AC 变换电路。完成逆变的电力电子装置称为逆变器。如果将逆变电路的交流侧接到电网上，把直流电逆变成同频率的交流电反送到电网上，称为有源逆变。它应用在直流电动机的可逆调速、绕线转子异步电动机的串级调速、高压直流输电和太阳能发电等方面。如果逆变器的交流侧直接接到负载，将直流电逆变成某一频率或可变频率的交流电供给负载，则称为无源逆变，它在交流电动机变频调速、感应加热、不间断电源等方面应用十分广泛，是构成电力电子加速的重要内容。

4）交流变换电路

把交流电能的参数（幅值、频率）加以变换的电路称为交流变换电路，又称为 AC/AC 变换电路，根据变换参数的不同，交流变换电路可以分为交流调压电路和交-交变频电路。交流调压电路维持频率不变，仅改变输出电压的幅值，它广泛应用于电炉温度控制、灯光调节、异步电动机的软启动和调速等场合。交-交变频电路又称直接变频电路（或周波变频器），是不通过中间直流环节而把电网频率的交流电直接变换成不同频率的交流电的变换电路，它只能降频、降压，主要用于大功率交流电动机调速系统。除此之外，还有采用全控型器件加 PWM 控制的交流变换器（又称交流斩波器），目前，由于成本太高，其一般很少使用。

5）电力电子控制技术

要让电力电子电路完成各种工作任务，必须为功率变换主电路中的开关器件配备提供驱动信号的控制电路。驱动信号的产生依赖于特定的控制策略和控制算法。最常用的是相控方式，即采用延时脉冲控制功率器件导通的相位。它在半控型器件的整流、逆变、交流调压等电路中获得了广泛应用。除此之外，在大量采用全控型器件的电力电子电路中，为了减少输出电能中的谐波分量，还常用通信工程中脉冲宽度调制（PWM）技术。所谓 PWM 技术就是利用电力半导体器件的开通和关断产生一定形状的电压脉冲序列，经过低通滤波器后来实现电能变换的一种技术。在电力电子技术中，采用 PWM 控制技术可有效地控制和消除谐波，提高装置的功率因数，能同时实现变频变压。它已成为功率变换电路中的核心控制技术，被广泛应用到整流、斩波、逆变、交一交变换等电路。值得一提的是，脉冲幅度调制（PAM）和脉冲频率调制（PFM）也得到了较多的应用。

对于动态性能和稳态精度要求较高的场合，还必须广泛采用自动控制技术和理论。例如：对线性负载常采用比例积分微分（PID）控制方法；对非线性负载（如交流电机）常采用矢量控制方法。

3. 电力电子技术的应用

1）一般工业

工业中大量应用各种交直流电动机。直流电动机有良好的调速性能，给其供电的可控整流电源或直流斩波电源都是电力电子装置。近年来，由于电力电子变频技术的迅速发展，使得交流电动机的调速性能可与直流电动机相媲美，交流调速技术大量应用并占据主导地位。大至数千千瓦的各种轧钢机，小到几百瓦的数控机床的伺服电动机，以及矿山牵引等场合都广泛采用电力电子交直流调速技术。一些对调速性能要求不高的大型鼓风机等近年来也采用了变频装置，以达到节能的目的。还有些不调速的电动机为了避免启动时的电流冲击而采用了软启动装置，这种软启动装置也是电力电子装置。

电化学工业大量使用直流电源，电解铝、电解氯化钠溶液等都需要大容量整流电源，电镀装置也需要整流电源。

电力电子技术还大量用于冶金工业中的高频、中频感应加热电源、淬火电源及直流电弧炉电源等场合。

2）交通运输

电气化铁道中广泛采用电力电子技术。电气机车的直流机车中采用整流装置，交流机车采用变频装置。直流斩波器也广泛用于铁道车辆。在磁悬浮列车中，电力电子技术更是一项关键技术。除牵引电动机传动外，车辆中的各种辅助电源也都离不开电力电子技术。

电动汽车的电动机靠电力电子装置进行电力变换和驱动控制，其蓄电池的充电也离不开电力电子装置。一台高级汽车中需要许多控制电动机，它们也要靠变频器和斩波器驱动并控制。

飞机、船舶需要很多不同要求的电源，因此航空和航海都离不开电力电子技术。

如果把电梯也算作交通运输，那么它也需要电力电子技术。以前的电梯大都采用直流调速系统，而近年来交流变频调速已成为主流。

3）电力系统

电力电子技术在电力系统中有着非常广泛的应用。据估计，发达国家在用户最终使用的电能中，有 60%以上的电能至少经过一次以上电力电子变流装置的处理。电力系统在通向现代化的进程中，电力电子技术是关键技术之一。可以毫不夸张地说，如果离开了电力电子技术，电力系统的现代化就是不可想象的。

直流输电在长距离、大容量输电时有很大的优势，其送电端的整流阀和受电端的逆变阀都采用晶闸管变流装置。近年发展起来的柔性交流输电(FACTS)也是依靠电力电子装置才得以实现的。

无功补偿和谐波抑制对电力系统有重要的意义。晶闸管控制电抗器(TCR)、晶闸管投切电容器(TSC)都是重要的无功补偿装置。近年来出现的静止无功发生器(SVG)、有源电力滤波器(APF)等新型电力电子装置具有更为优越的无功功率和谐波补偿的性能。在配电网系统，电力电子装置还可用于防止电网瞬时停电、瞬时电压跌落、闪变等，以进行电能质量控制，改善供电质量。

在变电所中，给操作系统提供可靠的交直流操作电源，给蓄电池充电等都需要电力电子装置。

4）电子装置用电源

各种电子装置一般都需要不同电压等级的直流电源供电。通信设备中的程控交换机所用的直流电源以前用晶闸管整流电源，现在已改用全控型器件的高频开关电源。大型计算机所需的工作电源、微型计算机内部的电源现在也都采用高频开关电源。在各种电子装置中，以前大量采用线性稳压电源供电，由于高频开关电源体积小、重量轻、效率高，现在已逐渐取代了线性电源。因为各种信息技术装置都需要电力电子装置提供电源，所以可以说信息电子技术离不开电力电子技术。

5）家用电器

照明在家用电器中占有十分突出的地位。由于电力电子照明电源体积小、发光效率高、可节省大量能源，通常被称为“节能灯”，它正在逐步取代传统的白炽灯和日光灯。

变频空调器是家用电器中应用电力电子技术的典型例子。电视机、音响设备、个人计算机等电子设备的电源部分也都需要电力电子技术。此外，有些洗衣机、电冰箱、微波炉等电器也应用了电力电子技术。

电力电子技术广泛用于家用电器使得它十分贴近人们的生活。

6）其他

不间断电源(UPS)在现代社会中的作用越来越重要，使用也越来越广泛，在电力电子产品中已占有相当大的份额。

航天飞行器中的各种电子仪器需要电源，载人航天器中为了人的生存和工作，也离不开各种电源，这些都必须采用电力电子技术。

传统的发电方式是火力发电、水力发电以及后来兴起的核能发电。能源危机后，各种新能源、可再生能源及新型发电方式越来越受到重视。其中太阳能发电、风力发电的发展较快，燃料电池更是备受关注。太阳能发电和风力发电受环境的制约，发出的电力质量较差，常需要储能装置缓冲，需要改善电能质量，这就需要电力电子技术。当需要和电力系统联网时，也离不开电力电子技术。

为了合理地利用水力发电资源，近年来抽水储能发电站受到重视。其中的大型电动机的启动和调速都需要电力电子技术。超导储能是未来的一种储能方式，它需要强大的直流电源供电，这也离不开电力电子技术。

核聚变反应堆在产生强大磁场和注入能量时，需要大容量的脉冲电源，这种电源就是电力电子装置。科学实验或某些特殊场合，常常需要一些特种电源，这也是电力电子技术的用武之地。

以前电力电子技术的应用偏重于中、大功率。现在，在 1kW 以下，甚至几十瓦以下的功率范围内，电力电子技术的应用也越来越广，其地位也越来越重要。这已成为一个重要的发展趋势，值得引起人们的注意。

总之，电力电子技术的应用范围十分广泛。从人类对宇宙和大自然的探索，到国民经济的各个领域，再到人们的衣食住行，到处都能感受到电力电子技术的存在和巨大魅力。这也激发了一代又一代学者和工程技术人员学习、研究电力电子技术并使其飞速发展。

电力电子装置提供给负载的是各种不同的直流电源、恒频交流电源和变频交流电源，因此也可以说，电力电子技术研究的就是电源技术。

电力电子技术对节省电能有重要意义。特别是在大型风机、水泵采用变频调速方面，以及使用量十分庞大的照明电源等方面，电力电子技术的节能效果十分显著，因此它也被称为节能技术。

1.2　电力电子器件

1.2.1　电力电子器件的特性与分类

1. 电力电子器件的特性

电力电子器件种类繁多，其结构特点、工作原理、应用范围各不相同，但是在电力电子电路中它们的功能相同，都是工作在受控的通、断状态，具有开关特性。也就是说，在对电能的变换和控制过程中，电力电子器件可以抽象成图 1-2 所示的理想开关模型，它有三个电极，其中 A 和 B 代表开关的两个主电极，K 是控制开关通断的门极。它只是工作在“通态”和“断态”两种情况，在通态时电阻为零，断态时其电阻无穷大。当然，在研究电力电子器件的应用和电力电子电路的工作原理时，必须特别注意电力电子器件在开通和关断过程中所表现出的特性。

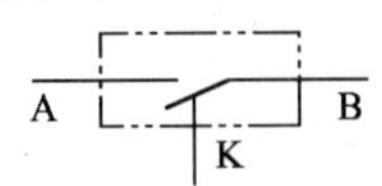

图 1-2　电力电子器件的理想开关模型

通常情况下，电力电子器件具有如下特征：

(1) 电力电子器件一般都工作在开关状态，往往用理想开关模型来代替。导通时(通态)它的阻抗很小，接近于短路，管压降接近于零，流过它的电流由外电路决定；阻断时(断态)它的阻抗很大，接近于开路，流过它的电流几乎为零，而管子两端电压由电源决定。

(2) 电力电子器件的开关状态往往需要由外电路来控制。用来控制电力电子器件导通和关断的电路称为驱动电路。

(3) 在实际应用中电力电子器件的表现与理想模型有较大的差别。器件导通时其电阻并不为零,使它有一定的通态压降,形成通态损耗,阻断时器件电阻并非无穷大,使它有微小的断态漏电流流过,形成断态损耗。除此之外,器件在开通或关断的转换过程中产生开通损耗和关断损耗(总称开关损耗),特别是器件开关频率较高时,开关损耗可能成为损耗的主要因素。为保证不会因损耗散发的热量导致器件温度过高而损坏,在其工作时一般都要安装散热器。

2. 电力电子器件分类

实际上,电力电子器件种类很多,并且各有特点。按器件的开关控制特性可以分为以下三类:

1) 不可控器件

器件本身没有导通、关断控制功能,而是需要根据外电路条件决定其导通、关断状态的器件称为不可控器件。电力二极管(Power Diode,PD)就属于此类器件。

2) 半控型器件

通过控制信号只能控制其导通,不能控制其关断的电力电子器件称为半控型器件。例如:晶闸管(SCR)及其大部分派生器件等。

3) 全控型器件

通过控制信号既可控制其导通又可控制其关断的器件称为全控型器件。例如:门极可关断晶闸管(GTO)、功率场效晶体管(属 MOSFET 类型)和绝缘栅双极型晶体管(IGBT)等。

电力电子器件按控制信号的性质不同又可分为两种:

1) 电流控制型器件

此类器件采用电流信号来实现导通或关断控制,代表性器件为晶闸管、门极可关断晶闸管、功率晶体管、IGCT 等。

2) 电压控制型器件

这类器件采用电压控制(场控原理控制)它的通、断,输入控制端基本上没有电流信号流过,用小功率信号就可驱动它工作。代表性器件为 MOSFET 和 IGBT。

电力电子器件种类很多,除了它们都具有良好的开关特性外,不同的器件还具有特殊性。正是由于这种特殊性,使得不同器件的应用范围不一样。表 1-1 所示为主要电力电子器件的特性及其具有代表性的应用领域。

表 1-1 主要电力电子器件的特性及其具有代表性的应用领域

器件种类	开关功能	器件特性概略	应用领域
电力二极管	不可控	5 kV/3 kA;400 Hz	各种整流装置
晶闸管	可控导通	6 kV/6 kA;400 Hz 8 kV/3.5 kA;光控 SCR	炼钢厂、轧钢机、直流输电、电解用整流器
可关断晶闸管	全控型	6 kV/6 kA;500 Hz	工业逆变器、电力机车用逆变器、无功补偿器
MOSFET		600 V/70 A;100 kHz	开关电源、小功率 UPS、小功率逆变器
IGBT		1.2 kV/1.2 kA;20 kHz 4.5 kV/1.2 kA;2 kHz	各种整流/逆变器、电力机车用逆变器、中压变频器

1.2.2 不可控器件——电力二极管

1. PN 结与电力二极管及其工作原理

电力二极管又称半导体整流管,属于不可控电力电子器件,是 20 世纪最早获得应用的电力电子器件，直到现在它仍在中高频整流和逆变以及低压高频整流的场合发挥着积极作用，具有不可替代的地位，如图 1-3 所示。

电力二极管的内部结构如图 1-3(b)所示，由 N 型半导体和 P 型半导体结合后构成。N 型半导体中有大量的电子(多子)，P 型半导体存在大量空穴(多子)，在两种半导体的交界处由于电子和空穴的浓度差别，形成了多子向另一区的扩散运动，其结果是在 N 型半导体和 P 型半导体的分界面两侧分别留下了带正、负电荷的离子。这些不能移动的正、负离子形成了空间电荷区。

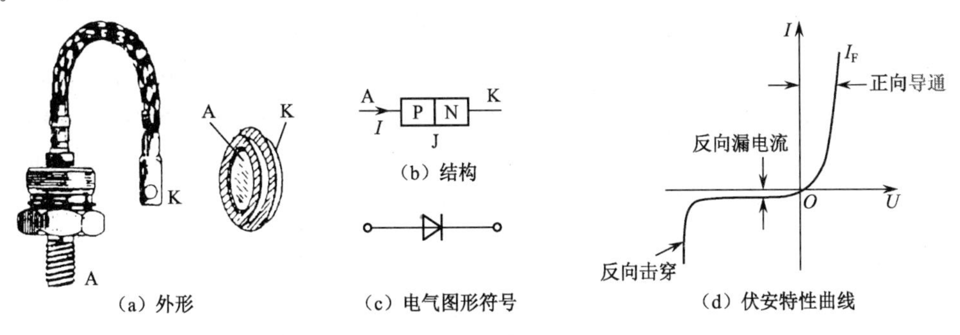

图 1-3　电力二极管的外形、结构和电气图形符号

空间电荷建立的电场被称为内电场，其方向是阻止扩散运动的。另一方面内电场又吸引对方区内的少子向本区运动，即形成漂移运动。扩散运动和漂移运动既相互联系又是一对矛盾，最终达到动态平衡，正、负空间电荷量达到稳定值，形成了一个稳定的空间电荷区——PN 结。

PN 结具有单向导电性。当它外加正向电压(P 正 N 负)时，外电场削弱内电场，空间电荷区变窄，使得多子的扩散运动强于多子的漂移运动，形成从 P 区流向 N 区的正向电流，此时 PN 结表现为低电阻，电力二极管电压降只有 1V 左右，称为正向导通。当 PN 结加反向电压(P 负 N 正)时，外电场与内电场方向相同而加强，空间电荷区变宽，使得少子的漂移运动强于多子的扩散运动，形成从 N 区流向 P 区的反向电流。由于少子的浓度很小，只有极小的反向漏电流流过 PN 结，PN 结表现为高电阻，称为反向截止，如图 1-3(d)所示。

由一个面积较大的 PN 结和两端引线封装成电力二极管，它的外形结构如图 1-3(a)所示(左边的为螺栓型，右边为平板型)。P 型半导体上引出阳极 A，N 型半导体上引出阴极 K，图 1-3(c)所示为它的电气图形与文字符号。

注意：在外加电压的作用下，PN 结电荷量随外加电压的变化，呈现电容效应，称为结电容 C_J，又称微分电容。结电容按其产生机制和作用的差别分为势垒电容 C_B 和扩散电容 C_D。势垒电容只在外加电压变化时才起作用，外加电压越高，势垒电容作用越明显。势垒电容的大小与 PN 结截面积成正比，与阻挡层厚度成反比。而扩散电容仅在正向偏置时起作用。在正向偏置时，如果正向电压较低，势垒电容为结电容的主要成分；如果正向电压较高，扩散电容为结电容的主要成分。结电容影响 PN 结的工作频率，特别是在高速开关的状态下，可能使其单向导电性变差，甚至不能工作，应用时应加以注意。另外，电力二极管一般都工作在大电流、高电压场合，因此二极管本身耗散功率大、发热多，使用时必须配备良好的散热器，以使器件的温度不超过规定值,确保安全运行。

2. 电力二极管的特性与主要参数

1) 电力二极管的伏安特性(静态特性)

图 1-3(d)所示为电力二极管的伏安特性曲线。从图中曲线可知,电力二极管具有单向导电的特性。

当它加上正向电压(0.6～0.7 V)时,就有正向电流通过,电流随外加正向电压增大而迅速增加,电力二极管处于正向导通,呈现“低阻态”,这时管子两端的正向电压称为管压降(1V左右)。当流过 PN 结的正向电流较小时,二极管的电阻主要是作为基片的低掺杂 N 区的欧姆电阻,其阻值较高且为常量,因此管压降随正向电流的上升而增加;当 PN 结上流过的正向电流较大时,注入并积累在低掺杂 N 区的少子空穴浓度将很大,为了维持半导体的条件,其多子浓度也相应大幅度增加,使得其电阻率明显下降,也就是电导率大大增加,这就是电导调制效应。电导调制效应使得 PN 结在正向电流较大时压降仍然很低,维持在 1V 左右,所以正向偏置的 PN 结表现为低阻态,且不随电流的大小而变化。

当电力二极管承受反向电压时,只有很小的反向漏电流流过,器件反向截止,呈现“高阻态”。如果增加反向电压,当增大到超过某一临界电压值(这个临界电压值称为反向击穿电压)时,反向电流急剧增大,电力二极管反向击穿,PN 结内产生雪崩击穿,可导致二极管损坏。电力二极管规定的额定电压略低于反向击穿电压。当然,它必须在额定电压以下使用,才能保证使用安全。

2) 电力二极管的开关特性(动态特性)

电力二极管工作状态在通态和断态之间转换时的特性称为开关特性。

(1) 关断特性。电力二极管由正向偏置的通态转换为反向偏置的断态过程中的电压、电流波形如图 1-4 所示。当原来处于正向导通的电力二极管外加电压在 t_F 时刻突然从正向变为反向时,正向电流 I_F 开始下降,到 t_0 时刻二极管电流基本降为零,此时 PN 结两侧存有大量少子,器件并没有恢复反向阻断能力,直到 t_1 时刻 PN 结内存储的少子被抽尽时,反向电流达到最大值 I_{RM}。t_1 后二极管开始恢复反向阻断,反向恢复电流迅速减小。外电路中电感产生的高感应电动势使器件承受很高的反向电压 U_{RM}。当电流降到基本为零的 t_2 时刻,二极管两端的反向电压才降到外加反压 U_E,电力二极管完全恢复反向阻断能力。在上述关断过程中分别定义为延迟时间 t_d 和下降时间 t_f 如下所示:

延迟时间

$$t_d = t_1 - t_0 \tag{1.2.1}$$

下降时间

$$t_f = t_2 - t_1 \tag{1.2.2}$$

电力二极管的反向恢复时间

$$t_{rr} = t_2 - t_0 \tag{1.2.3}$$

(2)开通特性。电力二极管由零偏置转换为正向偏置的通态过程的电压、电流波形如图 1-5所示。开通过程中,二极管两端也会出现峰值电压 U_{FP}(几伏至几十伏)。经过一段时间才接近稳态值 U_F(1～2 V)。上述时间被称为正向恢复时间 t_{fr}。

电力二极管的应用范围广,种类也多,主要有以下几种类型:

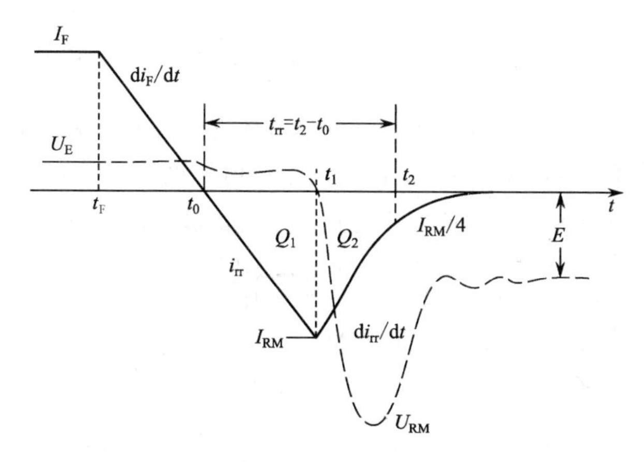

图 1-4　反向恢复过程中电流和电压波形

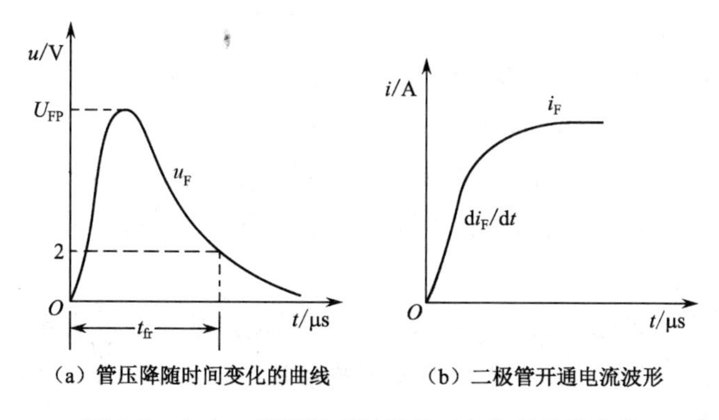

(a) 管压降随时间变化的曲线　　(b) 二极管开通电流波形

图 1-5　电力二极管通态过程的正向恢复特性曲线

(1) 普通二极管。又称整流二极管，多用于开关频率在 1 kHz 以下的整流电路中，其反向恢复时间在 5 μs 以上，额定电流达数千安，额定电压为数千伏以上。

(2) 快恢复二极管。恢复过程很短特别是反向恢复过程很短，反向恢复时间在 5 μs 以下的称为快恢复二极管。快恢复二极管从性能上可分为快速恢复和超快速恢复两个等级。前者反向恢复时间为数百纳秒或更长，后者则在 100 ns 以下，甚至为 20～30 ns，多应用于高频整流和逆变电路中。

(3) 肖特基二极管。以金属和半导体接触形成的势垒为基础的二极管称肖特基势垒二极管，简称肖特基二极管。其导通压降的典型值为 0.4～0.6 V，而且它的反向恢复时间短，为几十纳秒，但反向耐压在 200 V 以下。它常被用于高频低压开关电路或高频低压整流电路中。

3) 电力二极管的主要参数

(1) 额定正向平均电流 $I_{F(AV)}$。器件长期运行在规定管壳温度(简称壳温，用 T_C 表示)和散热条件下，其允许流过的最大工频正弦半波电流的平均值定义为额定正向平均电流 $I_{F(AV)}$

设该正弦半波电流的峰值为 I_m，则额定电流(平均值)为

$$I_{F(AV)} = \frac{1}{2\pi}\int_0^{\pi} I_m \sin\omega t \, d\omega t = \frac{I_m}{\pi} \tag{1.2.4}$$

额定电流有效值为

$$I_F=\sqrt{\frac{1}{2\pi}\int_0^{\pi}(I_m\sin\omega t)^2\mathrm{d}\omega t}=\frac{I_m}{2} \tag{1.2.5}$$

然而,通常流过的电流波形形状,电流导通角并不是一定的,各种含有直流分量的电流波形都有一个电流平均值(一个周期内波形面积的平均值),也都有一个电流有效值(方均根值)。现定义某电流波形的有效值与平均值之比为这个电流的波形系数,用 K_f 表示:

$$K_f=\frac{\text{电流有效值}}{\text{电流平均值}} \tag{1.2.6}$$

根据上式可求出正弦半波电流的波形系数:

$$K_f=\frac{I_F}{I_{F(AV)}}=\frac{\pi}{2}=1.57 \tag{1.2.7}$$

这说明额定电流 $I_{F(AV)}=100$ A 的电力二极管,其额定有效值为

$$I_F=K_fI_{F(AV)}=157\ \text{A}$$

在实际应用中,应按照流过电力二极管实际电流波形与工频正弦半波平均电流的热效应相等(即有效值相等)的原则来选取电力二极管的额定电流,并留有一定的裕量。

(2) 反向重复峰值电压 U_{RRM}。指对电力二极管所能重复施加的反向最高峰值电压,通常是其雪崩击穿电压 U_B 的 2/3。使用时,往往按照电路中电力二极管可能承受的反向最高峰值电压的两倍来选定。

(3) 正向压降 U_F。指电力二极管在指定温度下,流过某一指定的稳态正向电流时对应的正向压降。有时参数表中也给出在指定温度下流过某一瞬态正向大电流时器件的最大瞬时正向压降。

(4) 反向漏电流 I_{RR}。指器件对应于反向重复峰值电压时的反向电流。

(5) 最高工作结温 T_{JM}。结温是指管芯 PN 结的平均温度,用 T_J 表示。最高工作结温是指在 PN 结不致损坏的前提下所能承受的最高平均温度。T_{JM} 通常在 125～175℃范围之内。表 1-2 列出了几种常用电力二极管的主要性能参数。

表 1-2 常用电力二极管的主要性能参数

型号	额定正向平均电流 I_F/A	反向峰值电压 U_{RRM}/V	反向电流 I_R	正向平均电压 U_F/V	反向恢复时间 t_{rr}	备注
ZP1～4000	1～4 000	50～5 000	1～40 mA	0.4～1	—	—
ZP3～2000	3～2 000	100～4 000	1～40 mA	0.4～1	<10 μs	—
10D F4	1	400	—	1.2	<100 μs	—
31D F2	3	200	—	0.98	<35 μs	—
30BF80	3	800	—	1.7	<100 μs	—
50WF40F	5.5	400	—	1.1	<40 μs	—
10CTF30	10	300	—	1.25	<45 μs	—
25JPF40	25	400	—	1.25	<60 μs	—
HFA90NH40	90	400	—	1.3	<140 ns	模块结构
HFA180MD60D	180	600	—	1.5	<140 ns	模块结构
HFA75MC40C	75	400	—	1.3	<100 ns	模块结构
M867	50	600	50 μA	1.4	<400 ns	—
MUR10020CT	50	200	25 μA	1.1	<50 ns	—

1.2.3　半控型器件——晶闸管

晶闸管是一种既具有开关作用，又具有整流作用的大功率半导体器件，应用于可控整流、变频、逆变及无触点开关等电路。对它只需要提供一个弱电触发信号，就能控制强电输出。所以说它是半导体器件从弱电领域进入强电领域的桥梁。

1. 晶闸管及其工作原理

1）晶闸管的结构

晶闸管是具有三个 PN 结的四层三端器件，器件外部有三个电极：阳极 A、阴极 K 和门极（或称栅极）G，其外形如图 1-6 所示，分别为小电流塑封式、大电流螺旋式和大电流平板式。晶闸管的电气符号如图 1-6(e)所示。

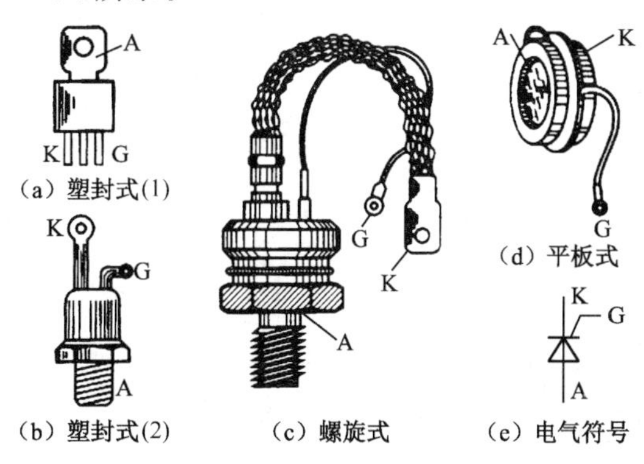

图 1-6　晶闸管外形及符号

晶闸管是大功率器件，工作时产生大量的热量，因此必须安装散热器。螺旋式晶闸管紧栓在铝制散热器上，采用自然散热冷却方式，图 1-7(a)所示。平板式晶闸管由两个彼此绝缘的散热器紧夹在中间，散热方式可以采用风冷或水冷，以获得较好的散热效果，如图 1-7(b)、图 1-7(c)所示。

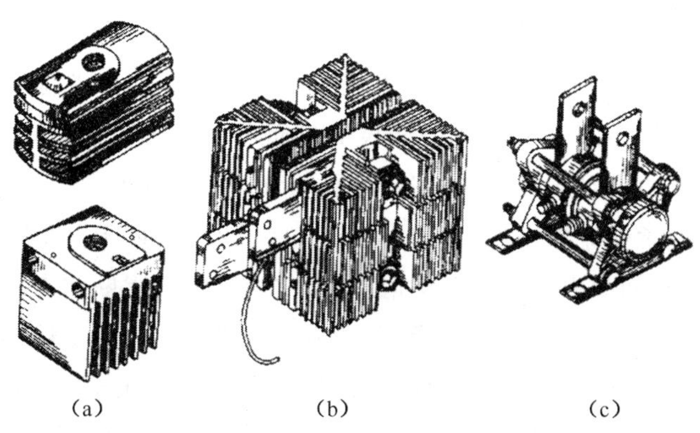

图 1-7　晶闸管的散热器

晶闸管的结构如图 1-8 所示，其内部由四层半导体 P_1、N_1、P_2、N_2，以及三个 PN 结 J_1、J_2、J_3 组成。

2）晶闸管的工作原理

普通晶闸管由四层半导体（P_1、N_1、P_2、N_2）组成，形成三个 PN 结 J_1（P_1N_1）、J_2（N_1P_2）、J_3

(P_2N_2)，并分别从 P_1、P_2、N_2 引出 A、G、K 三个电极，如图 1-9(a)所示。由于采用扩散工艺，具有三结四层结构的普通晶闸管可以等效成如图 1-9(b)所示的由两个晶体管 $V_1(P_1-N_1-P_2)$ 和 $V_2(N_1-P_2-N_2)$ 组成的等效电路。

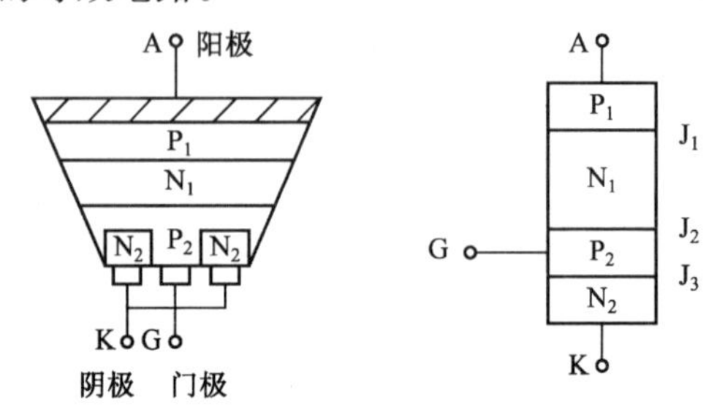

图 1-8　晶闸管的内部结构

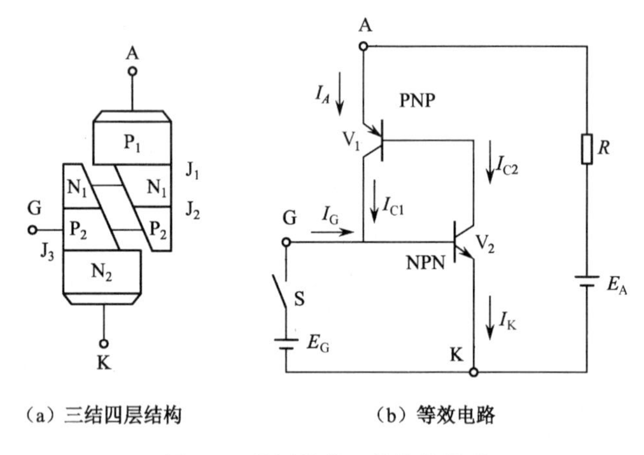

图 1-9　晶闸管的双晶体管模型

当晶闸管阳极和阴极之间施加正向电压时，若给门极 G 也加正向电压 U_g，门极电流 I_g 经晶体管 V_2 放大后成为集电极电流 I_{C2}，I_{C2} 又是晶体管 V_1 的基极电流，放大后的集电极电流 I_{C1} 进一步使 I_g 增大且又作为 V_2 的基极电流流入。重复上述正反馈过程，两个晶体管 V_1、V_2 都快速进入饱和状态，使晶闸管阳极 A 与阴极 K 之间导通。此时若撤除 U_g，V_1、V_2 内部电流仍维持原来的方向，只要满足阳极正偏的条件，晶闸管就一直导通。

当晶闸管 A、K 间承受正向电压，而门极电流 $I_g=0$ 时，上述 V_1 和 V_2 之间的正反馈不能建立起来，晶闸管 A、K 间只有很小的正向漏电流，它处于正向阻断状态。

综上所述，晶闸管的导通条件可定性地归纳为阳极正偏和门极正偏。晶闸管导通后，即使是撤除门极驱动信号 U_g，也不能使晶闸管关断，只有设法使阳极电流 I_A 减小到维持电流 I_H（约十几毫安）以下，导致内部已建立的正反馈无法维持，晶闸管才能恢复阻断状态。常用的方法是在晶闸管两端加反向电压。

晶闸管像二极管一样具有单向导电性，但它又与二极管不同。当门极没有加上正向电压时，尽管阳极已加上正向电压，晶闸管仍处于正向阻断状态，在门极电压的触发下，晶闸管立即导通。这种门极电流对晶闸管正向导通所起的控制作用称为闸流特性，又称为晶闸管的可控单向导电性。门极电流只能触发晶闸管开通，不能控制它的关断，从这个意义上讲，晶闸管是半控型电力器件。

2. **晶闸管的特性与与主要参数**

1）晶闸管的阳极伏安特性

晶闸管阳极与阴极之间的电压 U_A 与阳极电流 I_A 的关系曲线称为晶闸管的伏安特性。实际的晶闸管伏安特性如图 1-10 所示，包括正向特性（第Ⅰ象限）和反向特性（第Ⅲ象限）两部分。

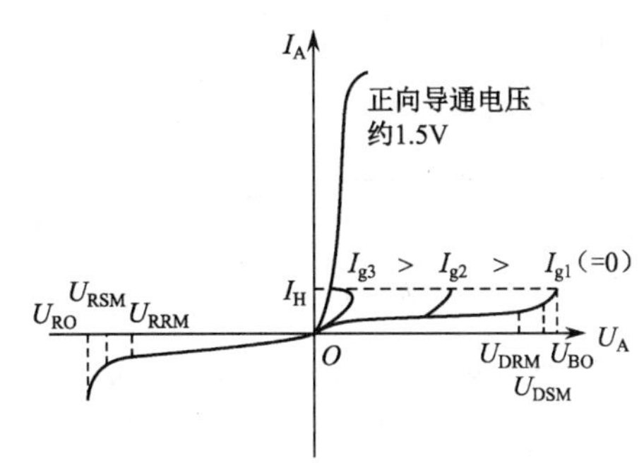

图 1-10　晶闸管阳极伏安特性

当门极电流 $I_g=0$ 时，正向电压未上升到正向转折电压 U_{BO} 时，晶闸管都处于正向阻断状态，只有很小的正向漏电流。当电压上升到电压 U_{BO} 时，晶闸管导通，正向电压降低。导通后元件的阳极伏安特性与整流二极管正向伏安特性相似，称为正向转折或“硬开通”。多次“硬开通”会损坏晶闸管，通常不允许这样工作。一般采用给门极输入足够的触发电流，使转折电压明显降低以使晶闸管导通。如图 1-10 所示，由于 I_g 从 I_{g1} 到 I_{g3} 逐渐增大，相应的电压逐渐降低。晶闸管一旦导通，则其阳极伏安特性与整流二极管的正向伏安特性相似。

晶闸管的反向伏安特性曲线如图 1-10 中第Ⅲ象限所示，它与整流二极管的反向伏安特性相似。处于反向阻断状态时，只有很小的反向漏电流。若反向电压增大到反向击穿电压 U_{RO} 时，晶闸管将永久损坏，因此，实际使用时晶闸管两端可能承受的最大峰值电压必须小于反向击穿电压，否则晶闸管将被损坏。

2）晶闸管的门极伏安特性

晶闸管的门极和阴极之间是 PN 结 J_3，如图 1-9(a)所示，它的伏安特性称为门极伏安特性。如图 1-11 所示，它的正向特性不像普通二极管那样具有很小的正向电阻及较大的反向电阻，有时它的正、反向电阻是很接近的。在这个特性中表示了晶闸管确定产生导通门极电压、电流范围。因晶闸管门极特性偏差很大，即使同一额定值的晶闸管之间其特性也不同，所以在设计门极电路时必须考虑其特性。

3）晶闸管的主要技术参数

（1）晶闸管的额定电压 U_{TN}（重复峰值电压）。从图 1-10 所示的伏安特性可见，当门极断开、元件处在额定结温时，管子阳极电压 U_A 升到正向转折电压 U_{BO} 之前，管子的正向漏电流开始急剧增大（即特性曲线急剧弯曲处），此时对应的阳极电压称为正向阻断不重复峰值电压，用 U_{DSM} 表示，其值的 80% 称为正向重复峰值电压，用 U_{DRM} 表示。图 1-10 中 U_{RSM} 为反向阻断不重复峰值电压，U_{RRM} 为反向重复峰值电压。

晶闸管铭牌标出的额定电压通常是元件实测 U_{DRM} 与 U_{RRM} 中较小的值，取相应的标准电压级别，电压级别见表 1-3。

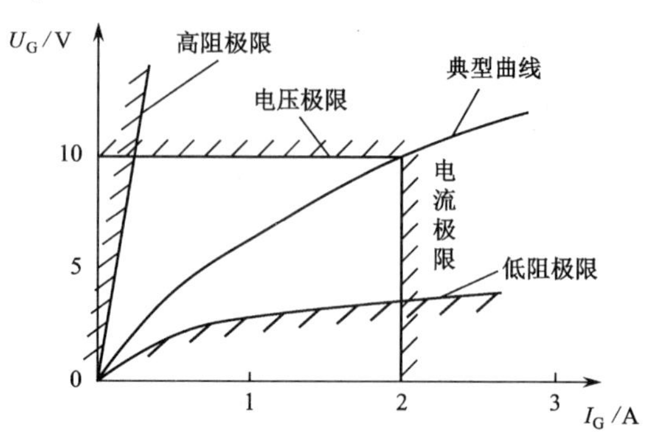

图 1-11　晶闸管门极伏安特性曲线

表 1-3　晶闸管的正反向重复峰值电压标准级别

级别	正反向重复峰值电压/V	级别	正反向重复峰值电压/V	级别	正反向重复峰值电压/V
1	100	8	800	20	2000
2	200	9	900	22	2200
3	300	10	1000	24	2400
4	400	11	1100	26	2600
5	500	12	1200	28	2800
6	600	14	1400	30	3000
7	700	16	1600	—	—

例如，某晶闸管测得其正向阻断重复峰值电压值为 840 V，反向峰值电压为 960 V，取 840 V，按照表 1-3 中相应电压等级标准为 800 V，此元件铭牌上标出额定电压 U_{TN} 为 800 V，电压级别为 8 级。

由于晶闸管工作时，外加电压峰值瞬时值超过反向不重复峰值电压时即可造成永久损坏，并且由于环境温度升高或散热不良，均可能使其正、反向转折电压值下降，特别在使用中会出现各种过电压，因此选用元件的额定电压应比实际正常工作时的最大电压大 2～3 倍。

(2) 通态平均电压 $U_{T(AV)}$。当晶闸管流过正弦波的额定电流平均值处于稳定的额定结温时，晶闸管阳极与阴极之间电压降的平均值，称为通态平均电压(又称管压降)，其数值按表 1-4所示分组。压降愈小，表明晶闸管耗散功率愈小，管子质量就愈好。

表 1-4　晶闸管通态平均电压分组

组别	通态平均电压/V	组别	通态平均电压/V	组别	通态平均电压/V
A	$U_T \leqslant 0.4$	D	$0.6 < U_T \leqslant 0.7$	G	$0.9 < U_T \leqslant 1.0$
B	$0.4 < U_T \leqslant 0.5$	E	$0.7 < U_T \leqslant 0.8$	H	$1.0 < U_T \leqslant 1.1$
C	$0.5 < U_T \leqslant 0.6$	F	$0.8 < U_T \leqslant 0.9$	I	$1.1 < U_T \leqslant 1.2$

(3)额定电流 $I_{T(AV)}$(晶闸管的额定通态平均电流)。在环境温度为 40℃和规定的冷却条

件下，元件在电阻性负载的单相工频正弦半波、导通角不小于 170°的电路中，当结温不超过额定结温时，所允许的最大通态平均电流，称为额定通态平均电流，用 $I_{T(AV)}$ 表示。将此电流按晶闸管标准电流系列取相应的电流等级(见表 1-5)，称为晶闸管的额定电流。

表 1-5 KP 型晶闸管元件主要额定值

系 列	参 数								
	通态平均电流 $I_{T(AV)}$/A	断态重复峰值电压 U_{DRM}、反向重复峰值电压 U_{RRM} /V	断态不重复平均电流 I_{DS}、反向不重复 PJUN 电流 I_{RS} ≤	额定结温 T_{jM}	门极触发电流 I_{GT}	门极触发电压 U_{GT} ≤	断态电压临界上升率 du/dt	通态电流临界上升率 di/dt	浪涌电流 I_{TSM}
KP1	1	100～3 000	1	100	3～30	2.5			20
KP5	5	100～3 000	1	100	5～70	3.5			90
KP10	10	100～3 000	1	100	5～100	3.5			190
KP20	20	100～3 000	1	100	5～100	3.5			380
KP30	30	100～3 000	2	100	8～150	3.5			560
KP50	50	100～3 000	2	100	8～150	4			940
KP100	100	100～3 000	4	115	10～250	4	25～1 000	25～500	1 880
KP200	200	100～3 000	4	115	10～250	5			3 770
KP300	300	100～3 000	8	115	20～300	5			5 650
KP400	400	100～3 000	8	115	20～300	5			7 540
KP500	500	100～3 000	8	115	20～300	5			9 420
KP600	600	100～3 000	9	115	30～350	5			11 160
KP800	800	100～3 000	9	115	30～350	5			14 920
KP1000	1 000	100～3 000	10	115	40～400	5			18 600

根据额定电流的定义可知，额定通态平均电流是指通以单相工频正弦半波电流时允许的最大平均电流，设该正弦半波电流的峰值为 I_m，则额定电流(平均电流)为

$$I_{T(AV)}=\frac{I_m}{\pi} \tag{1.2.8}$$

额定电流有效值为

$$I_T=\frac{I_m}{2} \tag{1.2.9}$$

采用与研究电力二极管额定电流相同的方法，在定义电流的波形系数 K_f 后，可求出正弦半波电流的波形系数为

$$K_f=\frac{I}{I_m}=\frac{I_T}{I_{T(AV)}}=\frac{\pi}{2}=1.57 \tag{1.2.10}$$

这说明额定电流 $I_{T(AV)}=100$ A 的晶闸管，其额定有效值为 $I_T=K_f\ I_{T(AV)}=157$ A。

不同的电流波形，有不同的平均值与有效值，波形系数 K_f 也不同，表 1-6 列出了四种典型的电流波形的 K_f 值与额定电流为 100 A 的晶闸管通以各种波形电流时实际允许通过的电流

平均值。

表 1-6　四种典型的电流波形的 K_f 值与 100 A 的晶闸管允许电流平均值

波形	平均值 I_d 与有效值 I	波形系数	允许电流平均值
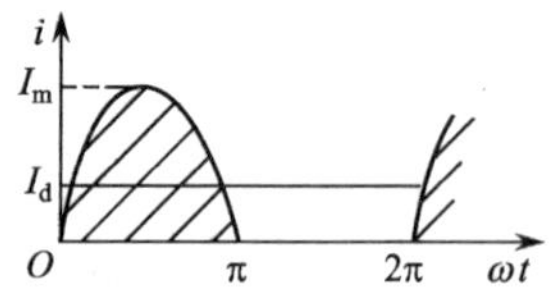	$I_d=\frac{1}{2\pi}\int_0^{\pi} I_m\sin\omega t\,d(\omega t)=\frac{I_m}{\pi}$ $I=\sqrt{\frac{1}{2\pi}\int_0^{\pi}(I_m\sin\omega t)^2 d(\omega t)}=\frac{I_m}{2}$	1.57	$I_{dn}=\frac{100A\times 1.57}{1.57}=100\ A$
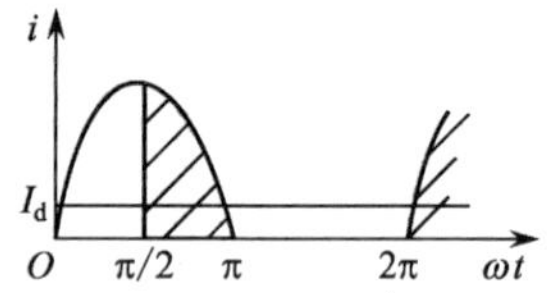	$I_d=\frac{1}{2\pi}\int_{\pi/2}^{\pi} I_m\sin\omega t\,d(\omega t)=\frac{I_m}{2\pi}$ $I=\sqrt{\frac{1}{2\pi}\int_{\pi/2}^{\pi}(I_m\sin\omega t)^2 d(\omega t)}=\frac{I_m}{2\sqrt{2}}$	2.22	$I_{dn}=\frac{100A\times 1.57}{2.22}=70.7\ A$
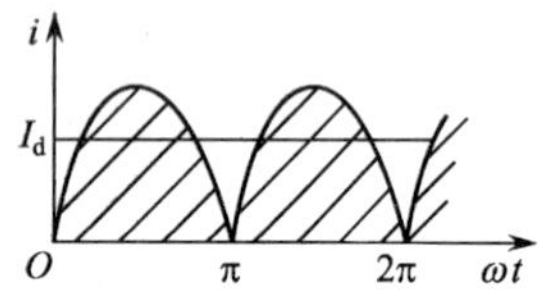	$I_d=\frac{1}{\pi}\int_0^{\pi} I_m\sin\omega t\,d(\omega t)=\frac{2}{\pi}I_m$ $I=\sqrt{\frac{1}{\pi}\int_0^{\pi}(I_m\sin\omega t)^2 d(\omega t)}=\frac{I_m}{\sqrt{2}}$	1.11	$I_{dn}=\frac{100\times 1.57}{1.11}=141.4\ A$
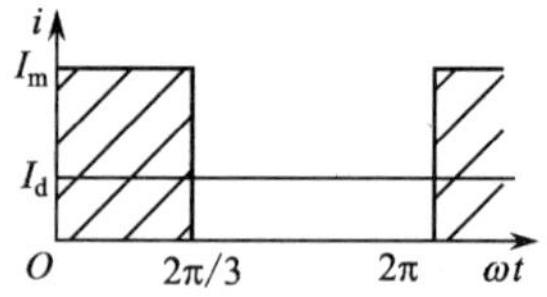	$I_d=\frac{1}{2\pi}\int_0^{2\pi/3} I_m\,d(\omega t)=\frac{I_m}{3}$ $I=\sqrt{\frac{1}{2\pi}\int_0^{2\pi/3} I_m^2\,d(\omega t)}=\frac{I_m}{\sqrt{3}}$	1.73	$I_{dn}=\frac{100A\times 1.57}{1.73}=90.7\ A$

表 1-6 的数据表明：额定电流为 100 A 的晶闸管，只有在通以正弦半波电流时（波形系数 $K_f=1.57$），允许通过最大平均电流为 100 A。在其他波形情况下，允许的电流平均值都不是 100 A。当波形系数 $K_f>1.57$ 时，允许的电流平均值小于 100 A；当 $K_f<1.57$ 时，允许的电流平均值大于 100 A。无论流过晶闸管的电流波形如何，只要流过晶闸管的实际电流最大有效值小于或等于管子的额定有效值，且在规定的条件下散热，那么管芯的发热就能限制在允许范围内。由于晶闸管的电流过载能力比一般电机、电器要小得多，因此在选用晶闸管规定电流时，根据实际最大的电流计算后还要乘 1.5～2 的安全系数，使其有一定的电流余量。

（4）门极触发电流 I_{GT} 和门极触发电压 U_{GT}。门极触发电流 I_{GT} 是指在室温下，晶闸管施加 6 V 正向阳极电压时，使元件由断态转入通态必需的最小门极电流。同一型号的晶闸管，由于门极特性的差异，其 I_{GT} 相差很大。

在室温下，晶闸管施加 6 V 正向阳极电压时，使管子完全开通所必需的最小门极电流相对应的门极电压，称为门极触发电压 U_{GT}。

（5）维持电流 I_H 和擎住电流 I_L。在室温下门极断开时，元件从较大的通态电流降至刚好能保持导通的最小阳极电流称为维持电流 I_H。维持电流与元件容量、结温等因素有关，同一型号的元件在不同条件下其维持电流也不同。通常在晶闸管的铭牌上标明了常温下 I_H 的实测值。

给晶闸管门极加上触发电压，当元件刚从阻断状态转为导通状态时就撤除触发电压，此时元件维持导通所需要的最小阳极电流称为擎住电流 I_L。对同一晶闸管来说，擎住电流 I_L 要比维持电流 I_H 大 2～4 倍。

(6) 晶闸管的开通时间 t_{gt} 与关断时间 t_q。开通时间用 t_{gt} 表示，普通晶闸管的开通时间 t_{gt} 约为 6 μs。开通时间与触发脉冲的陡度、电压大小、结温以及主回路中的电感量等有关。

关断时间用 t_q 表示，普通晶闸管的 t_q 为几十至几百微秒。关断时间与元件结温、关断前元件电流的大小以及所加反向电压的大小有关。

(7) 通态电流临界上升率 $\mathrm{d}i/\mathrm{d}t$。门极流入触发电流后，晶闸管开始只在靠近门极附近的小区域内导通，随着时间的推移，导通区才逐渐扩大到 PN 结的全部区域。如果元件电流上升得太快，则会导致门极附近的 PN 结因电流密度过大而烧毁，使晶闸管损坏。所以对晶闸管必须规定允许的最大通态电流上升率，晶闸管能承受而没有损坏影响的最大通态电流上升率称为通态电流临界上升率 $\mathrm{d}i/\mathrm{d}t$。

(8) 断态正向电压临界上升率 $\mathrm{d}u/\mathrm{d}t$。在额定结温和门极电路情况下，使元件从断态转入通态，元件上加的最小正向电压上升率称为导通正向电压临界上升率，用 $\mathrm{d}u/\mathrm{d}t$ 表示。若阳极电压变化率过大，有可能使元件误导通。为了限制导通电压上升率，可以与元件并联一个阻容支路，利用电容两端电压不能突变的特性来限制电压上升率。另外，利用门极的反向偏置也会达到同样效果。

3. 晶闸管的派生器件

在晶闸管的家族中，除了最常用的普通晶闸管之外，根据不同的实际需要，还衍生出了一系列派生器件，主要有快速晶闸管、双向晶闸管、逆导晶闸管、可关断晶闸管和光控晶闸管等，下面分别对它们作简要介绍。

1) 快速晶闸管

允许开关频率在 400 Hz 以上的晶闸管称为快速晶闸管(Fast Switching Thyristor-FST)，开关频率在 10 kHz 以上的称为高频晶闸管。它们的外形、电气图形符号、基本结构、伏安特性都与普通晶闸管相同。

根据不同的使用要求，快速晶闸管有以开通快为主和关断快为主的，也有两者兼顾的，它们的使用与普通晶闸管基本相同，但必须注意如下问题：

① 快速晶闸管为提高开关速度，其硅片厚度比普通晶闸管薄，因此承受正反向阻断重复峰值电压较低，一般在 2 000 V 以下。

② 快速晶闸管 $\mathrm{d}u/\mathrm{d}t$ 的耐量较差，使用时必须注意产品铭牌上规定的额定开关频率下的 $\mathrm{d}u/\mathrm{d}t$，当开关频率升高时 $\mathrm{d}u/\mathrm{d}t$ 耐量会下降。

2) 双向晶闸管的基本结构和伏安特性

双向晶闸管(Triode AC Switch-TRIAC)在结构和特性上可以看成是一对反向并联的普通晶闸管，但其内部是 NPNPN 五层结构的三端器件，有两个主电极 T_1、T_2，一个门极 G。双向晶闸管内部结构、等效电路及电气图形符与文字号分别如图 1-12(a)、(b)、(c)所示。

双向晶闸管在第Ⅰ象限和第Ⅲ象限有对称的伏安特性，如图 1-13 所示，T_1 相对于 T_2 既可以加正向电压，也可以加反向电压，这就使得门极 G 相对于 T_1 端无论是正电压还是负电

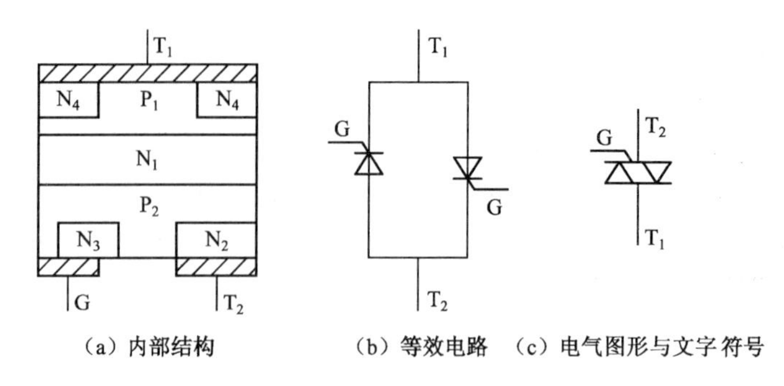

(a) 内部结构　　(b) 等效电路　(c) 电气图形与文字符号

图 1-12　双向晶闸管内部结构、等效电路及电气符号

压，都会触发双向晶闸管，图 1-13 标明了四种门极触发方式，即Ⅰ$^+$、Ⅰ$^-$、Ⅲ$^+$和Ⅲ$^-$，同时也注明了各种触发方式下主电极 T_1 和 T_2 的相对电压极性，以及门极 G 相对 T_1 的触发电压极性。必须注意的是，触发途径不同则触发灵敏度不同，一般触发灵敏度排序为Ⅰ$^+$＞Ⅲ$^-$＞Ⅰ$^-$＞Ⅲ$^+$。通常用Ⅰ$^+$和Ⅲ$^-$两种触发方式。

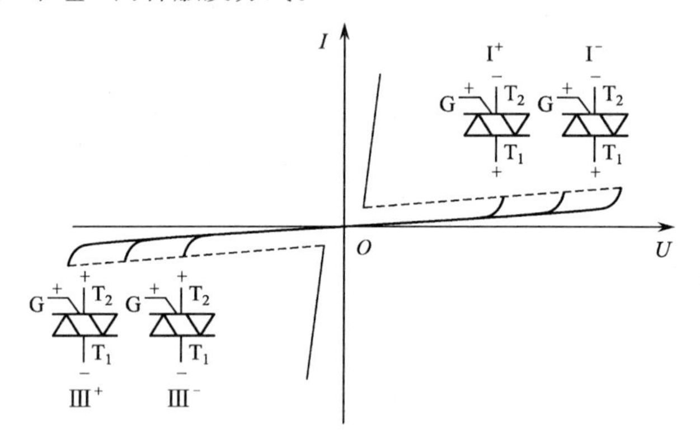

图 1-13　双向晶闸管的伏安特性

双向晶闸管具有被触发后能双向导通的性质，因此在交流开关、交流调压(如电灯调光及加热器控制)方面获得了广泛的应用。

双向晶闸管在使用时必须注意如下问题：

(1) 不能反复承受较大的电压变化率，因而难以用于感性负载。

(2) 门极触发灵敏度较低。

(3) 关断时间较长，因而只能在低频场合应用。这是因为双向晶闸管在交流电路中使用时 T_1、T_2 间承受正、反两个半波的电流和电压，当在一个反向导通结束时，管内载流子还来不及回复到截止状态，若迅速承受反方向的电压，这些载流子产生的电流有可能作为器件反向工作的触发电流而误触发，使双向晶闸管失去控制能力而造成换流失败。

(4) 与普通晶闸管不同，双向晶闸管的额定电流是用正弦电流有效值而不是平均值标定。

3) 逆导晶闸管

逆导晶闸管(Reverse Conducting Thyristor，RCT)。在逆变或电流电路中，经常需要将晶闸管和二极管反向并联使用，逆导晶闸管就是根据这一要求将晶闸管和二极管集成在同一硅片上制造而成的，它的内部结构、等效电路、电气图形符号和伏安特性如图 1-14 所示。

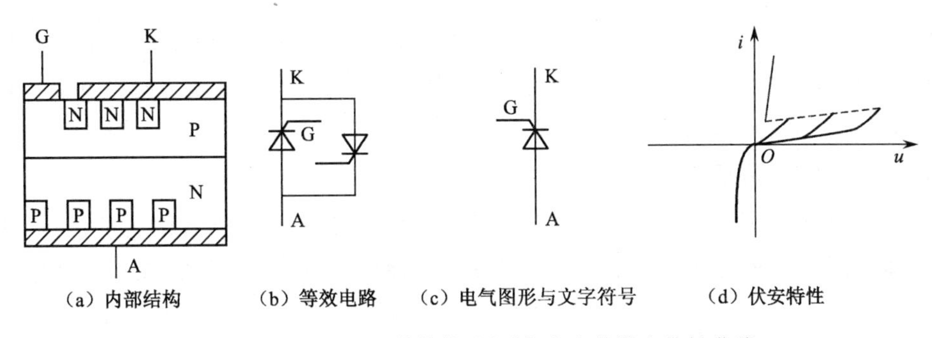

图 1-14　逆导晶闸管结构、图形与文字符号和特性曲线

逆导晶闸管的基本类型一快速型(200～350 Hz),高频率型(500～000 Hz)和高压型(400 A/7000 V)等几种,主要应用在周六变换(调速)、中频感应加热及某些逆变电路中。它使两个元件合为一体,缩小了组合元件体积。与普通晶闸管相比,逆导晶闸管具有正向压降小、关断时间短、高温特性好、额定结温高等优点。但同时也带来了一些新的问题,在使用时必须注意:

(1) 根据逆导晶闸管的伏安特性可知,它的反向击穿电压很低,因此只能适用于反向不需要承受电压的场合。

(2) 逆导晶闸管存在着晶闸管去区和整流管区之间的隔离区。如果没有隔离区,在反向恢复期间整流管区的载流子就会进入晶闸管区,并在晶闸管承受正向阳极电压时,误触发晶闸管,造成换流失败。虽然设置了隔离去,但整流管去的载流子在换向时,仍有可能通过隔离区作用到晶闸管区,使换流失败。因此逆导晶闸管的换流能力(器件反向导通后恢复正向阻断特性的能力)是一个重要参数,使用是必须注意。

(3) 逆导晶闸管的额定电流分别以晶闸管和整流管的额定电流表示,例如 300/300 A、300/150 A 等。一般地说,晶闸管电流列于分子,整流管电流列于分母。

(4) 光控晶闸管

光控晶闸管(Light Triggered Thyristor,LTT),又称光触发晶闸管,是一种光控器件。它与普通晶闸管的不同之处在于其门极区集成了一个光电二极管。在光的照射下,光电二极管漏电流增加,此电流成为门极触发电流使晶闸管导通。除此之外,光控晶闸管的工作原理、结构和特性与一般晶闸管相同。图 1-15(a)、(b)所示分别为光控晶闸管电气图形与文字符号和伏安特性曲线。

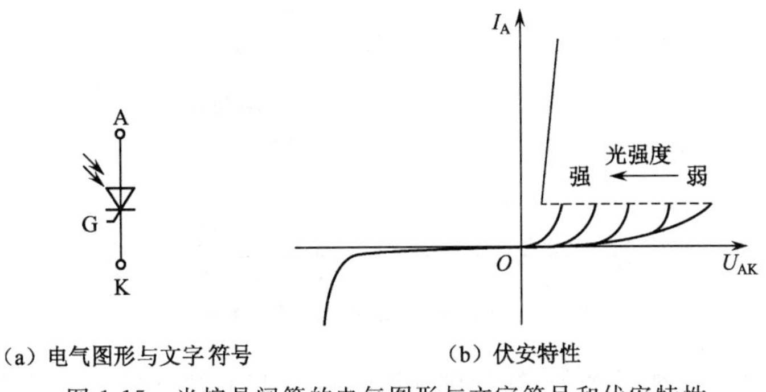

图 1-15　光控晶闸管的电气图形与文字符号和伏安特性

小功率光控晶闸管只有阳极、阴极,大功率光控晶闸管的门极带有光缆,光缆上有发光二

极管或半导体激光器作为触发光源。由于光控晶闸管主电路与控制电路进行了完全电气绝缘。因此具有优良的绝缘和抗电磁干扰性能。目前光控晶闸管在高压直流输电和高压核聚变装置等大功率场合中发挥了重要作用。

1.2.4 可关断晶闸管

可关断晶闸管(Gate-Turn-Off Thyristor,GTO),它具有普通晶闸管的全部优点,如耐压高,电流大等。同时它又是全控型器件,即在门极正脉冲电流触发下导通,在负脉冲电流触发下关断。

1. 可关断晶闸管及其工作原理

1)可关断晶闸管的结构

GTO的内部结构与普通晶闸管相同,都是PNPN四层三端结构,外部引出阳极A、阴极K和门极G。和普通晶闸管不同,GTO是一种多元胞的功率集成器件,内部包含数十个甚至数百个共阳极的小GTO元胞,这些GTO元胞的阳极和门极在器件内部并联在一起,使器件的功率可以达到相当大的数值。

2)可关断晶闸管的工作原理

GTO的导通机理与SCR是完全一样的,GTO一旦导通之后,门极信号是可以撤除的,但在制作时采用特殊的工艺使管子导通后处于临界饱和,而不像普通晶闸管那样处于深饱和状态,这样就可以用门极负脉冲电流破坏临界饱和状态使其关断,因此在关断机理上与SCR是不同的。门极加负脉冲即从门极抽出电流(即抽取饱和导通时存储的大量载流子),强烈的正反馈使器件退出饱和而关断。

2. 可关断晶闸管的特性与主要参数

1)可关断晶闸管的特性

GTO的伏安特性与普通晶闸管的相同。图1-16所示为GTO的开关特性。它的导通机理与SCR是完全一样的,只是导通时饱和程度较浅。

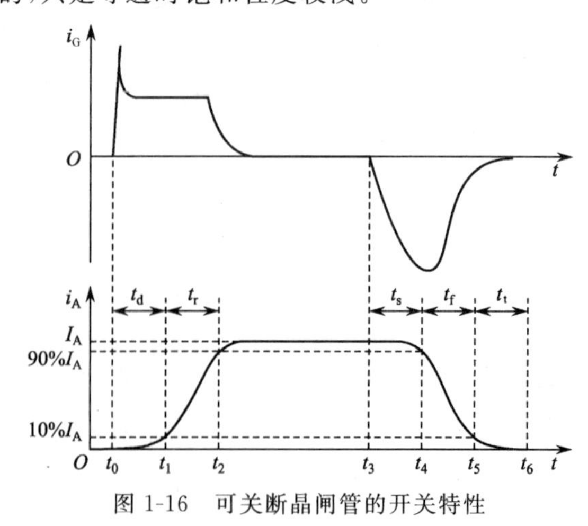

图1-16 可关断晶闸管的开关特性

开通过程中与普通晶闸管类似,须经过延迟时间 t_d 和上升时间 t_r,很明显GTO的开通时间为

$$T_{on}=t_d+t_r \tag{1.2.11}$$

在关断机理上，GTO与普通及各种是不同的，下面分析GTO关断特性。为了将GTO在短时间内关断，需要采用很大的负门极电流迅速地使阳极电流减小，过一段时间后阳极电流将为零，这时GTO才真正关断。在上述过程中，可以用与普通晶闸管一样的双晶体管模型来分析。抽取饱和导通时储存的大量载流子，使等效晶体管退出饱和所需的时间称为储存时间 t_s，等效晶体管从饱和区退至放大区，阳极电流逐渐减小所需的时间称为下降时间 t_f，则GTO的关断时间为

$$t_{off}=t_s+t_f \tag{1.2.12}$$

不可忽视的是残存载流子复合需要时间，称为尾部时间 t_t，此段时间后GTO微小阳极电流降为零，这时GTO才关断。通常 t_f 比 t_s 小的多，而 t_t 比 t_s 要长。门极负脉冲电流幅值越大，前沿越陡，抽走储存载流子的速度越快，t_s 越短。在 t_t 阶段门极负脉冲的后沿缓慢衰减，仍保持适当负电压，可缩短尾部时间。

2）可关断晶闸管的主要参数

GTO的许多参数和普通晶闸管相应的参数意义相同，这里只介绍意义不同的参数。

(1) 开通时间 t_{on}：延迟时间与上升时间。延迟时间一般为1～2 ms，上升时间则随通态阳极电流值的增大而增大。

(2) 关断时间 t_{off}：一般指储存时间和下降时间之和，不包括尾部时间。GTO的储存时间随阳极的增大而增大，下降时间一般小于2 ms。

(3) 最大可关断阳极电流 I_{ATO}：GTO的额定电流。

(4) 电流关断增益 β_{off}：GTO的门极关断能力用电流电流关断增益 β_{off} 来表征，最大可关断阳极电流 I_{ATO} 与门极负脉冲电流最大值 I_{GM} 之比称为电流关断增益 β_{off}：

$$\beta_{off}=\frac{I_{ATO}}{I_{GM}} \tag{1.2.13}$$

通常大容量GTO的关断增益很小（不超过3～5），这正是GTO的缺点，它表明要关断一个阳极电流 I_{ATO} 需要一个（1/3～1/5）I_{ATO} 的门极负脉冲电流峰值。

3）可关断晶闸管的应用

作为一种全控型电力电子器件，GTO主要用于直流变换和逆变等需要元件强迫关断的地方，其电压、电流容量较大，与普通晶闸管接近，达到兆瓦级。GTO与SCR相比具有特殊性，在使用时必须注意以下问题：

(1) 用门极正脉冲可使GTO开通，用门极负脉冲可使其关断，这是GTO最大的优点，但要使GTO关断的门极反向电流比较大，为阳极电流的1/3～1/5。尽管采用高幅值的窄脉冲可以减小关断所需的能量，但还是要采用专门的触发驱动电路。

(2) GTO的通态管压降比较大，一般为2～3 V。

(3) GTO有能承受反压和不能承受反压两种类型，在使用时要特别注意。一些GTO制造成逆导型，类似于逆导晶闸管，须承受反压是应和电力二极管串联。

1.2.5　电力晶体管

电力晶体管（Giant Transistor，GTR，直译为巨型晶体管），耐高电压、大电流的双极结型

晶体管(Bipolar Junction Transistor,BJT),英文有时候又称为Power BJT,在电力电子技术的范围内,GTR与BJT这两个名称等效。

1. 电力晶体管及其工作原理

与普通的双极结型晶体管基本原理是一样,电力晶体管由三层半导体(两个PN结)组成。NPN三层扩散台面型结构是单管GTR的典型结构,如图1-17(a)所示(GTR有NPN和PNP两种,这里只讨论NPN型)。图中掺杂浓度高的N^+区称为GTR的发射区,E为发射极。基区是一个厚度在几微米至几十微米之间的P型半导体薄层,B为基极。集电区是N型半导体,C为集电极。为了提高GTR的耐压能力,在集电区中设置低掺杂的N^-区。在两种不同类型的半导体交界处N^+P构成发射结J_1,PN构成集电极J_2。图1-17(b)、(c)分别是GTR的内部PN结等效图和电气图形与文字符号。

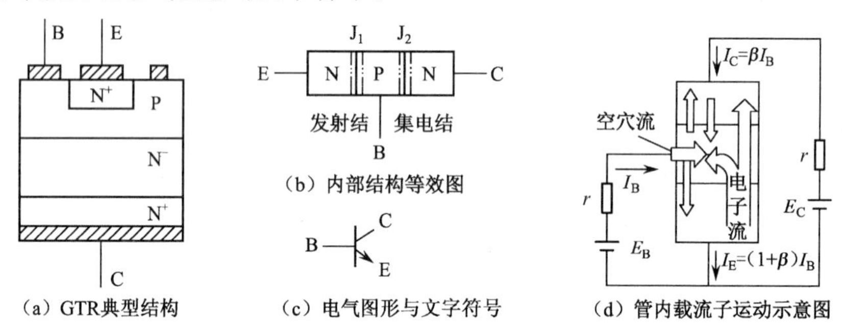

图1-17　GTR的结构、电气图形与文字符号和内部载流子的运动

GTR一般采用共发射极接法,图1-17(d)是管内载流子运动示意图。外加偏置E_B、E_C使发射结J_1正偏,集电结J_2反偏,基极电流I_B就能实现对I_C的控制。当$U_{BE}<0.7$ V或为负电压时,GTR处于关断状态,I_C为零;当$U_{BE}\geqslant 0.7$ V时,GTR处于开通状态,I_C为最大值(饱和电流)。定义集电极电流I_C与基极电流I_B之比为GTR电流放大系数β:

$$\beta=\frac{I_C}{I_B} \tag{1.2.14}$$

β反映了基极电流对集电极电流的控制能力。单管GTR的β值比小功率晶体管小得多,通常小于10,采用达林顿接法可有效增大电流增益。

当考虑到集电极和发射极间的漏电流I_{CEO}时,I_C和I_B的关系为

$$I_C=\beta I_B+I_{CEO} \tag{1.2.15}$$

在电力电子技术中,GTR主要工作在开关状态,人们希望它在电路中的表现接近于理想开关,即导通是的管压降趋于零,而且两种状态间的转换过程要足够快。图1-18是由GTR组成的共射极开关电路。给GTR的基极施加幅度足够大的脉冲驱动信号,它将工作于导通与截止的开关工作状态,在两种状态的转换过程中,GTR快速通过有源放大区。为了保证开关速度快、损耗小,要求GTR饱和压降U_{CES}小,电流增益β值要大,穿透电流I_{CEO}要小以及开通与关断时间要短。

2. 电力晶体管的特性与主要参数

1) GTR共射极电路输出特性

在共射极接法电路中GTR的集电极电压U_{CE}与集电极电流I_C的关系曲线称为输出特性

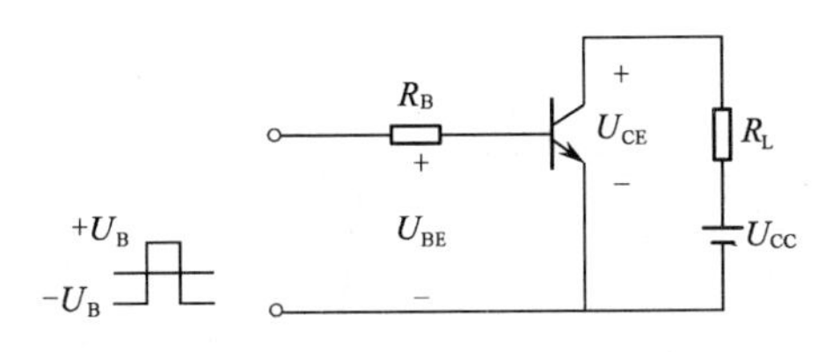

图 1-18　共射极开关电路

曲线，如图 1-19 所示。从图可以看出，随着 I_B 从小到大的变化，GTR 经过截止区（又称阻断区）、线性放大区、饱和区等几个区域。在截止去 $I_B<0$（或 $I_B=0$），$U_{BE}<0$，$U_{BC}<0$，GTR 承受高电压，且有很小的穿透电流流过，类似于开关的断态；在线性放大区 $U_{BE}>0$，$U_{BC}<0$，$IC=\beta I_B$，GTR 应避免工作在线性去以峰防止大功耗损坏 GTR。随着 I_B 增大，GTR 进入准饱和区，此时 $U_{BE}>0$，$U_{BC}>0$，但 I_C 和 I_B 不再成线性关系，β 开始下降，曲线开始弯曲；在深饱和区 $U_{BE}>0$，$U_{BC}>0$，I_B 变化时 I_C 不在改变，管压降 U_{CES} 很小，类似于开关的通态。

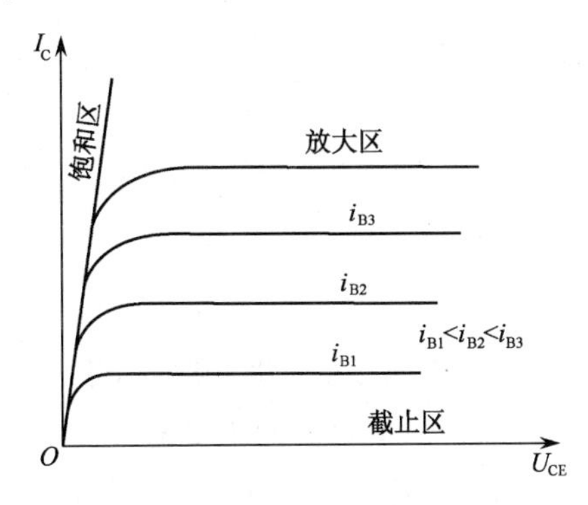

图 1-19　共发射极接法时 GTR 的静态

2）GTR 的开关特性

GTR 的开关过程的电流波形如图 1-20 所示。

（1）开通时间 t_{on}。图 1-18 所示的电路在基极电流 I_B 的作用下 GTR 的集电极电流 I_C 从 0 增加到其饱和电流 I_{CS} 的 10％所经历的时间成为延迟时间 $t_d=t_1-t_0$，上升时间 $t_r=t_2-t_1$，它表示从时刻起 I_C 上升至 I_{CS} 的 90％所经历的时间。则 GTR 的开通时间为

$$t_{on}=t_d+t_r \tag{1.2.16}$$

（2）关断时间 t_{off}。关断时间为

$$t_{off}=t_s+t_f \tag{1.2.17}$$

式中：存储时间 $t_s=t_4-t_3$，它表明在负变基极电流的作用下，从 t_3 时刻起 I_C 开始下降，到时刻 I_C 已减小到 I_{CS} 的 90％；下降时间 $t_f=t_5-t_4$，它表示从 t_4 时刻起 I_C 下降到 I_{CS} 的 10％所经历的时间。

延迟过程中发射结势垒电容充电，上升过程中储存基区电荷需要一定的时间；存储时间是消除基区超量储存电荷过程引起的，下降时间是发射结和集电结势垒电容放电的结果。在应用中为了提高开关速度，要设法减小 t_{on} 与 t_{off}。很明显增大驱动电流 I_B。加快充电可以减小 t_d 与 t_r，但 I_B 太大会使关断存储时间增长。在关断 GTR 时加反向基极电压有助于势垒电容上电荷释放，即可以减小 t_s 和 t_f；但反向基极电压不能过大，否则会击穿发射结和下次导通时延

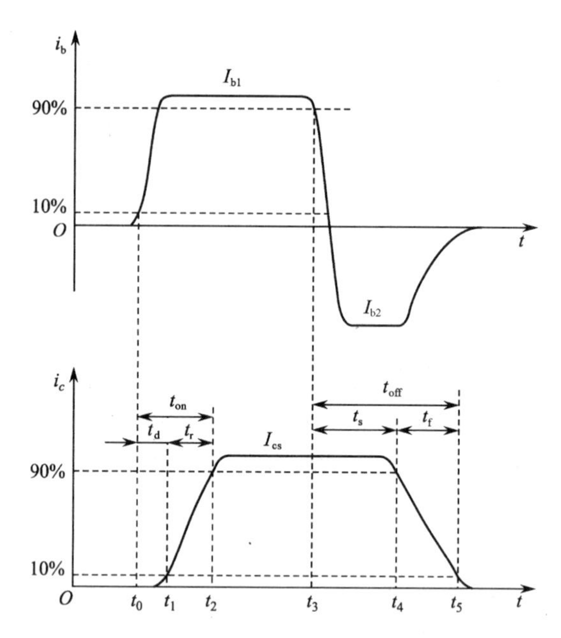

图 1-20　GRT 的开通和关断过程电流波形

迟时间增长。

3) GTR 的主要参数

(1) 电压定额。集基极击穿电压 U_{CBO}:发射极开路时,集基极能承受的最高电压。

集射极击穿电压 U_{CEO}:基极开路时,集射极能承受的最高电压。

(2) 电流定额。集电极电流最大值 I_{CM}:一般为 β 值下降到额定值的 1/3～1/2 时的 I_C 值。

基极电流最大值 I_{BM}:规定为内引线允许通过的最大电流,一般取 I_{BM}(1/6～1/2I_{CM})。

(3) 最高结温 T_{JM}。GTR 的最高结温与半导体材料性质、器件制造工艺、封装质量有关。一般情况下塑封管 T_{JM} 为 125～150℃,金封硅管 T_{JM} 为 150～170℃,高可靠平面管 T_{JM} 为 175～200℃。

(4) 最大耗散功率 P_{CM}。即 GTR 在最高结温所对应的耗散功率,它等于集电极工作电压与集电极工作电流的乘积。这部分能量转化为热能使管温升高,在使用中要特别注意 GTR 的散热,如果散热条件不好,GTR 会因为温度过高而迅速损坏。

(5) 饱和压降 U_{CES}。GTR 工作在饱和区时集射极间电压值。U_{CES}随 I_C 增加而增加。在 I_C 不变时,U_{CES}随管壳温度的 T_C 增加而增加。

(6) 共射极直流电流增益 β。$\beta = I_C/I_B$ 表示 GTR 的电流放大能力。一般高压大功率 GTR(单管)$\beta<10$。

1.2.6　电力场效晶体管

场效晶体管分为结型和绝缘栅型场效晶体管(类似于小功率 Field Effect Transistor, FET),绝缘栅型金属-氧化物半导体场效晶体管(Metal Oxide Semiconductor Field Effect Transistor, MOSFET),电力场效晶体管通常主要指绝缘栅型中的 MOS 型,简称电力 MOSFET(Power MOSFET)。按导电沟道不同电力 MOSFET 可分为 P 沟道和 N 沟道两类,其中每类又有耗尽型与增强型。

耗尽型——当栅极电压为零时漏源极之间就存在导电沟道。

增强型——对于 N(P)沟道器件，栅极电压大于(小于)零时才存在导电沟道。电力 MOSFET 主要是 N 沟道增强型器件。

1. 电力场效晶体管及其工作原理

1）电力场效晶体管的结构

早期的电力场效晶体管采用水平结构(PMOS)，器件的源极 S、栅极 G 和漏极 D 均被置于硅片的同侧(与小功率 MOS 管相似)，这种结构存在通态电阻大、频率特性差和鬼片利用率低等缺点。20 世纪 70 年代中期将 LSIG 垂直导电结构应用到电力场效晶体管制作中，出现了 VMOS 结构。这种器件保持了平面结构的优点，而且大幅度提高了器件电压阻断能力、载流能力和开关速度。中期 VMOS 采用 V 形槽一实现垂直导电，称为 VVMOS。这种结构在精确控制沟道长度方面存在工艺上的困难，于是自 20 世纪 80 年代以来，采用二次扩散形成的 P 型区和 N^+ 型区在硅片表面的结深之差来形成极短沟道长度(1～2μm)，研制成功了垂直导电的双扩散场控晶体管 VDMOSFET，简称 VDMOS。目前生产的 VDMOS 中绝大多数是 N 沟道增强型，这是由于 P 沟道器件在相同硅片面积下，其通态电阻是 N 型器件的 2～3 倍。因此，今后若无特殊说明，VDMOS 均指 N 沟道增强型器件。VDMOS 典型结构和电气图形与文字如图 1-21 所示。

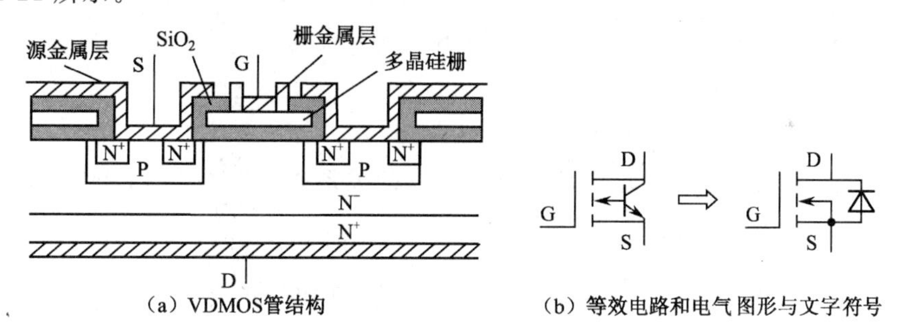

图 1-21　N 沟道 VDMOS 管结构和电气图形与文字符号

在 N^+ 型高掺杂浓度衬底上，外延生长 N^- 型高阻层，N^+ 型区和 N^- 型区共同组成漏区。由同一扩散窗口进行两次扩散，在 N^- 型内先扩散形成 P 型体区，再在 PP 型体区内有选择地扩散形成 N^+ 型区，由两次扩散的深度差形成沟道部分，因而沟道的长度可以精确控制。由于沟道体区与源区总是短路的，所以源区 PN 结常处于零偏置状态。在 P 和 N^+ 上层与栅极之间生长 SiO_2 绝缘薄层作为栅极和导电沟道的隔离层，这样当栅极加有适当的电压时，由于表面电场效应会在栅极下面的体区中形成 N 型反型层，这些反型层就是源区和漏区的导电沟道。

上述元胞结构的特点是：

(1) 垂直安装漏极，实现掺杂导电，这不仅使硅片面积得以充分利用，而且可获得大的电流容量。

(2) 设置了高电阻率的 N^- 区以提高电压容量。

(3) 短沟道(1～2μm)降低了栅极下端 SiO_2 层的栅沟本征电容和沟道电阻，提高了开关频率。

(4) 载流子在沟道内沿表面流动,然后垂直流向漏极。由于漏极也是从硅片底部引出,所以便于高度集成化。通常一个 VDMOS 管是由许多元胞并联组成的,一个高压芯片的密集度可达每立方英寸 14 万个元胞。

VDMOS 管的三个电极漏极、源极、栅极分别用 D、S 和 G 表示。源极金属电极将 N^+ 区和 P 区连接在一起,因此源极与漏极间形成一个寄生二极管,因而无法承受反向电压。VDMOS 的等效电路和符号如图 1-21(b)所示。

2) 电力场效晶体管的工作原理

当栅源电压 $U_{GS} \leqslant 0$ 时,由于表面电场效应,栅极下面的 P 型体区表面呈多子(空穴)的堆积状态,不可能出现反型层,因而无导电沟道形成,D、S 间相当于两个反向串联的二极管。

当 $0 < U_{GS} \leqslant U_T$(U_T 为开启电压,又称域电压)时,栅极下面的 P 型体区表面呈耗尽状态,不会出现反型层也不会形成导电沟道。

在上述两种情况下,即使加漏极电压 U_{DS},也没有漏极电流 I_D 出现,VDMOS 处于截止状态。

当时,栅极下面的 P 型体区发生反型而形成导电沟道。若此时加至漏极电压 $U_{DS} > 0$,则会产生漏极电流 I_D,VDMOS 处于导通状态,且 U_{DS} 越大,I_D 越大。另外,在相同的 U_{DS} 下,U_{GS} 越大反型层越厚即沟道越宽,I_D 越大,VDMOS 处于导通状态。

综上所述,VDMOS 的漏极电流 I_D 受控于栅源电压 U_{GS}。

2. 电力场效晶体管的特性与主要参数

1) 电力场效晶体管的静态输出特性

在不同的 U_{GS} 下,漏极电流 I_D 与漏极电压 U_{DS} 的关系曲线族称为 VDMOS 管的输出特性曲线,如图 1-22 所示。

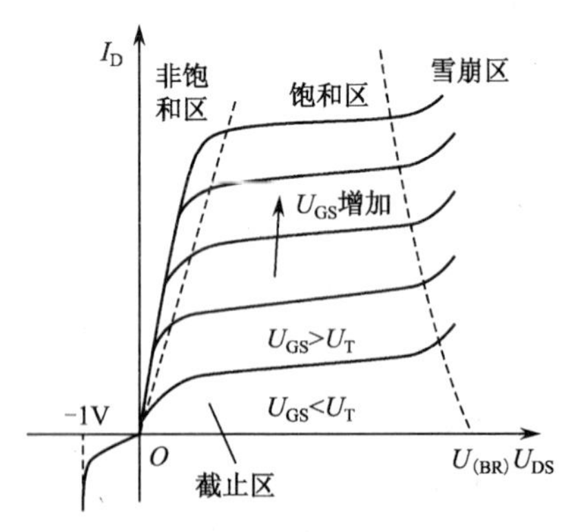

图 1-22　VDMOS 管的输出特性

输出特性曲线可以分为四个区域:

$U_{GS} < U_T$(U_T 的典型值为 2～4 V)时,VDMOS 管工作在截止区。

$U_{GS} > U_T$ 且 U_{DS} 很小时,I_D 和 U_{GS} 几乎成线性关系,此时,VDMOS 管工作在线性导通区,又称欧姆工作区。

在 $U_{GS} > U_T$ 时,随着 U_{DS} 的增大,I_D 几乎不变,器件进入有源区,又称饱和区。

当 $U_{GS}>U_T$ 且 U_{DS} 增大到一定值时，漏极 PN 结发生雪崩击穿，I_D 突然增加，器件工作状态进入雪崩区。正常使用时，不应使器件进入雪崩区，否则会使 VDMOS 管损坏。

2）主要参数

（1）通态电阻 R_{on} 在确定的栅压 U_{GS} 下，VDMOS 管由可调电阻区进入饱和区时漏极至源极间的主流电阻称为通态电阻 R_{on}。R_{on} 是影响最大输出功率的重要参数。理论和实践都证明，器件的电压越高，R_{on} 随温度的变化越显著。在相同的条件下，耐压等级越高的器件其 R_{on} 值越大。这也是 VDMOS 管电压难以提高的原因之一。另外 R_{on} 随 I_D 的增加而增加，随 U_{GS} 的增加而减小。

（2）阈值电压 U_T。沟道体区表面发生强反型所需的最低栅极电压，称为 VDMOS 管的阈值电压。当在 $U_{GS}>U_T$ 时，漏源之间构成导电沟道。在漏极短接条件下，当 $I_D=1$ mA 时栅极电压定义为 U_T。实际应用时，取 $U_{GS}=(1.5\sim2.5)U_T$，以利于获得较小的沟道压降。U_T 还与结温 T_J 有关，T_J 升高，U_T 将下降（大约 T_J 每增加 45 ℃，U_T 下降 10%，其温度系数为 −6.7 mV/℃）。

（3）跨导 g_m。跨导 g_m 定义为

$$g_m=\frac{\Delta I_D}{\Delta U_{GS}} \tag{1.2.18}$$

表示 U_{GS} 对 I_D 的控制能力的大小。在实际应用中，高跨导的管子具有更好的频率相应。

（4）漏源击穿电压 $U_{(BR)DS}$。$U_{(BR)DS}$ 决定了 VDMOS 管的最高管子电压，它是为了避免器件进入雪崩区而设立的极限参数。

（5）栅源击穿电压 $U_{(BR)GS}$。$U_{(BR)GS}$ 是为了防止绝缘栅层因栅源间电压过高而发生介电击穿而设立的参数。一般取 $U_{(BR)GS}=\pm20$ V

（6）最大漏极电流 I_{DM}。I_{DM} 表征器件的电流容量。当 $U_{GS}=10$ V，U_{DS} 为某一数值时，漏源间允许通过的最大电流称为最大漏极电流。

（7）最高工作频率 f_m。最高工作频率 f_m 定义为

$$f_m=\frac{g_m}{2\pi C_i} \tag{1.2.19}$$

式中：C_i——器件的输入电容。

一般说来，器件的极间电容如图 1-23 所示。

输入电容

$$C_i=C_{GS}+C_{GD} \tag{1.2.20}$$

输出电容

$$C_o=C_{DS}+C_{GD} \tag{1.2.21}$$

反馈电容

$$C_f=C_{GD} \tag{1.2.22}$$

（8）开关时间与 t_{off}。导通时间 t_{on} 为

$$t_{on}=t_d+t_r$$

式中：t_d——延迟时间。在图 1-24 所示的 VDMOS 管的开关过程波形图中，t_d 对应着输入电

压上升沿上幅度为 $0.1U_{im}$ 到输出电压在下降沿上幅度为 $0.1U_{om}$ 的时间隔；t_r 为上升时间，它对应着输出电压幅度由 $0.9U_{om}$ 变化到 $0.1U_{om}$ 的时间，这段时间对应于 U_i 向器件输入电容充电的过程。

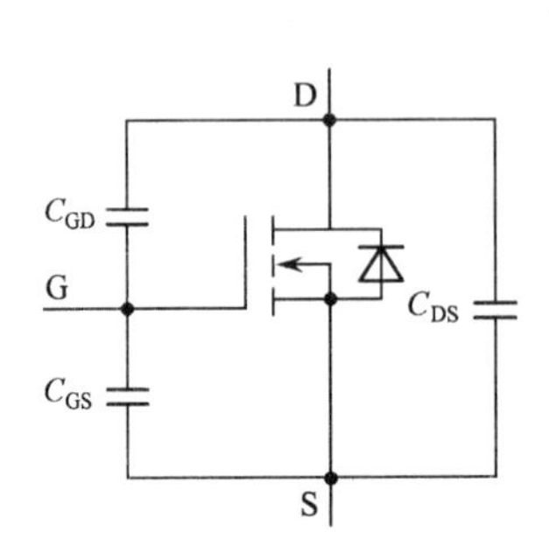

图 1-23　VDMOS 管极间电容等效电路

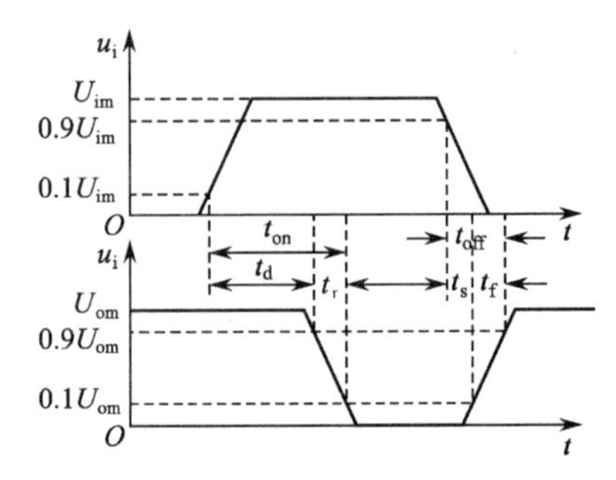

图 1-24　VDMOS 管开关过程电压波形图

关断时间 t_{off} 为：$t_{off}=t_s+t_f$。式中，t_s 称为存储时间，对应着栅极电容存储电荷的消失过程；t_f 称为下降时间。在 VDMOS 管中，t_{on} 和 t_{off} 都可以控制得比较小，因此器件的开关速度相当快。

1.2.7　绝缘栅双极晶体管

绝缘栅双极晶体管(Insulated Gate Bipolar Transistor，IGBT)。它是具有功率 MOSFET 高速开关特性和 GTR 的低导通压降特性两者优点的一种复合器件。其导通电阻是同一耐压规格 MOSFET 的 1/10。开关时间是同容量 GTR 的 1/10。因为它的等效结构既具有 GTR 模式又有 MOSFET 的特点，所以称为绝缘双极晶体管。

1. 绝缘栅双极晶体管及其工作原理

1) IGBT 的结构

IGBT 的结构如图 1-25(a)所示。从图可知，它是在 VDMOS 管结构的基础上再加一个 P^+ 层，形成了一个大面积的 P^+N 结 J_1，和其他结 J_2、J_3 一起构成了一个相当于由 VDMOS 驱动的厚基区 PNP 型 GTR，简化等效电路如图 1-25(b)所示。

IGBT 有三个电极，分别是集电极 C、发射极 E 和栅极 G，图 1-25(c)所示为它的电气符号。

2) IGBT 的工作原理

IGBT 也属场控器件，其驱动原理与电力 MOSEFT 基本相同。如果集电极 C 接电源正极，发极 E 接电源负极，它的导通和关断由栅极电压 U_{GE} 来控制。

在 IGBT 的栅极加正向电压 U_{GE}，且 U_{GE} 大于开启电压 $U_{GE(TH)}$(IGBT 能实现电导调制而导通的最低栅射电压)时，等效 MOSFET 内(栅极下)形成导电沟道，为等效 PNP 型 GTR 提供基极电流，则 IGBT 导通。此时，从 P^+ 区注入到 N^- 区的空穴(少子)对 N^- 区进行电导调制，减小了 N^- 区的电阻，IGBT 获得了低导通压降特性。这一点是与功率 MOSEFT 的最大区别，也是 IGBT 可以大电流化的原因。

在栅极上加反向电压或不加信号时，等效 VDMOS 的导电沟道消失，GTR 的基流被切断，则 IGBT 被关断。

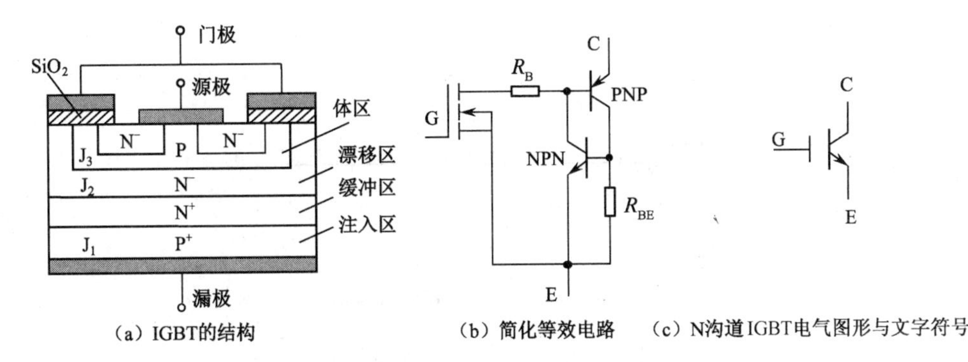

图 1-25　IGBT 的结构、简化等效电路与电气图形与文字符号

综上所述，IGBT 是一种由栅极电压 U_{GE} 控制集电极电流的全控型器件。

2. 绝缘栅双极晶体管的特性与主要参数

1) IGBT 的伏安特性和转移特性

IGBT 的伏安特性(又称静态输出特性)如图 1-26(a)所示。它反映在一定的栅极-发射极电压 U_{GE} 下器件的输出端电压 U_{CE} 与 I_C 的关系。U_{GE} 越高，I_C 越大。与 GTR 一样，IGBT 的伏安特性分为截止区、有源放大区、饱和区和击穿区。值得注意的是，IGBT 的反向电压承受能力很差，从曲线中可知，其反向阻断电压 U_{BM} 只有几十伏，因此限制了它在需要承受高反向电压场合的应用。

图 1-26(b)所示是 IGBT 的转移特性曲线。当 $U_{GE}>U_{GE(TH)}$(开启电压，一般为 3～6 V)时，其输出电流 I_C 与驱动电压 U_{GE} 基本呈线性关系；当 $U_{GE}<U_{GE(TH)}$ 时，IGBT 关断。

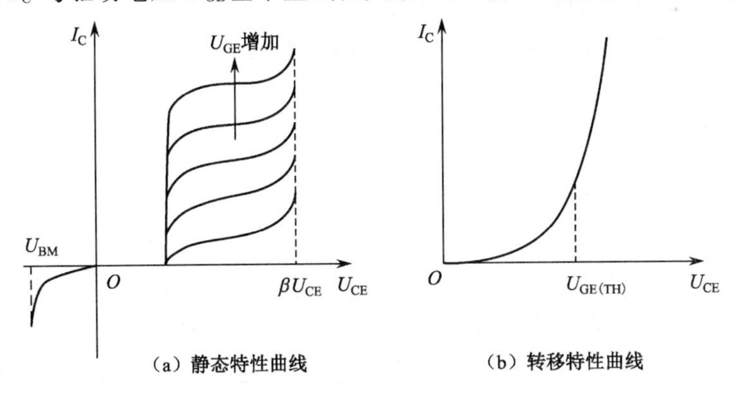

图 1-26　IGBT 的伏安特性和转移特性

2) IGBT 的开关特性

IGBT 的开通过程是从正向阻断转换到正向导通的过程。开通时间 t_{on} 定义为从驱动电压 U_{GE} 的脉冲前沿上升到最大值 U_{GEM} 的 10%所对应的时间至集电极电流 I_C 上升到最大值 I_{CM} 的 90%所需要的时间。t_{on} 又可分为开通延迟时间 $t_{d(on)}$ 和电流上升时间 t_r 两部分。$t_{d(on)}$ 定义为从 0.1U_{CEM} 到 0.1I_{CM} 所需的时间，t_r 定义为 I_C 从 0.1I_{CM} 上升至 09I_{CM} 所需的时间，如图 1-27 所示。

IGBT 的关断过程是从正向导通状态转换到正向阻断状态的过程。关断时间 t_{off} 定义为从驱动电压 U_{GE} 的脉冲后沿下降到 90%U_{GEM} 起至集电极电流下降到 10%I_{CM} 所经过的时间。t_{off}

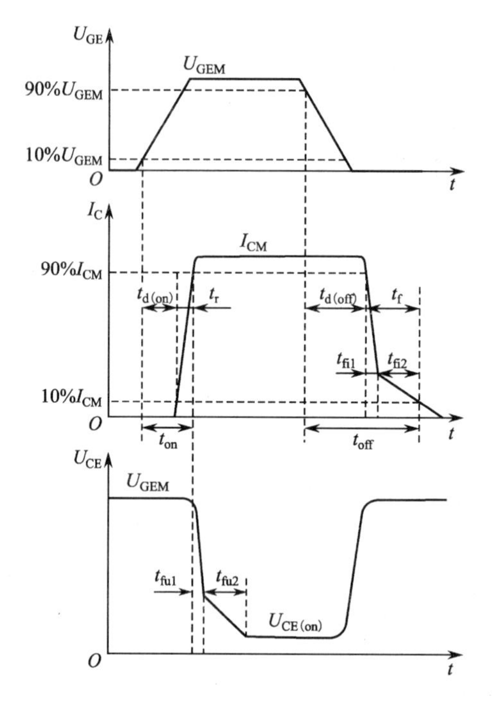

图 1-27 IGBT 的开关特性

又可分为关断延迟时间 $t_{d(off)}$ 和电流下降时间 t_f 两部分。$t_{d(off)}$ 是从 $90\%U_{GEM}$ 至 $90\%I_{CM}$ 所需的时间；t_f 是从 $90\%I_{CM}$ 下降至 $10\%I_{CM}$ 所需的时间，t_f 是由 t_{fi1}（由 IGBT 中的 MOS 管决定）和 t_{fi2}（由 IGBT 中 PNP 晶体管的存储决定）两部分组成。

IGBT 的开关特性好，开关速度快，其开关时间是同容量 GTR 的 1/10。IGBT 开关时间与集电极电流、栅极电阻以及结温等参数有关。

3）IGBT 的主要参数

IGBT 的参数是其特性的描述，应用时必须特别注意。其参数主要有：

（1）最大集射极间电压 U_{CEM}。即 IGBT 在关断状态时集电极和发射极之间能承受的最高电压。与 VDMOS 和 GTR 相比，IGBT 的耐压可以做得更高，最大允许电压 U_{CEM} 可超过 4 500 V。

（2）通态压降。指 IGBT 导通状态时集电极和发射极之间的管压降。在大电流段是同一耐压规格 VDMOS 的 1/10 左右。在小电流段的 1/2 额定电流以下通态压降有负温度系数，在 1/2 额定电流以上通态压降具有正温度系数，因此 IGBT 在并联使用时具有电流自动调节能力。

（3）集电极电流最大值 I_{CM}。在 IGBT 管中由 U_{GE} 来控制 I_C 的大小，当 I_C 大到一定的程度时，IGBT 中寄生的 NPN 和 PNP 晶体管处于饱和状态，栅极 G 失去对集电极电流 I_C 的控制作用，这称为擎住效应。IGBT 发生擎住效应后，I_C 大，功耗大，最后导致器件损坏。为此，器件出厂时必须规定集电极电流的最大值 I_{CM}，以及与此相应的栅极-发射极最大电压 U_{GEM}。避免集电极电流超过 I_{CM} 时，IGBT 产生擎住效应。另外器件在关断时电压上升率 $d\mu_{CE}dt$ 太大，也会产生擎住效应。

（4）最大集电极功耗 P_{CM}。正常工作温度下允许的最大功耗。

(5) 输入阻抗。IGBT 的输入阻抗高，可达 $10^9 \sim 10^{11}\,\Omega$ 数量级，呈纯电容性，驱动功率小，这些与 VDMOS 相似。

(6) 最高允许结温 T_{JM}。IGBT 的最高允许结温 T_{JM} 为 150℃。VDMOS 的通态压降随结温升高而显著增加，而 IGBT 的通态压降在室温和最高结温之间变化很小，具有良好的温度特性。

1.2.8 电力电子器件的驱动与保护

一般电力电子电路的驱动、保护与控制包括以下内容：

(1) 电力电子开关管的驱动。驱动器接收控制系统输出的控制信号，经过处理后发出驱动信号给开关管，控制开关器件的通断。

(2) 过流、过压保护。它包括器件保护和系统保护两个方面。检测开关器件的电流、电压，保护主电路中的开关器件。防止过流、过压损坏开关器件。检测系统电源输入、输出以及负载的电流、电压，实时保护系统，防止系统崩溃而造成事故。

(3) 缓冲器。在开通和关断过程中防止开关管过压和过流，减小 du/dt、di/dt，减小开关损耗。

(4) 滤波器。电力电子系统中都必须使用滤波器。在输出直流的电力电子系统中使用滤波器是滤除输出电压或电流中的交流分量以获得平稳的直流电能；在输出交流的电力电子系统中使用滤波器是滤除无用的谐波以获得期望的交流电能，提高由电源所获取以及输出至负载的电力质量。

(5) 散热系统。散发开关器和其他部件的功耗发热，降低开关器件的结温。

(6) 控制系统。实现电力电子电路的实时控制，综合给定和反馈信号，经处理后为开关器件提供开通、给定信号，开机、停机信号和保护信号。

1. 电力电子的驱动电路

电力电子电路中各种驱动电路的电路结构取决于开关器件的类型、主电路的拓扑结构和电压、电流等级，开关器件的驱动电路接受控制系统输出的微弱电平信号，经处理后给开关器件的控制极(门极或基极)提供足够大的电压或电流，使之立即开通，此后，必须维持通态，直到接受关断信号后立即使开关器件从通态转为断态，并保持断态。

在很多情况下，尤其在高压变换电路中，需要控制系统和主电路之间进行电气隔离，这可以通过脉冲变压器或光耦来实现，后者通过在光电半导体器件附近放置发光二极管来传送信息。此外，还可采用光纤传导替代光信号的空间传导。由于不同类型的开关器件对驱动信号的要求不同，对于半控器件(SCR 和双向晶闸管)、电流控制型全控器件(GTO 和 GTR)和对于控制型全控器件(IGBT、MCT 和 SIT)等有着不同的解决方案。

1) 晶闸管 SCR 触发驱动电路

对于使用晶闸管的电路，在晶闸管阳极加正向电压后，还必须在门极与阴极之间加触发电压，晶闸管才能从阻断转变为导通，习惯称为触发控制，提供这个触发电压的电路称为晶闸管的触发电路。它决定每个晶闸管的触发导通时刻，是晶闸管装置中不可缺少的一个重要组成部分。

控制电路和主电路的隔离通常是必要的，隔离可由光耦或脉冲变压器实现。

基于脉冲变压器 T_r 和晶体管放大器的驱动电路如图 1-28 所示，当控制系统发出的高电平驱动信号加至晶体管放大器后，变压器 T_r 输出电压经 D_2 输出脉冲电流 I_G 触发 SCR 导通。当控制系统发出的驱动信号为零后，D_1、D_Z 续流，T_r 的一次电压速降为零，防止变压器饱和。

图 1-29 所示为光耦隔离的 SCR 驱动电路。当控制系统发出驱动信号至光耦输入端时，光耦输出电路中 R 上电压产生的脉冲电流 I_G 触发 SCR 导通。

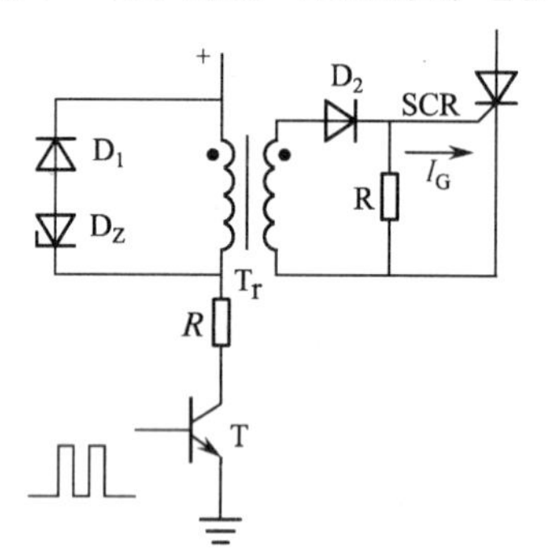

图 1-28　带隔离变压器的 SCR 驱动电路

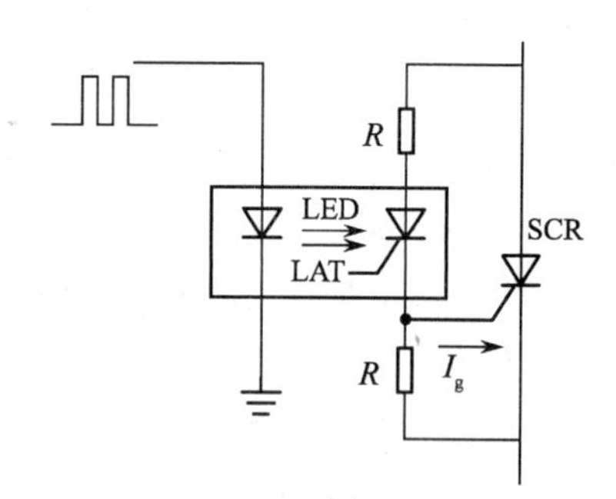

图 1-29　光耦隔离的 SCR 驱动电路

目前 SCR 的产品型号很多，其触发电路种类也多，尤其是各种专用触发集成电路获得了广泛的应用，我们将在任务 2 整流电路中详细介绍 SCR 的触发电路。

2）GTO 的驱动电路

根据 GTO 的驱动特性，在其门极加正驱动电流时，GTO 将开通（和 SCR 类似），但是关断则要求在其门极加很大的负电流。

图 1-30 所示是 GTO 的几种基本驱动电路。在图 1-30(a)中晶体管 T 导通时，电源 U 经过 T 使 GTO 触发导通，同时电容 C 被充电，电源极性如图所示。当 T 关断时，电容 C 经 L、SCR、GTO 阴极、GTO 门极放电，反向电流使 GTO 关断。图中 R 起导通限流作用，L 的作用是在 SCR 阳极电流下降期间释放出储能，补偿 GTO 的门极关断电流，提高了关断能力。该电路虽然简单可靠，但由于无独立的关断电源，其关断能力有限不易控制。另一方面，电容 C 上必须有一定的能量才能使 GTO 关断，故触发 T 的脉冲必须有一定的宽度。

在图 1-30(b)中 T_1、T_2 导通时 GTO 被触发，T_1、T_2 关断和 SCR_1、SCR_2 导通时 GTO 门极与阴极间流过负电流而被关断。由于 GTO 的导通和关断均依赖于一个独立的电源，故其关断能力强且可控制，其触发脉冲可采用窄脉冲。

在图 1-30(c)中，导通和关断用两个独立的电源，开关元件少，电路简单。

上述三种 GTO 的驱动电路的关断能力都不强，只能用于 300 A 以下的 GTO 的控制。对于 300 A 以上的 GTO，用图 1-30(d)所示的驱动电路可以满足要求。

3）GTR 的驱动电路

GTR 基极驱动电路的作用是将控制电路输出的控制信号放大到足以保证 GTR 可靠导通和关断的程度。基极驱动电流的各项参数直接影响 GTR 的开关性能，因此根据主电路的需要正确选择或设计 GTR 的驱动电路非常重要。

一般希望基极驱动电路有以下功能：

（1）提供合适的正反向基极电流以保证 GTR 可靠导通与关断，理想的基极驱动电流波形

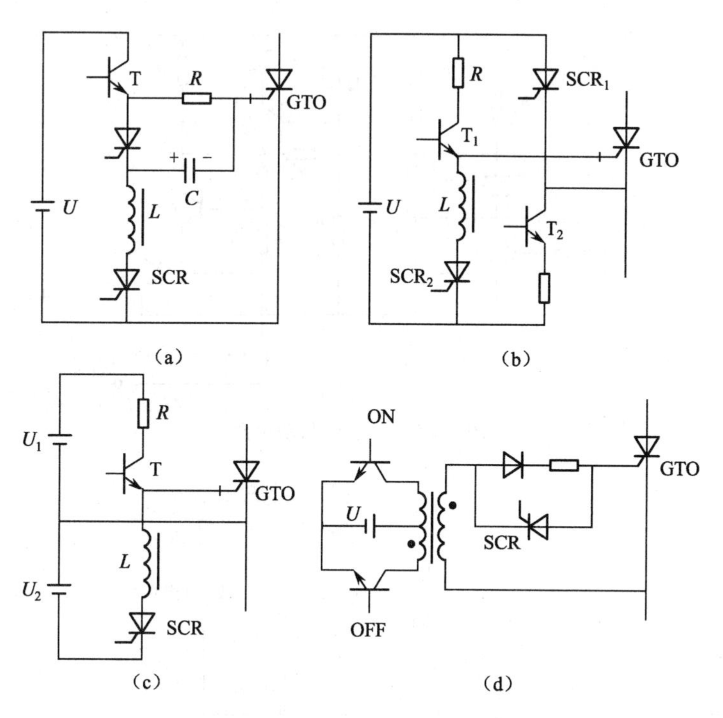

图 1-30　GTO 的几种基本驱动电路

如图 1-31 所示。

(2) 实现主电路与控制电路隔离。

(3) 具有自动保护功能,以便在故障发生时快速自动切除驱动信号,避免损坏 GTR。

(4) 电路尽可能简单、工作稳定可靠、抗干扰能力强。

GTR 驱动电路的形式很多,下面介绍一种简单双电源驱动电路,以供参考。

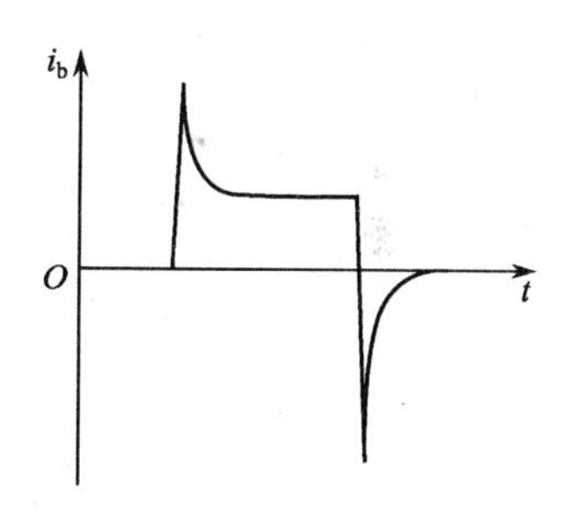

图 1-31　理想的基极驱动电流波形

简单双电源驱动电路如图 1-32 所示,驱动电路与 GTR(T_6)直接耦合,控制电路用光耦合实现电隔离,正负电源($+U_{CC2}$和$-U_{CC3}$)供电。当输入端 S 为低电平时,$T_1\sim T_3$ 导通,T_4、T_5 截止,B 点电压为负,给 GTR 基极提供反向基流,此时 GTR(T_6)关断。当 S 端为高电平时,$T_1\sim T_3$ 截止,T_4、T_5 导通,T_6 流向正向基极电流,此时 GTR 导通。

4) MOSSEFT 和 IGBT 的驱动电路

(1) 采用脉冲变压器隔离的栅极驱动电路。图 1-33 所示为采用脉冲变压器隔离的栅极驱动电路。其工作原理是:控制脉冲 u_i 经晶体管 T 放大后送到脉冲变压器,由脉冲变压器耦合,并经 D_{Z1}、D_{Z2}稳压限幅后驱动 IGBT。脉冲变压器的一次侧并联了续流二极管 D_1,以防止 T 中可能出现的过电压。R_1 限制栅极驱动电流的大小,R_1 两端并联了加速二极管来提高开通速度。

(2) 推挽输出栅极驱动电路。图 1-34 所示为采用光耦合隔离的由 T_1、T_2 组成的推挽输出栅极驱动电路。当控制脉冲使光耦合关断时,光耦输出低电平,使 T_1 截止,T_2 导通,OGBT

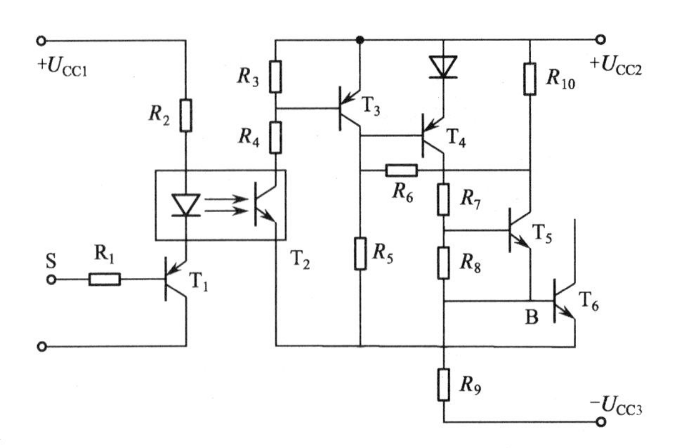

图 1-32　双电源驱动电路

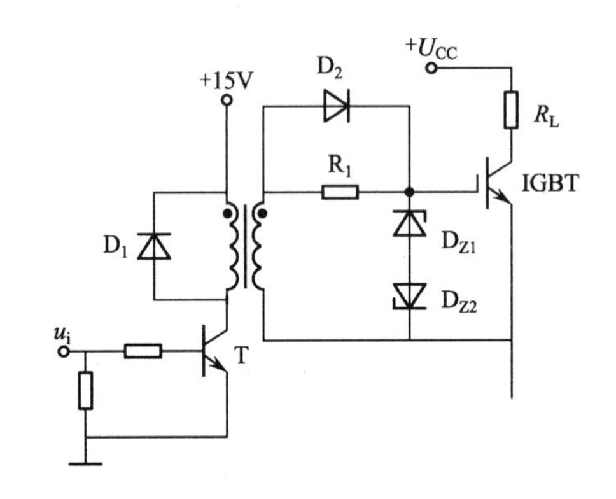

图 1-33　采用脉冲变压器隔离的栅极驱动电路

在的反偏作用下关断。当控制脉冲使光耦合导通时，光耦输出高电平，T_1 导通，T_2 截止，经 U_{CC}、T_1、R_G 产生的正向驱动电压使 IGBT 导通。

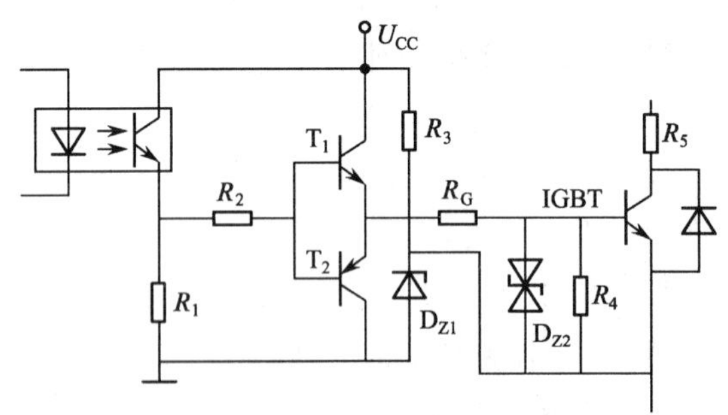

图 1-34　推挽输出的栅极驱动电路

(3) M57962L 组成的 IGBT 驱动电路。驱动电路采用驱动模块 M57962L，该驱动模块为混合集成电路，将 IGBT 的驱动和过流保护集于一体，能驱动电压为 600 V 和 1200 V 系列电流容量不大于 400 A 的 IGBT。驱动电路的接线图如图 1-35 所示。输入信号 u_i 与输出信号 u_g 彼此隔离，当 u_i 为高电平时，输出 u_g 也为高电平，此时 IGBT 导通；当 u_i 为低电平时，输出 u_g 为－10V，IGBT 截止。该驱动模块通过实时检测集电极电位来判断 IGBT 是否发生过电流故障。当 IGBT 导通时，如果驱动模块的①脚电位高于内部基准值，则其⑧脚输出为低电平，通过光耦发出过电流信号，与此同时使输出信号 u_g 变为－10V，关断 IGBT。

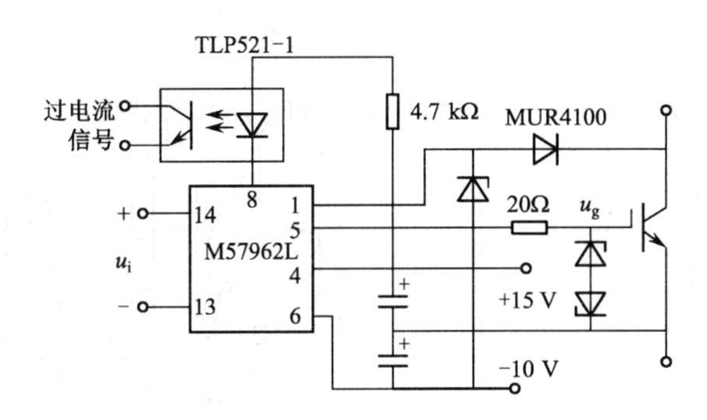

图 1-35　M57962L 组成的 IGBT 驱动电路

2. 电力电子系统的保护电路

电力电子系统在发生故障时可能会参数过电流、过电压，造成开关器件的永久性损坏。过流、过压保护包括器件保护和系统保护两个方面。器件保护主要是指检测开关器件的电流、电压，保护主电路中的开关器件，防止过流、过压损坏开关器件。系统保护主要是检测系统电源输入、输出以及负载的电流、电压，实时保护系统，防止系统崩溃而造成事故。

1）过电流保护

通常电力电子系统同样采用电子线路、快速熔断器、断路器和过电流继电器等几种过电流保护措施，一提高保护的可靠性和合理性。图 1-36 所示为电力电子系统中常用的过流保护措施及其配置。由于过电流包括过载和短路两种情况，图中电子电路作为第一保护措施，快速熔断器仅作为过流时部分区段的保护，当发生过流故障是，电子电路发出触发信号使 SCR 导通，则电路短路迫使熔断器快速熔断而切断供电电源。断路器整定在电子电路动作之后实现保护，过电流继电器整定在过载时动作。无论是快速熔断器还是断路器，其动作电流值一般远小于电子保护电路的动作电流整定值，其延迟的动作时间则应根据实际应用情况决定。现在在许多全控器件的集成驱动电路中能够自身检测过流状态而封锁驱动信号，实现过流保护。

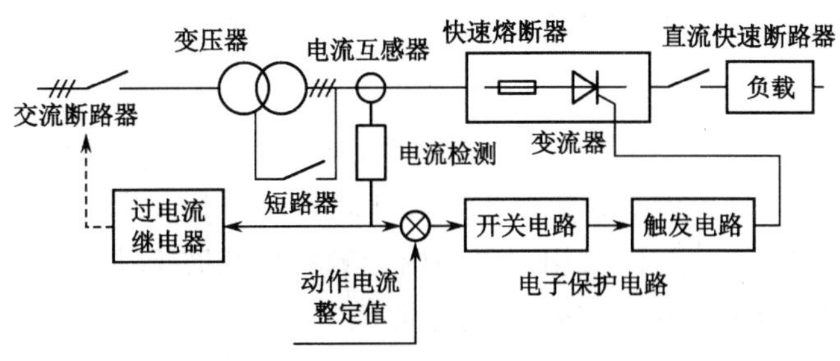

图 1-36　常用过电流保护措施及其配置位置

2）过电压保护

电力电子装置可能的过电压有外因过电压和内因过电压两种。外因过电压主要来自雷击和系统中的操作过程（由分闸、合闸等开关操作引起）等外因。内因过电压主要来自电力电子装置内部器件的开关过程，其中包括：

（1）换向过电压。晶闸管或与全控型器件反向并联的二极管在换向结束后不能立刻恢复阻断，因而有较大的反向过电流，当恢复了阻断能力时，该反向电流急剧减小，会由线路电感在器件两端感应出过电压。

(2) 关断过电压。全控型器件关断时,正向电流迅速降低而由线路电感在器件两端感应出的过电压。图 1-37 所示为电力电子系统中常用的过电压保护方案。

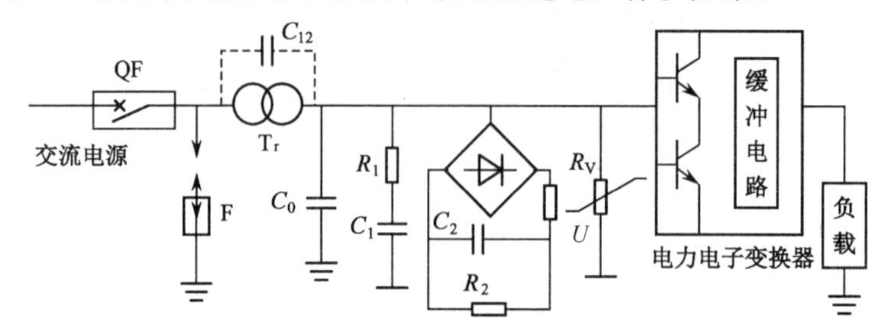

图 1-37　电力电子系统中常用的过电压保护方案

图中交流电源经交流断路器 QF 送入降压变压器 T_r。当雷击过电压进入电网时,避雷器 F 将对地放电防止雷击进入变压器。C_0 为静电感应过电压抑制电容,当交流断路器合闸时,过电压经 C_{12} 耦合到 T_r 的二次侧,C_0 将静电感应过电压对地短路,保护了后面的电力电子开关器件不受操作过电压的冲击。C_1R_1 是过电压抑制环节,当变压器 T_r 的二次侧出现过电压时,过电压对 C_1 充电,由于电容上的电压不能突变,所以 C_1、R_1 能抑制过电压。C_2、R_2 也是过电压抑制环节,短路上出现过电压时,二极管导通对 C_2 充电,过电压消失后 C_2 对 R_2 放电,二极管不导通,放电电流不会送入电网,实现了系统的过压保护。

3) 开关器件串联、并联使用时的均压、均流

在大容量电力电子系统中,为了满足高电压、大电流的要求,经常将低压器件串联使用以提高耐压,将电流器件并联使用以增大电流容量。但是器件因特性差异,串联会使器件电压分配不均匀、并联会使电流分配不均匀。当电压、电流超过器件的极限时会使器件损坏,因此必须采取均压、均流措施。

器件串联时,除了尽量选用参数和特性一致的器件外,常采用图 1-38所示的均压电路,R_{11}、R_{12}是静态均压电阻(阻值应比器件阻断时的正、反向电阻小的多),R_{13}、C_{11} 和 R_{14}、C_{12} 并联支路作动态均压。

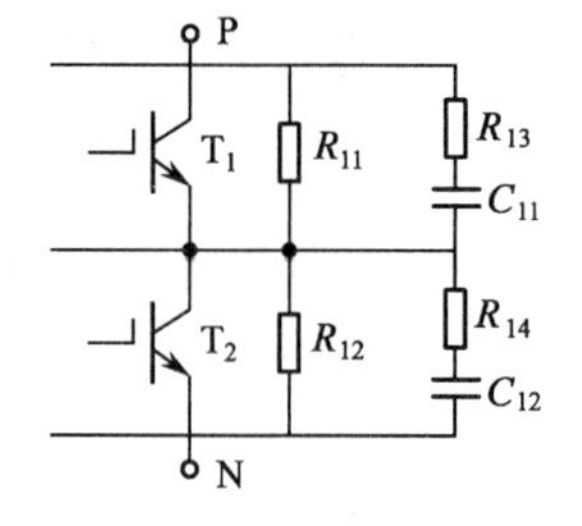

图 1-38　均压电路

器件并联时,除了尽量选用参数和特性一致的器件外,常使每个器件串联均流电抗器后再并联,同时用门极强脉冲触发也有助于动态均流。IGBT 具有电流的自动均衡能力,易于并联。

3. 缓冲电路

电力电子器件在工作中有导通、通态、关断、断态四种工作状态,断态时承受高电压,通态时承受大电流,而导通和关断过程中开关器件可能同时承受过压、过流、过大的 di/dt、du/dt 以及过大的瞬时功率。如果不采用防护措施,高电压和大电流可能使器件工作点超出安全工作区而损坏器件,因此电力电子开关器件常设置开关过程的保护电路,称为缓冲电路。关断缓冲电路吸收器件的关断过电压和换相过电压,抑制 du/dt,减小关断损耗,导通缓冲电路抑制器件导通时的电流过程和 di/dt,减小器件的导通损耗。

图 1-39 所示为一种中小功率开关器件 GTR 的缓冲电路。在 GTR 关断过程中,流过负载

R_L 的电流经电感 L_S、二极管 D_S 给电容 C_S 充电，因为 C_S 上电压不能突变，这就使 GTR 在关断过程电压缓慢上升，避免了关断过程初期器件中电流还下降不多时，电压就升到最大值，同时也使电压上升率 du/dt 被限制。在 GTR 导通过程中，一方面 C_S 经 R_S、L_S 和 GTR 回路放电，减小了 GTR 承受较大的电流上升率 di/dt，另一方面负载电流经电感 L_S 后受到了缓冲，也就避免了导通过程中 GTR 同时承受大电流和高电压的情形。

对于大功率开关器件 IGBT，将无感电容器 C、快恢复二极管 D 和无感电阻 R 组成 RCD 缓冲吸收回路，如图 1-40 所示。

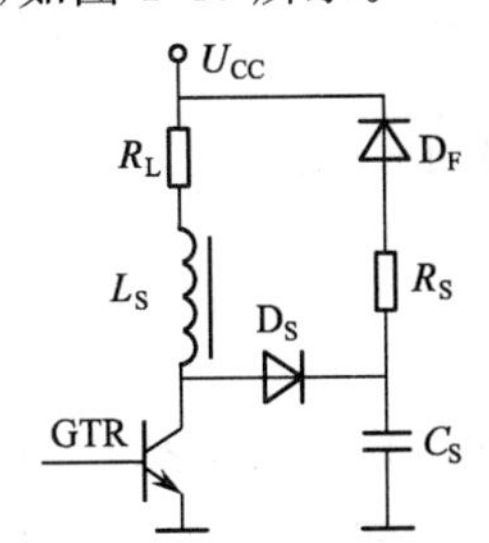

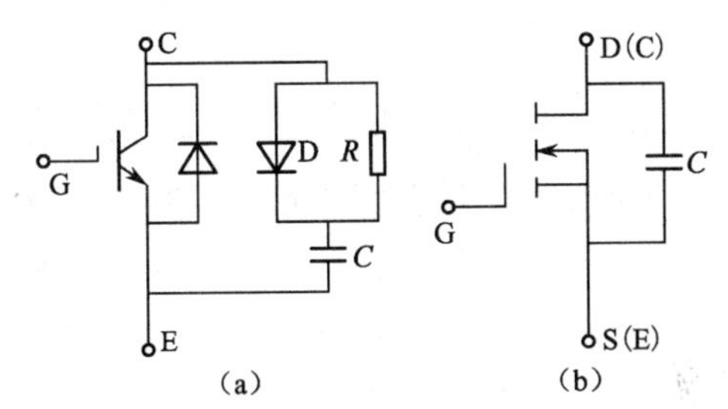

图 1-39　GTR 缓冲回路　　　　图 1-40　两种经常使用的缓冲吸收回路

当器件关断时，电流经过 C、D 给无感电容器充电，使器件的 U_{CE} 电压缓慢上升，可以有地抑制过电压的产生；在开通过程中，C 上的电荷再通过电阻 R 经器件放电，可加速器件的导通。采用缓冲吸收回路后，不仅保护了器件，使之工作在安全工作区，而且由于器件的开关损耗有一部分转移到了缓冲吸收回路的功率电阻 R 上，因此降低了器件的损耗，并且可以降低器件的结面温度，从而可充分利用器件的电压和电流容量。

值得注意的是，缓冲电路之所以能减小器件的开关损耗，是因为它把开关损耗转移到缓冲电路内，消耗在电阻 R 上，这会使装置的效率降低。

4. **散热系统**

电力半导体器件在电能的变换、开关动作中会产生功率损耗，使得器件发热，结面温度上升。但是，电力半导体器件均有其安全工作区所允许的工作温度(结面温度)，在任何情况下都不允许超过其规定值。为此，必须要对电力半导体器件进行散热。一般有三种冷却方式：

(1) 自然冷却。只适用小功率应用场合；

(2) 风扇冷却。适用于中等功率应用场合，例如 IGBT 应用电路；

(3) 水冷却。适用于大功率应用场合，例如大功率 GTO、IGCT 及 SCR 等应用电路。

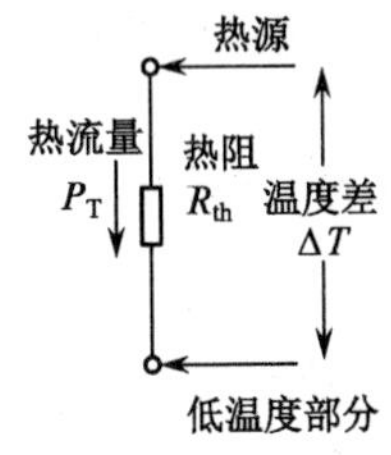

图 1-41　热阻概念

电力半导体器件的结面温度可以用热阻求出，图 1-41 所示为热阻的概念。如果功率损耗为 P_T，热阻为 R_{th}，可求出两点间的温度差为：$\Delta T = P_T R_{th}$。

图 1-42 所示是电力半导体器件加散热器后热阻的示意图。A 点(硅芯片)产生的功率损耗 P_T 通过热阻回路从 D 点向周围散热。设周围环境温度为 T_0，硅芯片与管壳之间的热阻为 R_{JC}，管壳与散热片之间的热阻为 R_{Cf}，散热片与周围空气之间的热阻为 R_{fa}，当 A 与 D 两点间

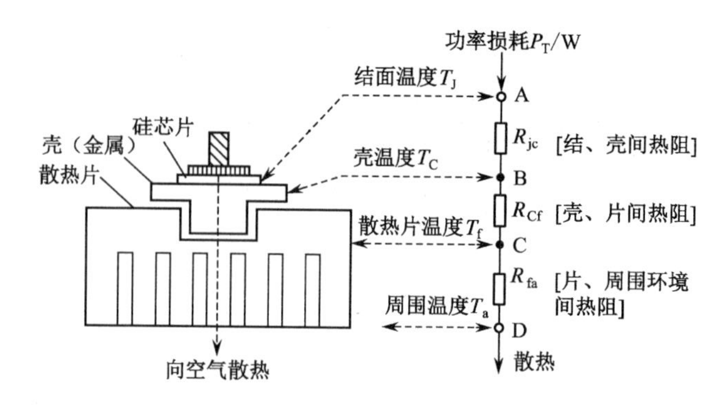

图 1-42　电力半导体器件加散热器后热阻的示意图

温度差为 ΔT 时，电力半导体结面温度 T_J 表示为

$$T_j = \Delta T + T_0 = P_T(R_{jC} + R_{Cf} + R_{fa}) + T_0 \tag{1.2.23}$$

当结面温度超过电力必答题器件的规定值时，可以更换热阻小的散热片，或者采用冷却效果好的冷却方式，或者选择功率损耗低的电力半导体器件，还可以适当地降低器件的工作频率。总之，必须使器件的结面温度保证在其规定值以下。例如，IGBT 器件的结面温度规定值一般不超过 125℃。

实训 1　晶闸管的测试

1. 实训目标

(1) 观察晶闸管的结构。

(2) 研究晶闸管的导通条件。

(3) 研究晶闸管的关断条件。

2. 实训仪器与设备

电力电子实验工作台，主控屏 DJK01，DJK03、DJK06 挂箱，双踪示波器。

3. 预备知识

掌握晶闸管的内部、外部结构；晶闸管的导通条件；晶闸管的关断条件(参见图 1-43)。

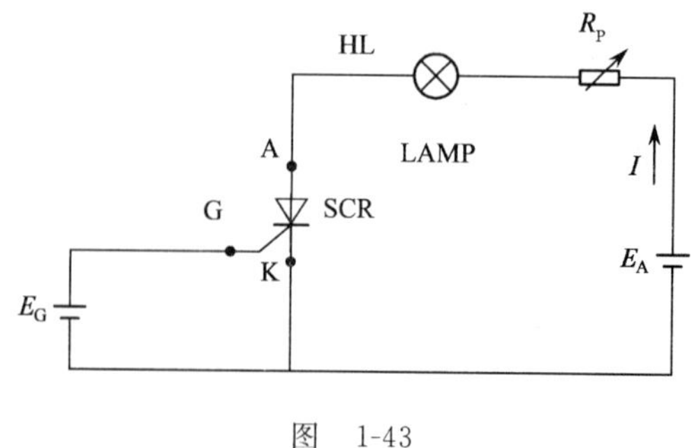

图　1-43

4. 实训内容与方法

1) 组织形式

5 人为一小组，推选一位组长。

2）数据

观察灯泡的亮暗判断晶闸管的通断，总结晶闸管的导通、关断条件

3）清点材料

参考材料配套清单，并注意：

(1) 按材料清单一一对应，记清每个挂箱的名称与外形。

(2) 连接到电力电子实验工作台时请小心，不要将连接线拉断，以免产生故障。

(3) 连接双踪示波器。

5. 实训评价（见表 1-7）

表 1-7　评　分　表　　　老师________得分________

考核内容	配分	评 分 标 准	扣分	得分
按图装接	20 分	1. 不按图装接，扣 5 分； 2. 不会用仪器、仪表选择挂箱的，扣 2 分； 3. 挂箱选择错误或损坏，每只扣 2 分； 4. 错装漏装，每只扣 2 分		
挂箱的安装和连接	40 分	1. 不合理、不美观、不整齐，扣 5 分； 2. 挂箱的安装错误的，每点扣 2 分； 3. 挂箱连接错误的，每点扣 2 分； 4. 连接双踪示波器错误的，每点扣 2 分		
测量与故障排除	40 分	1. 不能正确使用各个挡位，扣 3 分； 2. 测量不成功，扣 2 分； 3. 故障排除不成功，扣 2 分		
安全文明生产	符合国家颁布安全文明生产规定。每违反一项规定，从总分中扣 3 分，发生重大事故取消考核资格			

实训 2　功率场效应晶体管特性与驱动电路研究

1. 实训目标

(1) 熟悉功率场效应晶体管主要参数的测量方法；

(2) 掌握功率场效应晶体管对驱动电路的要求；

(3) 掌握一个实用驱动电路的工作原理与调试方法。

2. 实训仪器与设备

电力电子实验工作台，主控屏 DJK01，DJK03、DJK06 挂箱，双踪示波器。

3. 预备知识

掌握功率场效应晶体管的内部、外部结构，导通条件，关断条件。

4. 实训内容与方法

1) MOSFET 静态特性及主要参数测试

(1) MOSFET 主要参数的测量（见表 1-8）。

表 1-8 MOSFET 主要参数的测量

VDS 恒定							
V_{GS}							
I_d							

开启阈值电压 $V_{GS(th)}=$________;跨导 $g_m=$________。

绘制转移特性曲线:

(2) 输出特性测量(见表 1-9)。

表 1-9 输出特性测量

$V_{GS}=3.5$ V	V_{dS}							
	I_d							
$V_{GS}=3.8$ V	V_{dS}							
	I_d							
$V_{GS}=4$ V	V_{dS}							
	I_d							

导通电阻 $R_{on}=$________。

绘制输出特征曲线:

(3) 反向特征曲线的测量(见表 1-10)。

表 1-10 反向特征曲线的测量

V_{gS}恒定							
V_{SD}							
I_d							

绘制反向输出特征曲线:

2) 驱动电路研究

(1) 快速光耦输入、输出延时时间测试。

波形记录:

延迟时间____________。

(2) 驱动电路的输入、输出延时时间的测试。

波形记录：

延迟时间____________。

3) 动态特性测试

(1) 电阻负载 MOSFET 开关特性测试。

波形记录：

开关时间：____________。

(2) 电阻、电感负载 MOSFET 开关特性测试。

波形记录：

开关时间：____________。

(3) RCD 缓冲电路对 MOSFET 开关特性的影响测试。

波形记录：

开关时间：____________。

(4) 栅极反压电路对 MOSFET 开关特性的影响测试。

波形记录：

开关时间：____________。

(5) 不同栅极电阻对 MOSFET 开关特性的影响测试。

波形记录：

开关时间：____________。

5. **实训评价**(见表 1-11)

表 1-11 评 分 表 老师________得分________

考核内容	配分	评分标准	扣分	得分
按图装接	20 分	1. 不按图装接,扣 5 分; 2. 不会用仪器、仪表选择挂箱的,扣 2 分; 3. 挂箱选择错误或损坏,每只扣 2 分; 4. 错装漏装,每只扣 2 分		
挂箱的安装和连接	40 分	1. 不合理、不美观、不整齐,扣 5 分; 2. 挂箱的安装错误的,每点扣 2 分; 3. 挂箱连接错误的,每点扣 2 分; 4. 连接双踪示波器错误的,每点扣 2 分		
测量与故障排除	40 分	1. 不能正确使用各个挡位,扣 3 分; 2. 测量不成功,扣 2 分; 3. 故障排除不成功,扣 2 分		
安全文明生产	符合国家颁布安全文明生产规定。每违反一项规定,从总分中扣 3 分,发生重大事故取消考核资格			

习 题 1

1.1 晶闸管的导通条件是什么?导通后流过晶闸管的电流和负载上的电压由什么决定?

1.2 晶闸管的关断条件是什么?如何实现?晶闸管处于阻断状态时其两端的电压大小由什么决定?

1.3 温度升高时,晶闸管的触发电流、正反向漏电流、维持电流以及正向转折电压和反向击穿电压如何变化?

1.4 晶闸管的非正常导通方式有哪几种?

1.5 试简述晶闸管的关断时间定义。

1.6 型号为 KP100-3,维持电流 $I_H=4$ mA 的晶闸管,使用图 1-44 所示电路是否合理?为什么(暂不考虑电压电流裕量)?

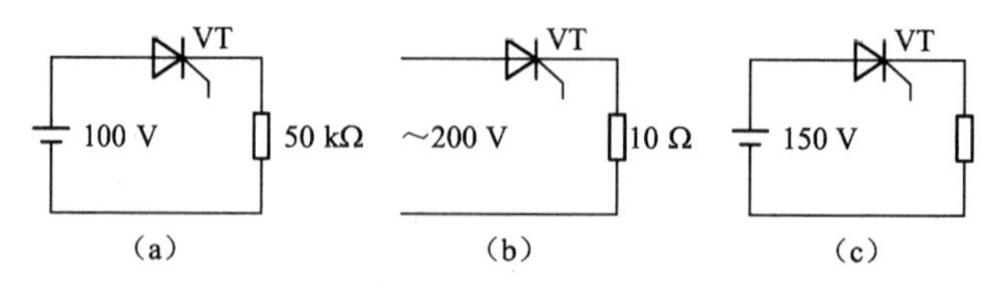

图 1-44 习题 1.6 图

1.7 如图 1-45 所示,若要使用单次脉冲触发晶闸管 VT 导通,门极触发信号(触发电压为脉冲)的宽度最小应多少微秒(设计晶闸管的擎住电流 $I_L=15$ mA)?

1.8 单相正弦交流电源、晶闸管和负载电阻串联电路如图 1-46 所示,交流电源电压有效值为 220 V。

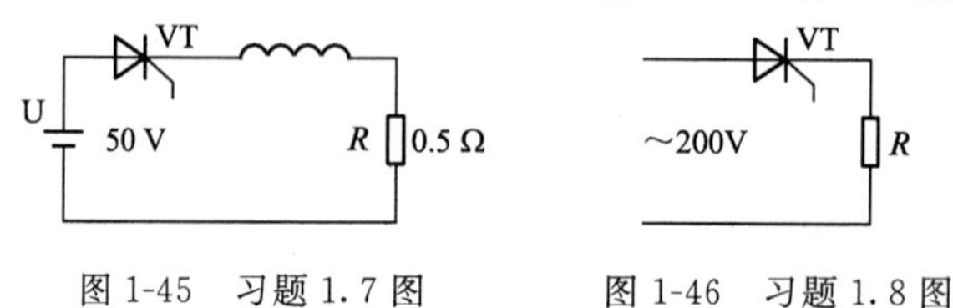

图 1-45 习题 1.7 图　　图 1-46 习题 1.8 图

(1) 考虑安全裕量,应如何选取晶闸管的额定电压?

(2) 若电流的波形系数为 $K_f=2.22$,通过晶闸管的有效电流为 100 A,考虑晶闸管的安全裕量,应如何选择晶闸管的额定电流?

1.9　什么是 GTR 的一次击穿,什么是 GTR 的二次击穿?

1.10　GTR 对基极驱动电路的要求是什么?

1.11　在大功率 GTR 组成的开关电路中为什么要加缓冲电路?

1.12　与 GTR 相比功率 MOS 管有何优缺点?

1.13　从结构上来讲,功率 MOS 管与 VDMOS 管有何区别?

1.14　试简述功率场效应晶体管在应用中应注意的事项。

1.15　与 GTR、VDMOS 管相比,IGBT 有何特点?

第2章 可控整流电路

学习目标

- 掌握单相可控整流电路的工作原理、波形分析及计算，续流二极管的作用及有关波形分析。
- 掌握三相半波整流电路的波形分析及计算。
- 掌握三相全控桥的工作原理、波形分析及计算。
- 掌握整流变压器一、二次绕组电流有效值及容量计算。带平衡电抗器的双反星形大功率整流电路工作原理。

本章主要研究单相、三相可控整流电路的工作原理、基本数量关系、各种负载对整流电路工作情况的影响以及移相控制整流电路的方法。

2.1 单相可控整流电路

图2-1是晶闸管可控整流装置的原理框图，主要由整流变压器、晶闸管、触发电路、负载等几部分组成。整流装置的输入端一般接在交流电网上，输出端的负载可以是电阻性负载（如电炉、电热器、电焊机和白炽灯等）、大电感负载（如直流电动机的励磁绕组、滑差电动机的电枢线圈等）以及反电势负载（如直流电动机的电枢反电势、充电状态下的蓄电池等）。以上负载往往要求整流电路能输出可在一定范围内变化的直流电压。为此，只要改变触发电路所提供的触发脉冲到来的时刻，就能改变晶闸管在交流电压 u_2 一个周期内导通的时间，从而调节负载上得到的直流电压平均值的大小。

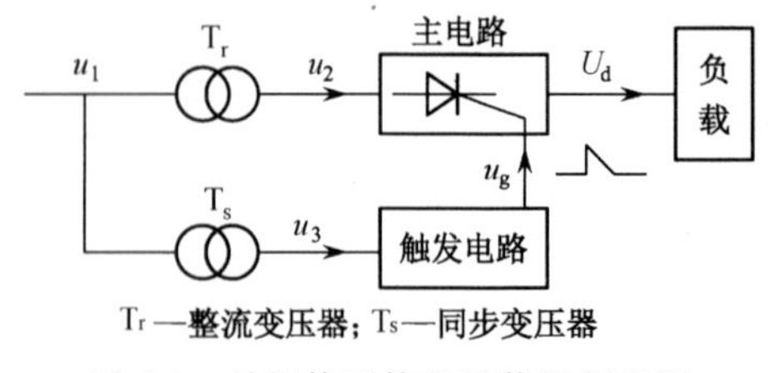

图2-1 晶闸管可控整流装置原理图

2.1.1 单相半波可控整流电路

1. 电阻性负载

电炉、白炽灯等均属于电阻性负载。电阻性负载的特点是：电压与电流成正比，负载两端电压波形和流过电流波形相似，其电流、电压均允许突变。

图 2-2(a)所示是单相半波阻性负载可控整流电路。图中 T_r 称为整流变压器，其二次侧的输出电压为

$$u_2=\sqrt{2}U_2\sin\omega t \tag{2.1.1}$$

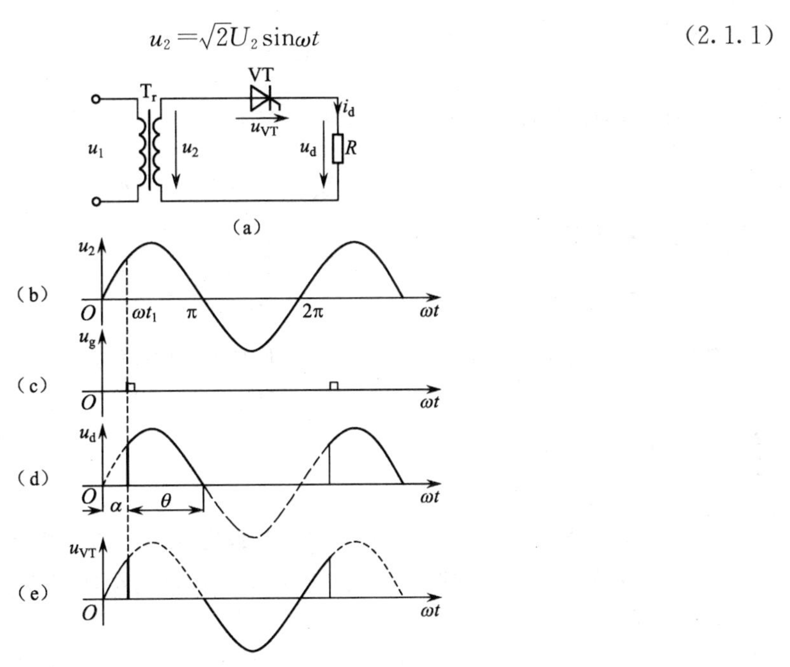

图 2-2　单相半波可控整流电路及波形

在电源的正半周，晶闸管 VT 承受正向电压，$\omega t<\alpha$ 期间由于未加触发脉冲 U_g，VT 处于正向阻断状态而承受全部电压 u_2，负载 R_d 中无电流流过，负载上电压 u_d 为零。在 $\omega t=\alpha$ 时 VT 被 U_g 触发导通，电源电压 u_2 全部加在 R_d 上(忽略管压降)，到 $\omega t=\pi$ 时，电压 u_2 过零，在上述过程中，$u_d=u_2$。随着电压的下降电流也下降，当电流下降到小于晶闸管的维持电流时，晶闸管 VT 关断，此时 i_d、u_d 均为零。在 u_2 负半周，VT 承受反压，一直处于反向阻断状态，u_2 全部加在 VT 的两端。直到下一个周期的触发脉冲 U_g 到了后，VT 又被触发导通，电路工作情况又重复上述过程。各电量波形如图 2-2(b)、(c)、(d)、(e)所示。

在单相可控整流电路中，定义晶闸管从承受正向电压起到触发导通之间的电角度 α 称为控制角(或移动相角)，晶闸管在一个周期内导通的电角度称为导通角，用 θ 表示。对于图 2-2(b)所示的电路，若控制角为 α，则晶闸管的导通角为

$$\theta=\pi-\alpha \tag{2.1.2}$$

根据波形图[见图 2-2(d)]，可求出整流输出电压平均值为

$$U_d=\frac{1}{2\pi}\int_{\alpha}^{\pi}\sqrt{2}U_2\sin\omega t\,\mathrm{d}(\omega t)=\frac{\sqrt{2}}{\pi}U_2\,\frac{1+\cos\alpha}{2}=0.45U_2\,\frac{1+\cos\alpha}{2} \tag{2.1.3}$$

式(2.1.3)表明，只要改变控制角 α(即改变触发时刻)，就可以改变整流输出电压的平均值，达到可控整流的目的。这种通过控制触发脉冲的相位来控制直流输出电压的方式称为相位控制方式，简称相控方式。

当 $\alpha=\pi$ 时，$U_d=0$，当 $\alpha=0$ 时，$U_d=0.45U_2$ 为最大值。定义整流输出电压 u_d 的平均值从

最大值变化到零时，控制角的控制范围为移相范围。显然，单相半波可控整流电路带电阻性负载时移相范围为π。

根据有效值的定义，整流输出电压的有效值为

$$U=\sqrt{\frac{1}{2\pi}\int_{\alpha}^{\pi}(\sqrt{2}U_2\sin\omega t)^2\mathrm{d}(\omega t)}=U_2\sqrt{\frac{\sin2\alpha}{4\pi}+\frac{\pi-\alpha}{2\pi}} \tag{2.1.4}$$

那么，整流输出电流平均值 I_d 和有效值 I 分别为

$$I=\frac{U}{R_d}\qquad I_d=\frac{U_d}{R_d} \tag{2.1.5}$$

电流的波形系数 K_f 为

$$K_f=\frac{I}{I_d} \tag{2.1.6}$$

如果忽略晶闸管 VT 的损耗，则变压器二次侧输出的有功功率为

$$P=I^2R_d=UI \tag{2.1.7}$$

电源输入的视在功率为

$$S=U_2I \tag{2.1.8}$$

对于整流电路，交流电源输入电流中除基波电流外还含有谐波电流，基波电流与基波电压（即电源输入正弦电压）一般不相同，因此交流电电源视在功率 S 要大于有功功率 P。图 2-2(a)所示电路的功率因数为

$$\cos\varphi=\frac{P}{S}=\frac{UI}{U_2I}=\frac{U}{U_2}=\sqrt{\frac{1}{4\pi}\sin2\alpha+\frac{\pi-\alpha}{2\pi}} \tag{2.1.9}$$

当 $\alpha=0$ 时 $\cos\alpha=\frac{\sqrt{2}}{2}$，α 越大，cosα 越小，$\alpha=\pi$。可见，尽管是电阻负载，电源的功率因素也不为 1。这是单相半波电路的缺陷。

必须注意的是，晶闸管 VT 可能承受的正反向峰值电压为$\sqrt{2}U_2$，管子两端电压 U_T 的波形如图 2-2(b)所示。

例 2-1 单相半波可控整流电路，电阻负载，由 220 V 交流电源直接供电。负载要求的最高平均电压为 60 V，相应平均电流为 20 A，试选择晶闸管元件，并计算在最大输出情况下的功率因数。

解：(1)先求出最大输出时的控制角 α，根据式(2.1.3)可得

$$\cos\alpha=\frac{2U_d}{0.45U_2}-1=\frac{2\times60}{0.45\times220}-1=0.212$$

$$\alpha=77.8^\circ$$

(2) 求回路中的电流有效值，根据式(2.1.6)可得：

$$K_f=\frac{I_2}{I_d}=2.06$$

$$I_T=I_2=(2.06\times20)\mathrm{A}=41.2\ \mathrm{A}$$

(3) 求晶闸管两端承受的正、反向峰值电压 U_m

$$U_m=\sqrt{2}U_2=311\ \mathrm{V}$$

(4) 选择晶闸管：

晶闸管通态平均电流，可按下式计算与选择：

$$I_{T(AV)}=(1.5\sim2)\frac{I_T}{1.57}=39.4\sim52.5\ \text{A}$$

取

$$I_{T(AV)}=50\ \text{A}$$

晶闸管电压定额可按下式计算与选择：

$$U_{TE}=(2\sim3)U_m=622\sim933\ \text{V}$$

取

$$U_{TN}=1\ 000\ \text{V}$$

可选用 KP50-10 型晶闸管。

(5) 由式(2.1.9)计算最大输出情况下功率因数：

$$\cos\varphi=\frac{P}{S}=\frac{I_2R}{U_2}=0.562$$

例 2-2　有一单相半波可控整流电路，电阻负载 $R_d=10\ \Omega$，由 220 V 交流电源直接供电。在控制角 $\alpha=60°$时，求输出电压平均值 U_d、输出电流平均值 I_d 和有效值 I，并选择晶闸管元件（考虑两倍裕量）。

解：根据单相半波可控整流电路的计算公式可得：

输出平均电压为

$$U_d=0.45U_2(1+\cos\alpha)/2=\left[\frac{0.45\times220\times(1+\cos60°)}{2}\right]\text{V}=74.3\ \text{V}$$

输出有效电压为

$$U=U_2\sqrt{\frac{\sin2\alpha}{4\pi}+\frac{\pi-\alpha}{2\pi}}=220\ \text{V}\sqrt{\frac{\sin2\times60°}{4\pi}+\frac{\pi-60°}{2\pi}}=139.5\ \text{V}$$

输出平均电流为

$$I_d=U_d/R_d=(74.3/10)\ \text{A}=7.43\ \text{A}$$

输出有效电流为

$$I=U/R_d=(139.5/10)\ \text{A}=13.95\ \text{A}$$

晶闸管承受的最大电压为

$$U_{TM}=\sqrt{2}U_2=\sqrt{2}\times220\ \text{V}=311\ \text{V}$$

考虑到取两倍裕量，则晶闸管正反向重复峰值电压 $U_{DRM}\geqslant2\times311\ \text{V}=622\ \text{V}$，故选 700 V 的晶闸管。

晶闸管的额定电流为 $I_{T(AV)}$（正弦半波电流平均值），它的额定电流有效值为 $I_T=1.57I_{T(AV)}$。选择晶闸管电流的原则是，它的额定电流有效值必须大于或等于实际流过晶闸管的最大电流有效值（还要考虑 2 倍裕量），即

$$1.57I_{T(AV)}\geqslant2I$$

$$IT(AV)=\frac{2I}{1.57}=\frac{2\times13.95}{1.57}\text{A}=17.3\ \text{A}$$

取 20A，故晶闸管的型号选为 KP20-7。

2. 电感性负载

整流电路的负载大多数是感性负载。感性负载可以等效为电感 L 和电阻 R_d 串联。图 2-3(a)所示是带感性负载的单相半波可控整流电路，图 2-3(b)所示是整流电路各电量波形图。

当正半周时，$\omega_t=\omega_{t_1}=\alpha$ 时刻触发晶闸管 VT，u_2 加到感性负载上，由于电感中感应电动势的作用，电流 i_d 只能从零开始上升，到 $\omega_t=\omega_{t_2}$ 时刻达最大值，随后 i_d 开始减小。由于电感中感应电动势要阻碍电流的减小，到 $\omega_t=\omega_{t_3}$ 时刻 u_2 过零变负时，i_d 并未下降到零，而在继续减小，此时负载上的电压 u_d 为负值。直到 $\omega_t=\omega_{t_4}$ 时刻，电感上的感应电动势与电源电压相等，i_d 下降到零，晶闸管 VT 关断。此后晶闸管承受反压，到下一个周期的 ω_{t_5} 时刻，触发脉冲又使晶闸管导通，并重复上述过程。

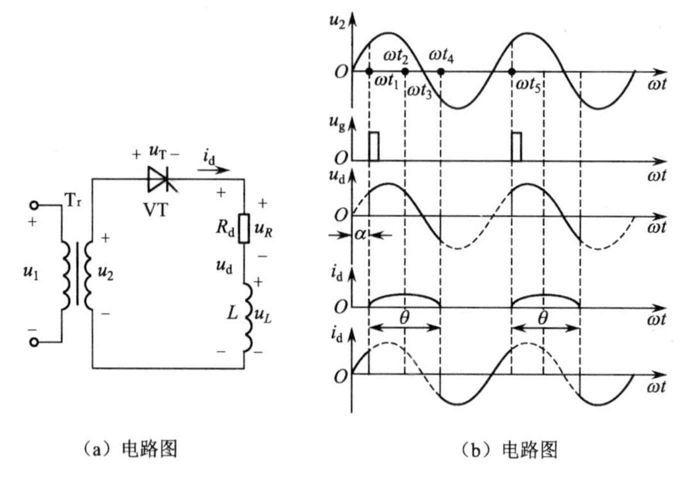

(a) 电路图　　(b) 电路图

图 2-3　感性负载单相半波可控整流电路及其波形

从图 2-3(b)所示的波形可知，在电角度 α 到 π 期间，负载上电压为正，在 π 到 $\theta+\alpha$ 期间负载上电压为负，因此，与电阻性负载相比，感性负载上所得到的输出电压平均值变小了。

由图 2-3(b)可见，由于电感的存在，使负载电压 u_d 波形出现部分负值，其结果使负载直流电压平均值 U_d 减小。电感越大，u_d 波形的负值部分占的比例越大，使 U_d 减小越多。当电感 L_d 很大时(一般 $X_L\geqslant 10R_d$ 时，就认为是大电感)，对于不同控制角 α，晶闸管的导通角 $\theta\approx 2\pi-2\alpha$，电流 i_d 波形如图 2-4 所示。这时负载上得到的电压 u_d 波形是正、负面积接近相等，直流电压平均值 U_d 几乎为零。由此可见，单相半波可控整流电路用于大电感负载时，不管如何调节控制角 α，U_d 值总是很小，平均电流 $I_d=U_d/R_d$ 也很小，如不采取措施，电路无法满足输出一定直流平均电压的要求。

为了使 u_2 过零变负时能及时地关断晶闸管，使 U_d 波形不出现负值，又能给电感线圈 L_d 提供续流的旁路，可以在整流输出端并联二极管，如图 2-5 所示。由于该二极管是为电感性负载在晶闸管关断时提供续流回路，故此二极管称为续流二极管，简称续流管。

在接有续流二极管的电感性负载单相半波可控整流的路中，当 u_2 过零变负时，此时续流管承受正向电压而导通，晶闸管因承受反向电压而关断，i_d 就通过续流管而继续流动。续流期间 u_d 的波形为续流管的压降，可忽略不计。所以 u_d 的波形与电阻性负载相同，因为对大电

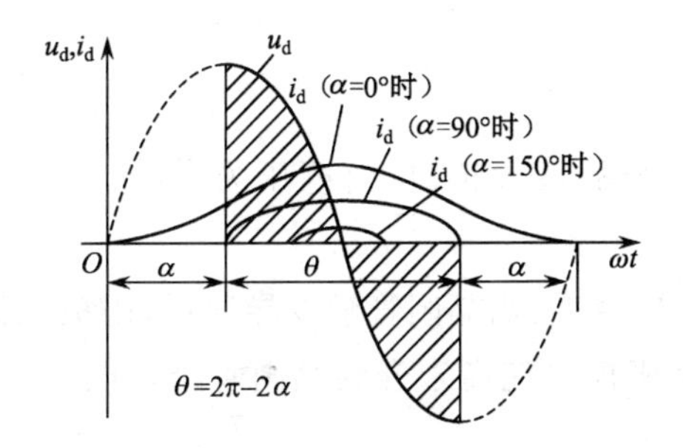

图 2-4　当 $\omega L_d \geqslant R_d$ 时对于不同 α 的电流波形图

感，流过负载的电流 i_d 不但连续而且基本上是波动很小的直线，电感越大，i_d 越接近一条水平线，其平均电流为 $I_d = U_d/R_d$，如图 2-5(b)所示。I_d 电流由晶闸管和续流管负担，在晶闸管导通期间，从晶闸管流过；晶闸管关断，续流管导通，就从续流管流过。可见流过晶闸管电流 i_T 与续流管 i_D 的波形均为方波，方波电流的平均值和有效值分别为

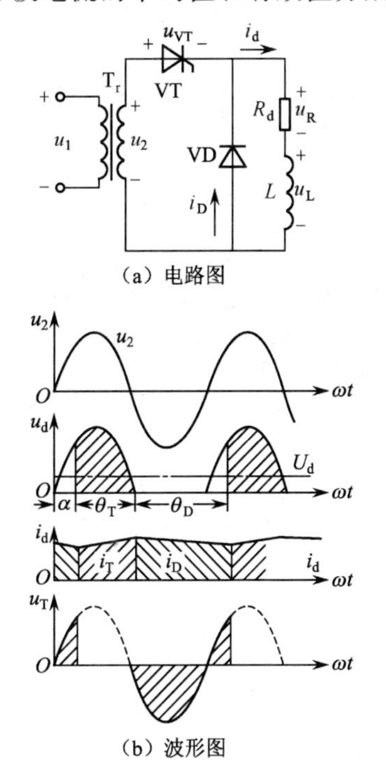

图 2-5　大电感负载有续流二极管时的路及波形图

$$I_{dT} = \frac{\theta_T}{2\pi} I_d = \frac{\pi - \alpha}{2\pi} I_d \tag{2.1.10}$$

$$I_T = \sqrt{\frac{\theta_T}{2\pi}} I_d = \sqrt{\frac{\pi - \alpha}{2\pi}} I_d \tag{2.1.11}$$

$$I_{dD} = \frac{\theta_D}{2\pi} I_d = \frac{\pi + \alpha}{2\pi} I_d \tag{2.1.12}$$

$$I_D = \sqrt{\frac{\theta_D}{2\pi}} I_d = \sqrt{\frac{\pi + \alpha}{2\pi}} I_d \tag{2.1.13}$$

式中：$I_d=U_d/R_d$，$U_d=0.45U_2\dfrac{1+\cos\alpha}{2}$。

晶闸管和续流管可能承受的最大正、反向电压为$\sqrt{2}U_2$，移相范围与电阻性负载相同为$0\sim\pi$。

由于电感性负载电流不能突变，当晶闸管触发导通后，阳极电流上升较缓慢，故要求触发脉冲要宽些(约为20°)，以免阳极电流尚未升到晶闸管擎住电流时，触发脉冲已消失，晶闸管无法导通。

例 2-3 图2-6是中小型发动机采用的单相半波自激稳压可控整流电路。当发动机满负载运行时，相电压为220 V，要求的励磁电压为40 V。已知：励磁线圈的电阻为2Ω，电感量为0.1 H。试求：晶闸管及续流管的电流平均值和有效值各是多少？晶闸管与续流管可能承受的最大电压各是多少？请选择晶闸管与续流管的型号。

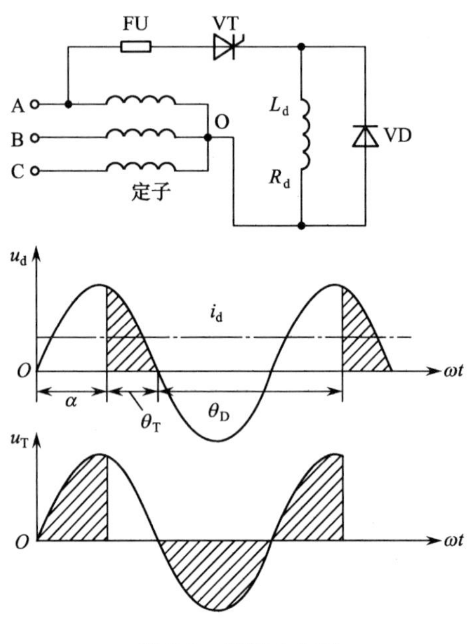

图2-6　例题2-3图

解：先求控制角α。

因为，$U_d=0.45U_2\dfrac{1+\cos\alpha}{2}$

$$\cos\alpha=\frac{2}{0.45}\times\frac{40}{220}-1=-0.192$$

所以$\alpha\approx101°$

则$\theta_T=\pi-\alpha=180°-100°\approx80°$

$$\theta_D=\pi+\alpha=180°+101°\approx280°$$

由于$\omega L_d=2\pi fL_d=2\times3.14\times50\times0.1\Omega=3.14\Omega\geqslant R_d=2\Omega$，所以为大电感负载，各等量分别计算如下：

$$I_d=U_d/R_d=(40/20)\text{A}=20\text{ A}$$

$$I_{dT}=\frac{180°-\alpha}{360°}\times I_d=\frac{180°-101°}{360°}\times 20=4.4\ \text{A}$$

$$I_T=\sqrt{\frac{180°-\alpha}{360°}}\times I_d=\sqrt{\frac{180°-101°}{360°}}\times 20\text{A}=9.4\ \text{A}$$

$$I_{dD}=\frac{180°+\alpha}{360°}\times I_d=\frac{180°+101°}{360°}\times 20=15.6\ \text{A}$$

$$U_{TM}=\sqrt{2}U_2=1.414\times 220\ \text{V}\approx 312\ \text{V}$$

$$U_{DM}=\sqrt{2}U_2=312\ \text{V}$$

根据以上计算选择晶闸管及续流管型号考虑如下：

$U_{Tn}=(2\sim 3)U_{TM}=(2\sim 3)\times 312\ \text{V}=624\sim 936\ \text{V}$　　取 700 V。

$I_{T(AV)}=(1.5\sim 2)\dfrac{I_T}{1.57}=(1.5\sim 2)\dfrac{9.4}{1.57}\text{A}=9\sim 12\ \text{A}$　　取 10 A。

故选择晶闸管的型号为 KP20-7。

2.1.2　单相全波可控整流电路

单相半波可控整流电路虽然具有线路简单、投资小及调试方便等优点，但因整流输出整流电压脉动大，设备利用率低等缺点，所以一般仅适用于对整流指标要求不高，小容量的可控整流装置。存在上述缺点的原因是：交流电源 u_2 在一个周期中，最多只能半个周期向负载供电。为了使交流电源 u_d 的另一半周期也能向负载输出同方向的整流电压，既能减少输出电压的 u_2 波形的脉动，又能提高输出整流电压平均值，则须采用单相全波可控整流电路与单相桥式整流电路。

1. 电阻性负载

如图 2-7(a)所示，从电路形式上看，它相当于两个电源电压相位错开 180°的两组单相半波可控整流电路并联而成，所以又称单相双半波可控整流电路。

电路中的晶闸管 VT_1 与 VT_2 轮流工作：在电源电压 u_2 正半周 α 时刻，触发电路虽然同时向两管的门极送出触发脉冲，但由于 VT_2 承受反向电压不能导通，而 VT_1 承受正向电压而导通。负载电流方向如图 2-7(b)所示。电源电压 u_2 过零变负时，关断。在电源电压 u_2 负半周同样 α 时刻，VT_2 导通。这样，负载两端可控整流电压 u_d 波形是两个单相半波可控整流电压波形，如图 2-7(b)所示。

晶闸管承受的电压在 u_2 正半周未导通前，u_{t_1} 为 u_2 正向波形。当 $\alpha=90°$时，晶闸管承受到最大正向电压为$\sqrt{2}U_2$。在过零变负时，VT_1 被关断而 VT_2 还未导通，这时只承受 u_2 反向电压。一旦 VT_2 被触发导通时，VT_1 就承受全部 u_{ab}的反向电压，其波形如图 2-7(b)所示。当 $\alpha=90°$时，晶闸管承受最大反向电压为 $2\sqrt{2}U_2$。

由于单相全波可控整流输出电压的波形是单相半波可控整流输出电压相同波形的 2 倍，所以输出电压平均值为单相半波的 2 倍，输出电压有效值是单相半波的$\sqrt{2}$倍，功率因数为原来的$\sqrt{2}$倍。其计算公式如下：

$$U_d=2\times 0.45U_2\frac{1+\cos\alpha}{2}=0.9U_2\frac{1+\cos\alpha}{2}\qquad(2.1.14)$$

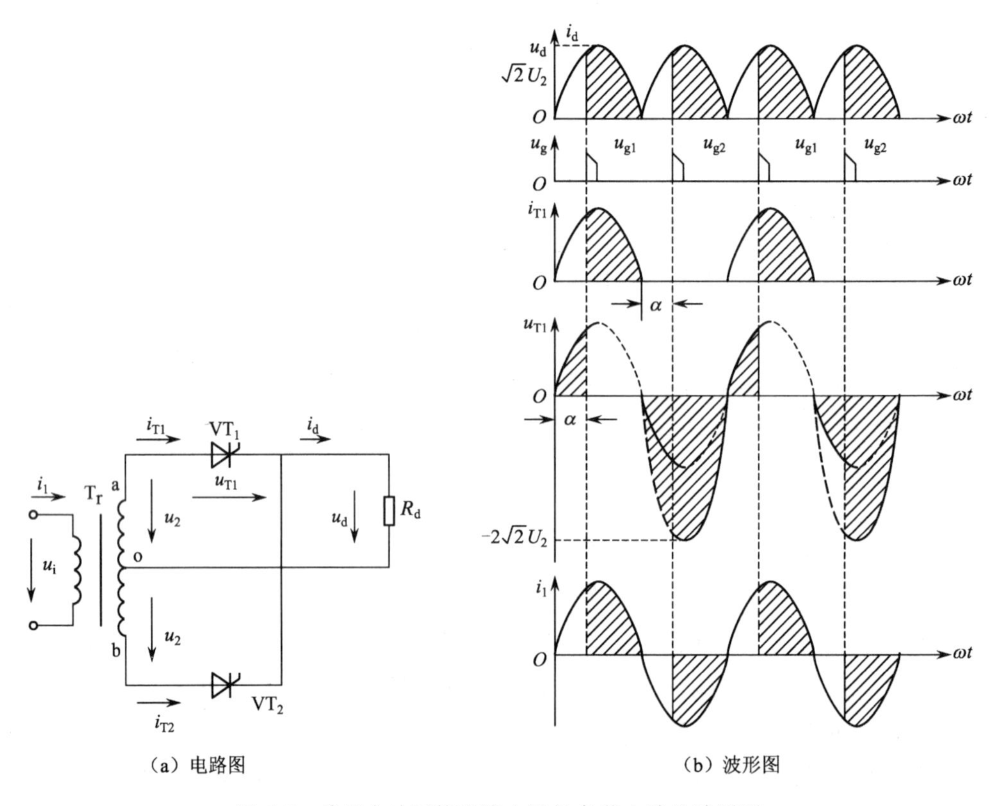

（a）电路图　　　　　　　　　　（b）波形图

图 2-7　单相全波可控整流电阻性负载电路及波形图

$$U=\sqrt{2}U_2\sqrt{\frac{1}{4\pi}\sin2\alpha+\frac{\pi-\alpha}{2\pi}}=\sqrt{\frac{1}{2\pi}\sin2\alpha+\frac{\pi-\alpha}{\pi}} \tag{2.1.15}$$

$$\cos\varphi=\sqrt{\frac{1}{2\pi}\sin2\alpha+\frac{\pi-\alpha}{\pi}} \tag{2.1.16}$$

晶闸管电流有效值为

$$I_T-\frac{I}{\sqrt{2}}-\frac{1}{\sqrt{2}}\frac{U}{R_d}=\frac{U_2}{R_d}\sqrt{\frac{1}{4\pi}\sin2\alpha+\frac{\pi-\alpha}{2\pi}}$$

晶闸管可能承受到的最大正、反向电压分别为$\sqrt{2}U_2$ 和 $2\sqrt{2}U_2$。

电路要求的移相范围为 0～π，与单相半波可控整流电路相同。而触发脉冲间隔为 π，不同于单相半波可控整流电路。

2. **电感性负载**

在单相半波可控整流电路带大电感负载时，如果不并接续流二极管，无论如何调节移相角 α，输出整流电压 u_d 波形的正、负面积几乎相等，负载整流平均电压 U_d 接近于零。单相全波可控整流电路带大电感负载情况则截然不同，从图 2-8(b)可看出：在 $0\leqslant\alpha<90°$ 范围内，虽然 u_d 波形也会出现负面积，但正面积总是大于负面积，当 $\alpha=0$ 时，u_d 波形不出现负面积，为单相全波不可控整流输出电压波形，其平均值为 0.9 U_2。

在 $\alpha=90°$时，如图 2-8(c)所示，晶闸管被触发导通，一直要持续到下半周接近于 90°时才被关断，负载两端 u_d 波形正、负面积接近相等，平均值，$u_d\approx0$，其输出电流波形是一条幅度很小

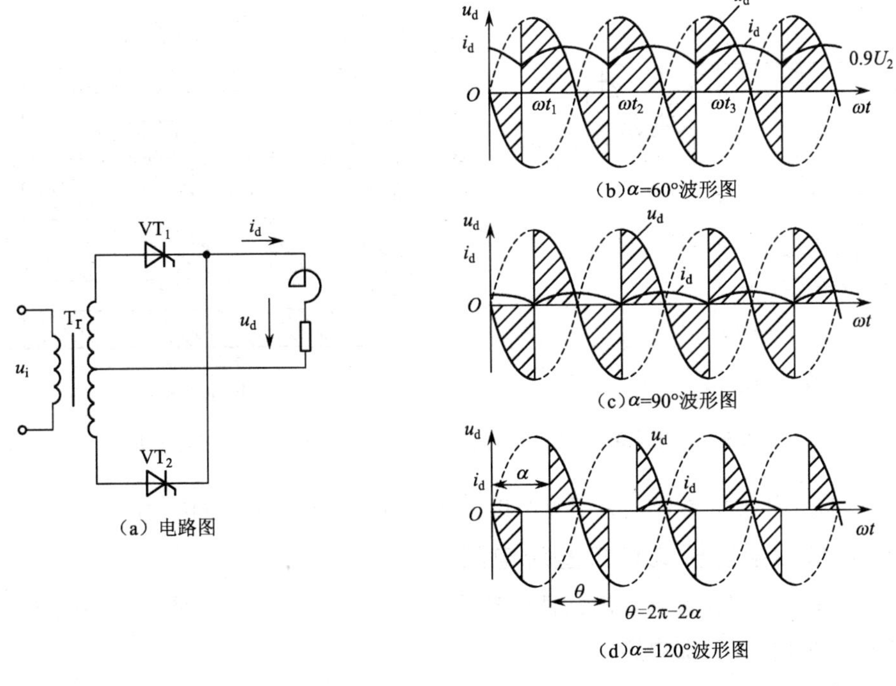

图 2-8　单相全波可控整流电感性负载电路及波形

的脉动直流。

在 $\alpha>90°$时，如图 2-8(d)所示，出现的 u_d 波形和单相半波大电感负载相似，无论如何调节，u_d 波形正、负面积都相等，且波形断续，此时输出平均电压均为零。

综上所述，显然断续全波可控整流电路感性负载不接续流管时，有效移相范围只能是 $0\sim\frac{\pi}{2}$，这区间输出电压平均值 U_d 的计算公式为：

$$U_d=0.9U_2\cos\alpha \tag{2.1.17}$$

全波整流电路在带电感性负载时，晶闸管可能此时最大正、反向电压均为 $2\sqrt{2}$，这与带电阻性负载不同。

为了扩大移相范围，不让 u_d 波形出现负值且使输出电流更平稳，可在电路负载两端并接续流二极管 VD，如图 2-9 所示。

接续流管后，α 的移相范围可扩大到 $0\sim\pi$。α 在这区间内变化，只要电感量足够大，输出电流 i_d 就可保持且平稳。在电源电压 u_2 过零变负时，续流管承受正向电压而导通，此时晶闸管因承受反向电压被关断。这样，u_d 波形与电阻性负载相同，如图 2-9(b)所示。电流是由晶闸管 VT_1、VT_2 及续流管 VD 三者相继轮流导通而形成的。晶闸管两端电压波形与电阻性负载相同。所以，单相全波大电感负载接续流管的输出平均电压及平均电流的计算公式与电阻性负载的情形相同。

单相全波可控整流电路具有输出电压脉动小、平均电压大以及整流变压器没有直接磁化等优点。但该电路一定要配备中心抽头的整流变压器，且变压器二次侧抽头的上、下绕组利用率仍然很低，最多只能工作半个周期，变压器设置容量仍未充分利用；其次，晶闸管承受电压最

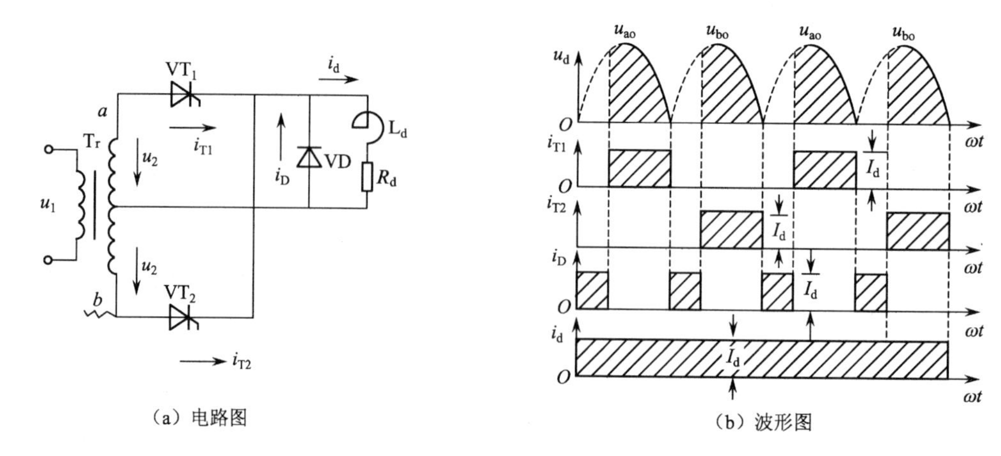

图 2-9 单相全波可控整流电感性负载、接续流管的电路及波形图

高达 $2\sqrt{2}U_2$，且元件价格昂贵。为了克服以上缺点，可采用单相全控桥式可控整流电路。

2.1.3 单相全控桥式可控整流电路

单相半波整流可控整流电路因其性能较差，所以实际应用中很少采用，在中小功率场合更多的采用单相全波可控整流电路。

1. 电阻性负载

在单相全控桥电路中，要求桥臂上晶闸管同时被导通，因此选择晶闸管时要求具有相同的导通时间，且脉冲变压器二次侧绕组之间要承受 u_2 电压，所以绝缘要求高。单相全控桥式可控整流电路带电阻性负载的电路如图 2-10(a)所示，其中 T_r 为整流变压器，VT_1、VT_4、VT_3、VT_2 组成 a、b 两个桥臂，变压器二次电压 u_2 接在 a、b 两点，$u_2=U_{2m}\sin\omega t=\sqrt{2}U_2\sin\omega t$，4 只晶闸管组成整流桥。负载电阻是纯电阻 R_d。

当交流电源电压 u_2 进入正半周时，a 端电位高于 b 端电位，两个晶闸管 VT_1、VT_2 同时承受正向电压，如果此时门极无触发信号 u_g，则两个晶闸管仍处于正向阻断状态，其等效电阻远大于负载电阻 R_d，电压电压将全部加在 VT_1 和 VT_2 上，$u_{VT1}\approx u_{VT2}=1/2\ u_2$，负载上电压 $u_d=0$。

在 $\omega t=\alpha$ 时，给 VT_1 和 VT_2 同时加触发脉冲，则两晶闸管立即触发导通，电源电压 u_2 将通过 VT_1 和 VT_2 加在负载电阻 R_d 上，在 u_2 正半周，VT_3 和 VT_4 均承受反向电压而处于截止状态。由于晶闸管导通时管压降可视为零，则负载电阻 R_d 两端的整流电压 $u_d=u_2$。当电源电压 u_2 降到零时，电流 i_d 也降到零，VT_1 和 VT_2 截止。

电源电压进入负半周时，b 端电位高于 a 端电位，两个晶闸管 VT_3、VT_4 同时承受正向电压，在 $\omega t=\pi+\alpha$ 时，同时给 VT_3 和 VT_4 加触发脉冲使其导通，电流经 VT_3、R_d、VT_4、T_r 二次侧形成回路。在负载两端获得与 u_2 正半周相同波形整流电压和电流，这期间 VT_1 和 VT_2 均承受反向而处于阻断状态。

当 u_2 由负半周电压过零变正时，VT_3 和 VT_4 因电流过零而关断。在此期间 VT_1、VT_2 因承受反向电压而截止。u_d、i_d 又降为零。一个周期后，VT_1、VT_2 在 $\omega t=2\pi+\alpha$ 时刻又被触发导通。如此循环下去。很明显上述两组触发脉冲在相位上相差 180°，这就形成了图 2-10(b)～(d)所示的单相全控桥式整流电路输出电压、电流和晶闸管上承受电压的 u_{VT4} 波形图。

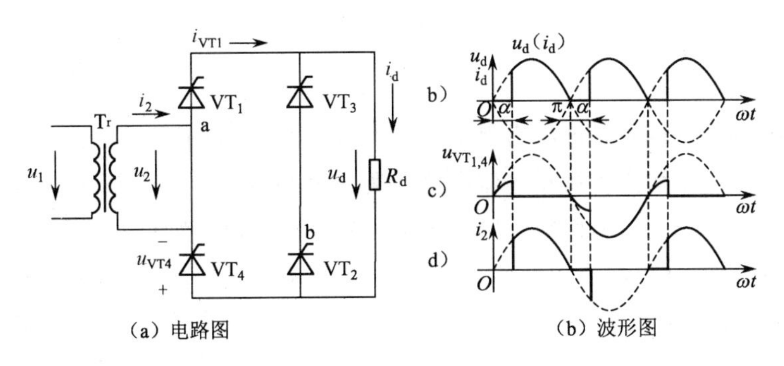

(a) 电路图　　(b) 波形图

图 2-10　单相全控桥式整流电路带电阻性负载的电路与工作原理

由以上电路工作原理可知：在交流电源 u_2 的正、负半个周期里，VT_1、VT_2 和 VT_3、VT_4 两组晶闸管轮流触发导通，将交流电变成脉动的直流电。改变触发脉冲出现的时刻，即改变 α 的大小，u_d、i_d 的波形和平均值随之改变。

整流输出电压的平均值可按下式计算

$$U_d = 0.9 \times \frac{1+\cos\alpha}{2} \tag{2.1.18}$$

由式(2.1.18)可知：U_d 为最小值时，$\alpha=180°$；U_d 为最大值时，$\alpha=0°$，所以单相全控桥式整流电路带电阻性负载时，α 的移相范围是 0°～180°。

整流输出电压的有效值为

$$U = U_2\sqrt{\frac{\sin\alpha}{2\pi}+\frac{\pi-\alpha}{\pi}} \tag{2.1.19}$$

整流输出电流平均值和有效值为

$$I_d = \frac{U_d}{R_d} = 0.9 \times \frac{U_2}{R_d} \times \frac{1+\cos\alpha}{2} \tag{2.1.20}$$

$$I = \frac{U}{R_d} = \frac{U_2}{R_d}\sqrt{\frac{\sin 2\alpha}{2\pi}+\frac{\pi-\alpha}{\pi}} \tag{2.1.21}$$

流过每个晶闸管的平均电流为输出电流平均值的一半，即

$$I_{dT} = \frac{1}{2}I_d = 0.45 \times \frac{U_2}{R_d} \times \frac{1+\cos\alpha}{2} \tag{2.1.22}$$

流过每个晶闸管电流有效值为

$$I_T = \frac{I}{\sqrt{2}} \tag{2.1.23}$$

晶闸管在导通时管压降 $u_d=0$，故其波形为与横轴重合的直线段；VT_1 和 VT_2 加正向电压但触发脉冲未到时，4 个晶闸管都不导通，假定 VT_1 和 VT_2 流过晶闸管漏电阻相等，则每个元件承受的最大可能的正向电压等于$\frac{\sqrt{2}}{2}U_2$；VT_1 和 VT_2 反向阻断漏电流为零，只要另一组晶闸管 VT_3、VT_4 导通，就把整个电压 u_2 加到 VT_1 或 VT_2 上，故两个晶闸管承受的最大反向电压为$\sqrt{2}U_2$。

不考虑变压器的损耗时，要求变压器的容量为

$$S=U_2I_2$$

2. **电感性负载**

当负载电感与电阻组成时被称为阻感性。例如各种电机的励磁绕组，整流输出端接有平波电抗器的负载等。单相全控桥式整流电路带阻感性负载的电路如图 2-11(a)所示。由于电感储能，而且储能不能突变，因此电感中的电流不能突变，即电感具有阻碍电流变化的作用，当流过电感中的电流变化时，在电感两端将产生感应电动势，引起电压降 u_L。负载中电感量的大小不同，整流电路的工作情况及输出 u_d、i_d 的波形具有不同的特点。当负载电感量 L 较小(即负载阻抗角 φ 较小)，且控制角 α 较大，以致 $\alpha>\varphi$ 时，负载上的电流会不连续；当电感量 L 增大时，负载上的电流不连续的可能性就会减小；当电感 L 很大，且 $\omega L_d \rightarrow R_d$ 时，这种负载称为大电感负载。此时大电感阻止负载中电流的变化，负载电流连续，可看作一条水平直线。各电量的波形图如图 2-11(b)所示。

在电源电压 u_2 正半周期间，VT_1、VT_2 承受正向电压，若在 $\omega t=\alpha$ 时刻触发 VT_1、VT_2 导通，电流经 VT_1、负载、VT_2 和 T_r 二次侧形成回路，但由于大电感的存在，u_2 过零变负时，电感上的感应电动势使 VT_1、VT_2 继续导通，直到 VT_3、VT_4 被触发导通时，VT_1、VT_2 承受反压而关断。输出电压的波形出现了负值部分。

在电源电压 u_2 负半周期，晶闸管 VT_3、VT_4 受正向电压，在 $\omega t=\pi+\alpha$ 时刻触发 VT_3、VT_4 导通，VT_1、VT_2 受反向电压而关断，负载电流从 VT_1、VT_2 中换流至 VT_3、VT_4 中。在 $\omega t=2\pi$ 时电压 u_2 过零，VT_3、VT_4 因电感中的感应电动势并不关断，直到下一个周期 VT_1、VT_2 导通时，VT_3、VT_4 加上反压才关断。

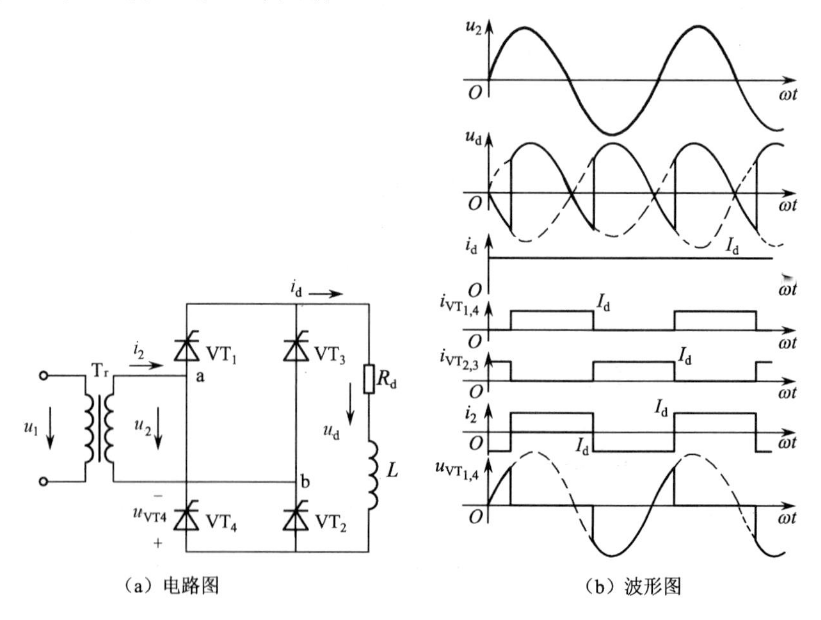

(a) 电路图　　　　(b) 波形图

图 2-11　单相全控桥式整流电路带阻感性负载电路与波形图

值得注意的是，只有当 $\alpha\leqslant\pi/2$ 时，负载电流 i_d 才连续，当 $\alpha>\pi/2$ 时，负载电流不连续，而且输出电压的平均值均接近于零，因此这种电路控制角的移相范围是 $0\sim\pi/2$。

在电流连续的情况下整流输出电压的平均值为

$$U_d = 0.9U_2\cos\alpha \qquad (0^\circ \leqslant \alpha \leqslant 90^\circ) \tag{2.1.24}$$

整流输出电压有效值为

$$U = U_2 \tag{2.1.25}$$

晶闸管承受的最大正反向电压为$\sqrt{2}U_2$。

晶闸管在导通时管压降 $u_d=0$，故其波形为与横轴重合的直线段；VT_1 和 VT_2 加正向电压但触发脉冲没到时，VT_3 和 VT_4 已导通，把整个电压 u_2 加到 VT_1 或 VT_2 上，则每个元件承受的最大可能的正向电压等于$\sqrt{2}U_2$；VT_1 和 VT_2 反向阻断时漏电流为零，只要另一组晶闸管导通，也就把整个电压 u_2 加到 VT_1 或 VT_2 上，故两个晶闸管承受的最大反向电压也为$\sqrt{2}U_2$。

在一个周期内每组晶闸管各导通 180°，两组轮流导通，变压器二次侧中的电流是正负对称的方波，电流的平均值 I_d 和有效值 I 相等，其波形系数为 1。

流过每个晶闸管的电流平均值和有效值分别为

$$I_{dT} = \frac{\theta_T}{2\pi}I_d = \frac{\pi}{2\pi}I_d = \frac{1}{2}I_d \tag{2.1.26}$$

$$I_T = \sqrt{\frac{\theta_T}{2\pi}}I_d = \sqrt{\frac{\pi}{2\pi}}I_d = \frac{1}{\sqrt{2}}I_d \tag{2.1.27}$$

很明显，单相全控桥式整流电路具有输出电流脉动小、功率因数高的特点，变压器二次侧中电流为两个等大反向的半波，没有直流磁化问题，变压器的利用率高。然而值得注意的是，在大电感负载情况下，当 α 接近 $\pi/2$ 时，输出电压的平均值接近于零，负载上得不到应有的电压，解决的办法是在负载两端并联续流二极管。由于理想的大电感负载是不存在的，故实际电流波形不可能是一条直线，而且在 $\pi/2 \leqslant \alpha \leqslant \pi$ 区间内，电流就出现断续。电感量越小，电流开始断续的 α 值就越小。

3. 反电动势负载

被充电的蓄电池、电容器、正在运行的直流电动机的电枢(电枢旋转是产生感应电动势 E)等负载本身是一个直流电源，对于相控整流电流来说，它们是反电动势负载，其等效负载用电动势 E 和内阻 R 表示，负载电动势的极性如图 2-12(a)所示。

整流电路接有反电动势负载时，如果支路电路中电感 L 为零，则图 2-12(a)中只有当电源电压 u_2 的瞬时值大于反电动势 E 时，晶闸管才会有正向电压，才能触发导通。$u_2<E$ 时，晶闸管承受反向阻断。在晶闸管导通期间，输出整流电压 $u_d=E+i_dR_d$，$i_d=\dfrac{u_d-E}{R_d}$整流电流。直至$|u_2|=E$，i_d 降至零时晶闸管关断，此后负载端电压保持为原有电动势 E，故整流输出电压，即负载端直流平均电压电阻性、电感性负载时的(电感性负载时有负电压)要高一些。导通角 $\theta<\pi$ 时，整流电流波形出现断流。且波形如图 2-12(d)所示图中的 δ 为停止导通角。也就是说与电阻负载时相比，晶闸管提前了 δ 角度停止导通。

$$\delta = \arcsin\frac{E}{\sqrt{2}U_2} \tag{2.1.28}$$

整流器输出端直流电压平均值为

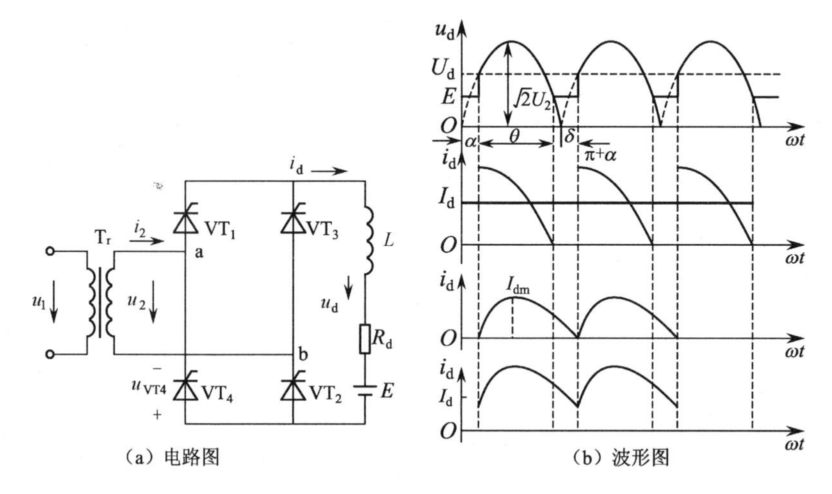

（a）电路图 （b）波形图

图 2-12 单相全控桥式整流电路带反电动势负载电路与波形

$$U_d = E + \frac{1}{\pi}[\sqrt{2}U_2(\cos\delta + \cos\alpha) - E(\pi - \delta - \alpha)]$$

$$= \frac{1}{\pi}[\sqrt{2}U_2(\cos\delta + \cos\alpha)] + \frac{\delta + \alpha}{\pi}E \qquad (2.1.29)$$

整流电流平均值为

$$I_d = \frac{1}{\pi R_d}[\sqrt{2}U_2(\cos\delta + \cos\alpha) - \theta E] \qquad (2.1.30)$$

由图 2-12 可知，$\alpha < \delta$ 时，若触发脉冲到来，晶闸管因承受负电压不可能导通。为了使晶闸管可靠导通，要求触发脉冲有足够的宽度，保证当 $\omega t = \delta$ 时刻晶闸管开始承受正电压时，触发脉冲仍然存在，这样就要求触发角 $\alpha \geqslant \delta$。

整流输出直接接反电动势负载时，由于晶闸管导电角小，电流不连续，而负载回路中的电阻又很小，在输出同样的平均电流时，峰值电流大，因而电流有效值比平均值大许多，这对于整流导电角负载来说，将使其整流子换向电流加大，易产生火花。对于交流电源则电流有效值大，要求电源的容量大，功率因数低。因此一般反电动势负载回路中常串联平波电抗器，这样可以增大时间常数，延长晶闸管的倒退时间，使电流连续。只要电感足够大，就能使 $\theta = 180°$，而使得输出电流波形变得连续平直，从而改善了整流装置即电动机的工作条件。在上述条件下，整流 u_d 电压的波形和负载电流 i_d 的波形与电感负载电流连续时的波形相同，u_d 的计算公式也一样。针对电动机在低速轻载运行时电流连续的临界情况，可计算出所需的电感量 L 由下式决定

$$L = \frac{2\sqrt{2}U_2}{\pi\omega I_{dmin}} \qquad (2.1.31)$$

式中：L——主电路总电感量，其单位为 H。

2.1.4 单相半控桥式整流电路

在单相全控桥式整流电路中，需要 4 只晶闸管，且触发电路要分时触发一对晶闸管，电路复杂，且脉冲变压器二次侧绕组之间要承受 u_2 电压，所以绝缘要求高。从经济的角度出发，可用两只整流二极管代替两只晶闸管，组成大小半控桥整流电路，如图 2-13(a)所示，该电路在中

小容量可控整流装置中被广泛应用。

图 2-13(a)所示是“共阴极”接法的半控桥式整流电路，其特点是：两只晶闸管阴极接在一起，且触发脉冲同时送给两管的门极，能被触发导通的只能是承受正向电压的一只晶闸管，所以触发电路较简单。并且，整流管 VD_1 与 VD_2 是“共阳极”接法，在 $0\leqslant\omega t\leqslant\pi$ 区间，电源电压 u_2 为正，流过 VD_1 与 VD_2 漏电流的途径如图中虚线所示，VD_1 受正偏导通，VD_2 反偏截止。B 点电位经 VD_1、负载电阻 R_d 加在 VT_1 与 VT_2 的共阴极上。因此 VT_1 就承受 u_2 的正向电压。VT_2 由于由于阳极与阴极等电位，所以不承受电压，波形如图 2-13(b)所示。同理，在 $\pi\leqslant\omega t\leqslant 2\pi$ 区间，u_2 为负，VD_2 正偏导通，VD_1 反偏截止，VT_2 承受 u_2 的正向电压，VT_1 不承受电压。

从上述分析可见，VD_1 与 VD_2 管能否导通仅取决于电源电压 u_2 的正、负，与 VT_1 及 VT_2 是否导通及负载性质均无关。

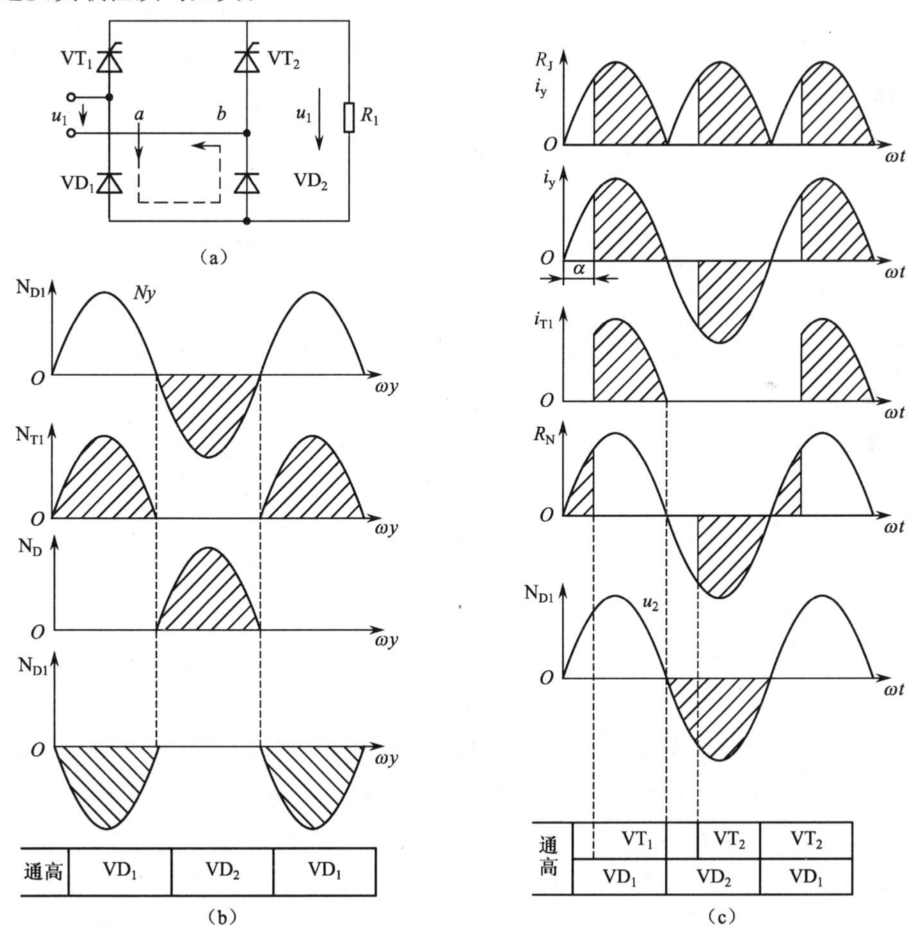

图 2-13　单相半控桥式电阻性负载电路及波形图

1. 电阻性负载

如图 2-13(c)所示，当电源电压 u_2 处在正半周，控制角 α 触发晶闸管时，由于这区间 VD_1 受正偏导通，VT_1 承受正向电压，所以 VD_1 与 VT_1 就导通，电流 i_d 从电源的 a 端流经 VT_1、负载电阻 R_d 及 VD_1 回到 b 端，此时负载电压 u_d 等于 u_2，如图 2-13(c)所示。当电源电压 u_2 处在正半周，在相同的控制角 α 处触发晶闸管，VT_2 与 VD_2 就导通，电流 i_d 从电源的 b 端流经 VT_2、负载电阻 R_d 及 VD_2 回到 a 端，直到 u_2 过零时，$i_d=0$，VT_2 关断。这样负载电阻 R_d 上所得到的 u_d 波形与全波可控整流电路一样，所以电路中各物理量的计算公式也相同。

流过晶闸管、整流管的电流平均值与有效值分别为：

$$I_{dT}=I_{dD}=I_d/2$$

$$I_T=I_D=I/\sqrt{2}$$

晶闸管两端电压波形如图 2-13(c)中 u_{T1} 所示，可能承受最大正向电压为$\sqrt{2}U_2$，在 U_d 相同情况下，承受的电压将比全波电路低一半。当电路中晶闸管 VT_1、VT_2 均不导通时，晶闸管只承受正向电压，不承受反向电压。

交流侧电流（无论一次侧，还是二次侧）为正、负对称的正弦波形的部分包络线，无直流分量，但存在奇次谐波电流，控制角 $\alpha=90°$时，谐波分量最大，对电网有不利影响。

例 2-4 一台由 220 V 交流电网供电的 1 kW 烘干电炉，为了自动恒温，现改用单相半控桥式直流电路，交流输入电压仍为 220 V。试选择晶闸管与整流二极管。

解：先求电炉的电阻。

$$R_d=\frac{U_2^2}{P_d}=\frac{220\times220}{1000}\Omega=4\Omega$$

当 $\alpha=0°$时晶闸管与整流管的电流有效值为最大

$$I_{Tm}=I_{Dm}=\frac{U_2}{R_d}\sqrt{\frac{1}{4\pi}\sin2\times0°+\frac{\pi-0}{2\pi}}=\left(\frac{220}{48}\sqrt{\frac{1}{2}}\right)\text{A}=3.2\ \text{A}$$

选择晶闸管的额定值和型号。

$$I_{T(TV)}=(1.5\sim2)\frac{I_{Tm}}{1.57}=(1.5\sim2)\frac{3.2}{1.57}\text{A}=3\sim4\ \text{A}，取 5 A(电流系列)$$

$$U_{Tn}=(2\sim3)U_{Tm}=(2\sim3)\sqrt{2}\times220\ \text{V}=625\sim936\ \text{V}，取 800 V(电压系列)$$

所以，选择晶闸管型号为 KP5-8。同理，选择整流管型号为 ZP5-8。

2. 电感性负载

单相半控桥带阻感负载的情况，其电路与波形图如图 2-14 所示，假设负载中电感很大，且电路已工作于稳态。

在 u_2 正半周，触发角 α 处给晶闸管 VT_1 加触发脉冲，u_2 经 VT_1 和 VD_4 向负载供电 u_2 过零变负时，因电感作用使电流连续，VT_1 继续导通。但因 a 点电位低于 b 点电位，使得电流从 VD_4 转移至 VD_3，VD_4 关断，电流不再流经变压器二次绕组，而是由 VT_1 和 VD_3 续流在 u_2 负半周触发角 α 时刻触发 VT_3，VT_3 导通，则向 VT_1 加反压使之关断，u_2 经 VT_3 和 VD_3 向负载供电。u_2 过零变正时，VD_4 导通，VD_3 关断。VT_3 和 VD_4 续流，u_d 又为零续流二极管的作用。

若无续流二极管，则当 a 突然增大至 180°或触发脉冲丢失时，会发生一个晶闸管持续导通而两个二极管轮流导通的情况，这使 u_d 成为正弦半波，即半周期 u_d 为正弦，另外半周期 u_d 为零，其平均值保持恒定，称为失控。

有续流二极管 VD_R 时，续流过程由 VD_R 完成，晶闸管关断，避免了某一个晶闸管持续导

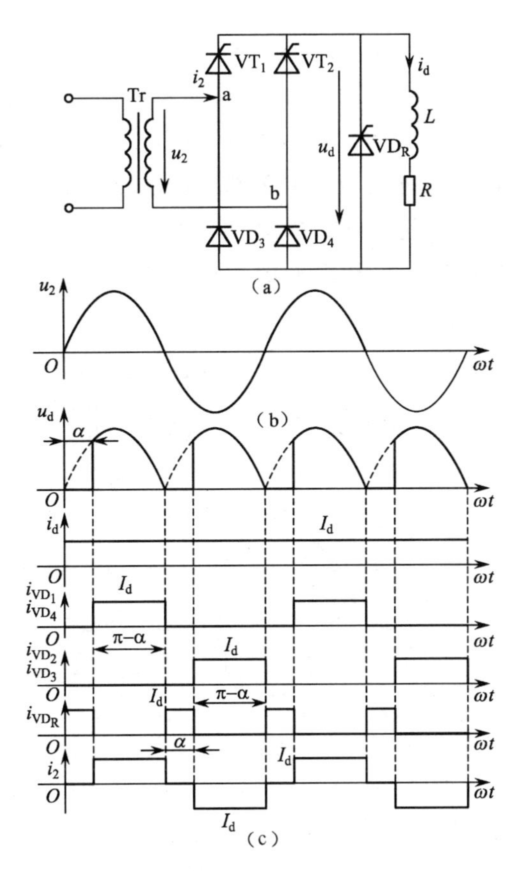

图 2-14　单相桥式半控整流电路，有续流二极管，阻感负载时的电路及波形

通从而导致失控的现象。同时，续流期间导电回路中只有一个管压降，有利于降低损耗。

单相桥式半控整流电路的另一种接法相当于把图 2-4a 中的 VT_3 和 VT_4 换为二极管 VD_3 和 VD_4，这样可以省去续流二极管 VD_R，续流由 VD_3 和 VD_4 来实现。

2.2　三相可控整流电路

单相可控整流电路线路简单，价格便宜，制造、调整、维修都比较容易，但其输出的直流电压脉动大，脉动频率低。又因为它接在三相电网的一相上，将造成三相电压的不平衡，影响其他用电设备的正常运行，因此必须采用三相可控整流电路。三相可控整流电路的类型很多，有三相半波、三相全控桥、三相半控桥等，三相半波可控整流电路是最基本的电路，其他电路可看着是三相半波以不同方式串联或并联组合而成。

2.2.1　三相半波可控整流电路

1. 电阻性负载

带电阻性负载的三相半波可控整流电路如图 2-15 所示。图中将三个晶闸管的阴极连一起接到负载端，这种接法称为共阴接法(若将三个的阳极连接在一起则称为共阳极接法)，三个阳极分别接到变压器二次侧，变压器为△/Y 接法。共阴接法时触发电路有公共点，接线比较方便，应用更为广泛。下面研究共阴极接法电路。

在 $\omega t_1 \sim \omega t_2$ 期间，U 相电压比 V、W 相都高，如果在 ωt_1 时刻触发晶闸管 VT_1 导通，负载上得到 U 相电压 u_a。在 $\omega t_2 \sim \omega t_3$ 期间，V 相电压最高，若在 ωt_2 时刻触发 VT_2 导通，负载上得到 V 相电压 u_b，与此同时 VT_1 承受反压而关断。若在 ωt_3 时刻，触发 VT_3 导通，负载上得到 W 相电压 u_c，并关断 VT_2。如此循环下去，输出直流电压 u_d 是一个脉动的直流电压，它是三相交流电压正半周的包络线，在三相电源的一个周期内有三次脉动。输出电流 i_d、晶闸管 VT_1 两端电压 u_{VT1} 的波形如图 2-15(d)所示。

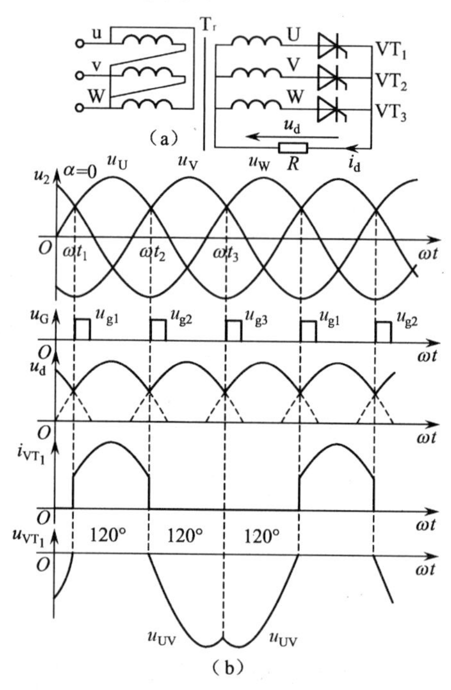

图 2-15 电阻性负载时的三相半波可控整流电路($\alpha=0°$)及波形

从图中可以看出，三相触发脉冲的相位间隔应与三相电源的相位差一致，即均为 120°。每个晶闸管导通 120°，在每个周期中，管子依次轮流导通，此时整流电路的输出平均电压最大，如果在 ωt_1、ωt_3、ωt_5 时刻之前送上触发脉冲，晶闸管因承受反向电压而不能触发导通，因此把它作为计算控制角的起点，即该处 $\alpha=0°$。若分析不同控制角的波形，则触发脉冲的位置距对应相电压的原点为 $30°+\alpha$。

图 2-16 所示为三相半波可控整流电路电阻性负载 $\alpha=30°$时的波形。设电路图 2-15(a)已处于工作状态，W 相的 VT_3 已导通，当经过自然换相点 1 点时，虽然 U 相所接的 VT_1 已承受正向电压，但还没有触发脉冲送上来，它不能导通，因此 VT_3 继续导通，直到过 1 点即 $\alpha=30°$ 时，触发电路送上触发脉冲 u_{g1}，VT_1 被触发导通，才使 VT_3 承受反向电压而关断，输出电压 u_d 波形由 u_W 波形换成 u_U 波形。同理，在触发电路送上触发脉冲 u_{g3} 时，VT_2 被触发导通，使 VT_1 承受反向电压而关断，输出电压 u_d 波形由 u_U 波形换成 u_V 波形。各相就这样依次导通，便得到如图 2-16 所示输出电压 u_d 波形。整流电路的输出端由于负载为电阻性，负载流过的电流波形 i_d 与电压波形相似，而流过 VT_1 管的电流波形 i_{VT1} 仅占 i_d 波形的 1/3 区间，如图 2-

16 所示。U 相所接的 VT_1 阳极承受的电压波形 u_{VT1} 可以分成三个部分：

（1）VT_1 本身导通，忽略管压降，$u_{T1}=0$。

（2）VT_2 导通，VT_1 承受的电压是 U 相和 V 相的电位差，$u_{T1}=u_{UV}$。

（3）VT_3 导通，VT_1 承受的电压是 U 相和 W 相的电位差，$u_{T1}=u_{UW}$。

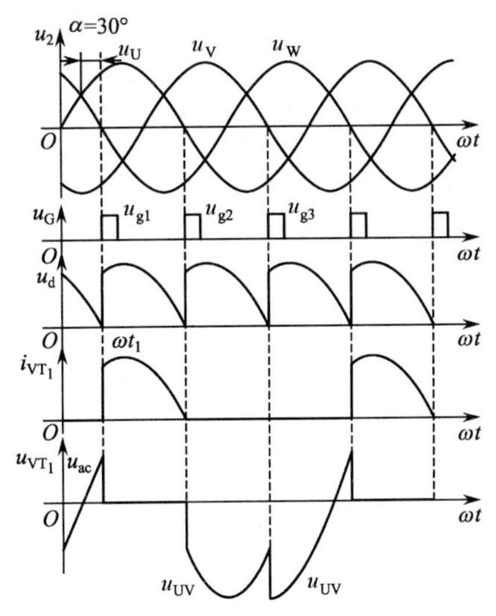

图 2-16　三相半波可控整流电路，电阻负载，$\alpha=30°$时的波形图

从图 2-16 可以看出每相所接的晶闸管各导通 120°，负载电流处于连续状态，一旦控制角 α 大于 30°，则负载电流断续。如图 2-17 所示，$\alpha=60°$，设电路已处于工作状态，W 相的 VT_3 已导通，输出电压 u_d 波形为 u_W 波形。当 W 相相电压过零变负时，VT_3 立即关断，此时 U 相的 VT_1 虽然承受正向电压，但它的触发脉冲还没有来，因此不能导通，三个晶闸管都吧导通，输出电压 u_d 为零。直到 U 相的触发脉冲出现，VT_1 导通，输出电压 u_d 波形为 u_U 波形。其他两相亦如此，便得到如图 2-17 所示的输出电压 u_d 波形。VT_1 阳极承受的电压波形 u_{VT1} 除上述三部分与前相同外，还有一段 3 只晶闸管都不导通，此时 u_{VT1} 波形承受本相相电压 u_U 波形，如图 2-17 所示。

由上述分析可得出如下结论：

（1）当控制角 α 为零时输出电压最大，随着控制角增大，整流输出电压减小，到 $\alpha=150°$ 时，输出电压为零。所以此道路的移相范围是 0°～150°。

（2）当 $\alpha\leqslant30°$时，电压电流波形连续，各相晶闸管导通角均为 120°；当 $\alpha>30°$是电压电流波形间断，各相晶闸管导通角为 $150°-\alpha$。

由此整流电路输出的平均电压 U_d 的计算分两段：

① $0\leqslant\alpha\leqslant30°$时，

$$U_d=1.17U_2\cos\alpha \tag{2.2.1}$$

② 当 $30°<\alpha\leqslant150°$时，

$$U_d=0.675U_2\left[1+\cos\left(\frac{\pi}{6}+\alpha\right)\right] \tag{2.2.2}$$

负载平均电流

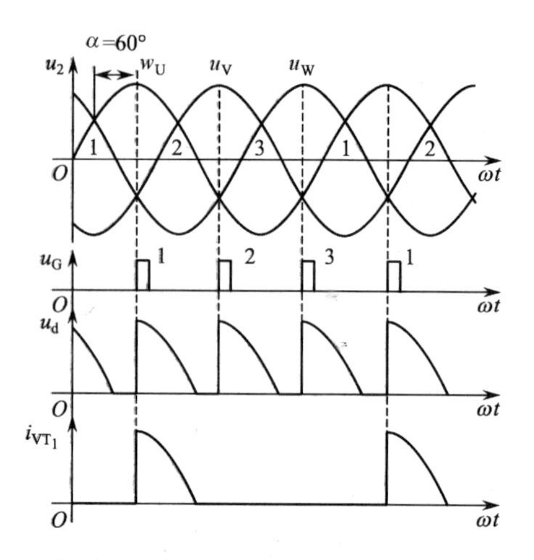

图 2-17　三相半波可控整流电路,电阻负载,$\alpha=60°$时的波形

$$I_d=\frac{U_d}{R_d}$$

晶闸管是轮流导通的,所以流过每个晶闸管的平均电流为

$$I_{dT}=\frac{1}{3}I_d$$

晶闸管承受的最大电压为

$$U_{TM}=\sqrt{6}U_2$$

对三相半波可控整流电路电阻性负载而言,通过整流变压器二次绕组电流的波形与流过晶闸管电流波形完全一样。

例 2-5　调压范围为 2～15 V 的直流电源,采用三相半波可控整流电路带电阻负载,输出电流不小于 130 A。求:(1)整流变压器二次侧相电压有效值。(2)试计算 9 V 时的 α 角。(3)现在晶闸管型号。(4)计算变压器二次侧的容量。

解:(1)因为是电阻性负载,且 $U_{dmax}=15$ V,此时可视为 $\alpha=0°$,

而

$$U_d=1.17U_2\cos\alpha \quad (0°\leqslant\alpha\leqslant30°)$$

则

$$U_2=U_{dmax}/1.17=(15/1.17)\text{V}\approx12.8\ \text{V}$$

(2) $\alpha=30°$时,$1.17U_2\cos\alpha=1.17\times12.8\times\cos30°\text{V}=12.97$ V,因此 $U_d=9$ V 时,一定有 $\alpha>30°$,于是

$$U_d=1.17U_2\frac{1+\cos(30°+\alpha)}{\sqrt{3}} \qquad (30°<\alpha\leqslant150°)$$

$$\cos(\alpha+30°)=\frac{\sqrt{3}U_d}{1.17U_2}-1=\frac{\sqrt{3}\times9}{1.17\times12.8}-1\approx0.04026 \quad 则\ \alpha=57.7°$$

(3) 当 $\alpha=57.7°$时,有

$$I_T=\frac{U_2}{R_d}\sqrt{\frac{1}{2\pi}\left(\frac{5\pi}{6}-\alpha+\frac{\sqrt{3}}{4}\cos2\alpha+\frac{1}{4}\sin2\alpha\right)}\approx0.5125\frac{U_2}{R_d} \quad (30°\leqslant\alpha\leqslant150°)$$

则

$$I_d = 1.17 \times \frac{U_2}{R_d} \times \frac{1+\cos(30^\circ+\alpha)}{\sqrt{3}} = 130\ \text{A}$$

故

$$I_T = 0.733 I_d = 95.34\ \text{A}$$

晶闸管的额定电流为

$$I_{T(AV)} \geqslant \frac{I_T}{1.57} = 60.72\ \text{A}$$

晶闸管的额定电压为

$$U_{TN} = \sqrt{6} U_2 = 31.4\ \text{V}$$

考虑裕量，选择 KP100-1 型号的晶闸管。

2. 电感性负载

带大电感负载的三相半波可控整流电路在 $\alpha \leqslant 30^\circ$ 时，u_d 的波形与电阻性负载是相同。当 $\alpha > 30^\circ$ 时，如图 2-18(a)所示为 $\alpha = 60^\circ$ 电路图和(b)所示为波形图。在 ω_{t_0} 时刻触发 VT_1 导通，VT_1 导通到 ω_{t_1} 时，其阳极电压 u_U 开始变为负值，但由于电感 L_d 感应电动势的作用，使 VT_1 仍继续维持导通，直到 ω_{t_2} 时刻，触发 VT_2 导通，VT_1 才承受反压而关断，从而使 u_d 的波形出现部分负压。尽管 $\alpha > 30^\circ$，由于大电感负载的作用，仍然使各相晶闸管导通 120°，保证了电流的连续。整流输出电压平均值 U_d 为

$$U_d = 1.17 U_2 \cos\alpha \tag{2.2.3}$$

从上式可知，当 $\alpha = 0^\circ$ 时，U_d 最大，当 $\alpha = 90^\circ$ 时，$U_d = 0$。因此，大电感负载时，三相半波整流电路的移相范围为 0°～90°。

因为是大电感负载，所以电流波形接近于平行线，即 $i_d = I_d$。考虑到每个晶闸管的导电角，所以流过每个晶闸管电流的平均值与有效值分别为

$$I_{dT} = \frac{\theta_T}{2\pi} I_d = \frac{120^\circ}{360^\circ} I_d = \frac{1}{3} I_d \tag{2.2.4}$$

$$I_T = \sqrt{\frac{\theta_T}{2\pi}} I_d = \sqrt{\frac{1}{3}} I_d = 0.577 I_d \tag{2.2.5}$$

值得注意的是，大电感负载时，晶闸管可能承受的最大正反向电压都是 $\sqrt{6} U_2$，这与电阻性负载时只承受 $\sqrt{2} U_2$ 的正向电压是不同的。

三相半波可控整流电路带电感性负载时，可以通过加接续流二极管解决在控制角 α 接近 90°时，输出电压波形出现正负面积相等而使其平均值为零的问题。图 2-18(c)所示为在大电感负载下加接续流而二极管 D[如图 2-18(a)中虚线所示]后，当 $\alpha = 60^\circ$ 时的电压电流波形。很明显，u_d 的波形与纯电阻性负载时一样，U_d 的计算公式也一样。负载电流 $i_d = i_{T1} + i_{T2} + i_{T3} + i_D$。一周期内晶闸管的导通角 $\theta_T = 150^\circ - \alpha$。续流二极管在一周期内导体三次，因此其导通角 $\theta_D = 3(\alpha - 30^\circ)$。流过晶闸管电流平均值和有效值分别为

$$I_{dT} = \frac{\theta_T}{2\pi} I_d = \frac{150^\circ - \alpha}{360^\circ} I_d \tag{2.2.6}$$

$$I_{T}=\sqrt{\frac{\theta_{T}}{2\pi}}I_{d}=\sqrt{\frac{150^{\circ}-\alpha}{360^{\circ}}}I_{d} \tag{2.2.7}$$

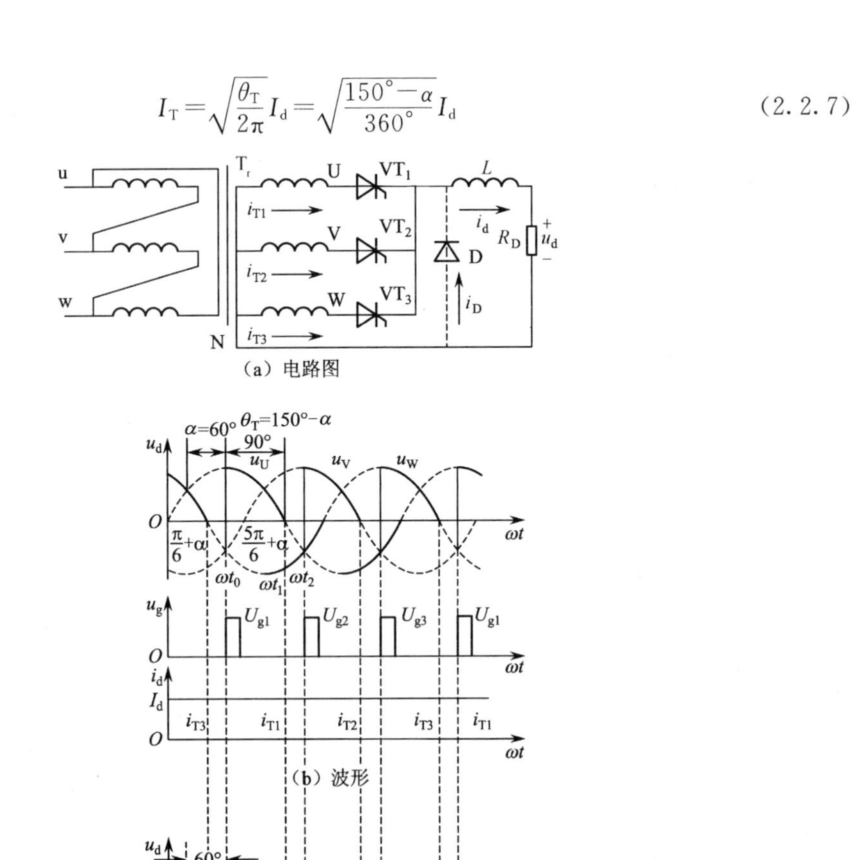

图 2-18 电感性负载的三相半径整流电路及波形

流过续流管电流平均值和有效值分别为

$$I_{dD}=\frac{\theta_{D}}{2\pi}I_{d}=\frac{\alpha-30^{\circ}}{120^{\circ}}I_{d} \tag{2.2.8}$$

$$I_{D}=\sqrt{\frac{\theta_{D}}{2\pi}}I_{d}=\sqrt{\frac{\alpha-30^{\circ}}{120^{\circ}}}I_{d} \tag{2.2.9}$$

三相半波可控整流电路只用三个晶闸管，接线简单，与单相电路比较，其输出电压脉动小、输出功率大、三相负载平衡。但是整流变压器每一个二次绕组在一个周期内只有 1/3 时间流过电流，变压器利用率低。另外变压器二次绕组中电流是单方向的，其直流分量在磁路中产生直流不平衡磁动势，会引起附加损耗。如果不用变压器，则中线电流较大，同时交流侧的直流电流分量会造成电网的附加损耗。

2.2.2 三相桥式可控整流电路

1. 电阻性负载

三相全控桥式整流电路是由一组共阴极接法的三相半波可控整流电路（共阴极组的晶闸管依次编号为 VT_1、VT_3、VT_5）和一组共阳极接法的三相半波可控整流电路（共阳极组的晶闸

管依次编号为 VT_2、VT_4、VT_6）串联组成。为了分析方便，把交流电源的一个周期由六个自然换流点划分为六段，共阴极组的自然换流点（$\alpha=0°$）在 ωt_1、ωt_3、ωt_5 时刻，分别触发 VT_1、VT_3、VT_5 晶闸管，同理可知共阳极组的自然换流点（$\alpha=0°$）在 ωt_2、ωt_4、ωt_6 时刻，分别触发 VT_2、VT_4、VT_6 晶闸管。晶闸管导通的顺序为 $VT_1 \rightarrow VT_2 \rightarrow VT_3 \rightarrow VT_4 \rightarrow VT_5 \rightarrow VT_6$。并假设在 $t=0$时电路已工作，，即 VT_5、VT_6 同时导通，电流波形已经形成。三相桥式可控整流电路带电阻负载时的情况如图 2-19(a)所示。

在 $\omega t_1 \sim \omega t_2$ 期间，U 相电压为正最大值，在 ωt_1 时刻触发 VT_1，则 VT_1 导通，VT_5 因承受反压而关断。此时变成 VT_1 和 VT_6 同时导通，电流 U 相流出，经 VT_1、负载、VT_6 流回 V 相，负载上得到 U、V 线电压 u_{UV}。在 $\omega t_2 \sim \omega t_3$ 期间，W 相电压变为最小的负值，U 相电压仍保持最大的正值，在 ωt_2 时刻触发 VT_2，则 VT_2 导通，VT_6 关断。此时 VT_1 和 VT_2 同时导通，负载上得到 U、W 线电压 u_{UW}。在 $\omega t_3 \sim \omega t_4$ 期间，V 相电压变为最大正值，W 保持最小负值，在 ωt_3 时刻触发 VT_3，VT_3 导通，VT_1 关断。此时 VT_2 和 VT_3 同时导通，负载上得到 V、W 线电压 u_{VW}。依此类推，在 $\omega t_4 \sim \omega t_5$ 期间，VT_3 和 VT_4 导通，负载上得到 u_{VU}。在 $\omega t_5 \sim \omega t_6$ 期间，VT_4 和 VT_5 导通，负载上得到 u_{WU}。在 $\omega t_6 \sim \omega t_7$ 期间，VT_5 和 VT_6 导通，负载上得到 u_{WV}。到在 $\omega t_7 \sim \omega t_8$ 起，重复从 ωt_1 至 ωt_2 的过程。在一个周期内负载上的到图 2-19(b)所示的整流输出电压波形，它是线电压波形正半部分的包络线，其基波频率为 300 Hz，脉动较小。

综上所述，可以得出三相桥式全控整流电路的一些特点如下：

(1) 每个时刻均需两个晶闸管导通，形成向负载供电的回路，其中一个晶闸管是共阴极组的，另一个是共阳极阻断，且不能为同一相的晶闸管。

(2) 对触发脉冲的要求：6 个晶闸管的触发脉冲按 $u_{g1} \rightarrow u_{g2} \rightarrow u_{g3} \rightarrow u_{g4} \rightarrow u_{g5} \rightarrow u_{g6}$ 的顺序（相位依次差 60°）分别触发晶闸管 $VT_1 \rightarrow VT_2 \rightarrow VT_3 \rightarrow VT_4 \rightarrow VT_5 \rightarrow VT_6$；共阴极组 VT_1、VT_3、VT_5 的触发脉冲依次相差 120°，共阳极组 VT_2、VT_4、VT_6 的触发脉冲也依次相差 120°，同一相的上下桥臂，即 VT_1 与 VT_4、VT_3 与 VT_6、VT_5 与 VT_2 触发脉冲相差 180°。

(3) 整流输出电压 u_d 一个周期脉动 6 次，每次脉动波形都一样，故该电路为 6 脉波整流电路；但是前面的分析是在整流桥已经启动，且电流连续的基础上来进行分析的，在全控桥整流电路接通电源启动过程中或电流断续时，由于全控桥的 6 个晶闸管全部处于关断状态，要使负载中有电流流过，共阴极组和共阳极组中须各有一个晶闸管导通，即必须对两组中应导通的一对晶闸管同时加触发脉冲，才能实现全控桥的启动。为此可采用两种方法：一种是使用脉冲宽度大于 60°（一般取 80°～100°），称为宽脉冲触发。另一种方法是在触发某个晶闸管的同时，给相邻前一序号的一个晶闸管补发脉冲。即用两个窄脉冲代替宽脉冲，两个窄脉冲的前沿相差 60°脉宽一般为 20°～30°，称为双脉冲触发。双脉冲触发电路较复杂，但要求的触发电路输出功率小。宽脉冲触发电路虽可少输出一半脉冲，但为了不使脉冲变压器饱和，须将铁心体积做得较大，绕组匝数较多，导致漏感增大，脉冲前沿不够陡，对于晶闸管串联使用不利。虽可用去磁绕组改善这种情况，但又使触发电路复杂化。因此，常用的是双脉冲触发。

(4) $\alpha=0°$时晶闸管承受的电压波形如图 2-19(b)所示。图在仅给出 VT_1 的电压波形。将此波形与图 2-15(b)三相半波时的 VT_1 电压波形比较可见，两者是相同的，晶闸管承受最大正、反向电压的关系也与三相半波时一样。

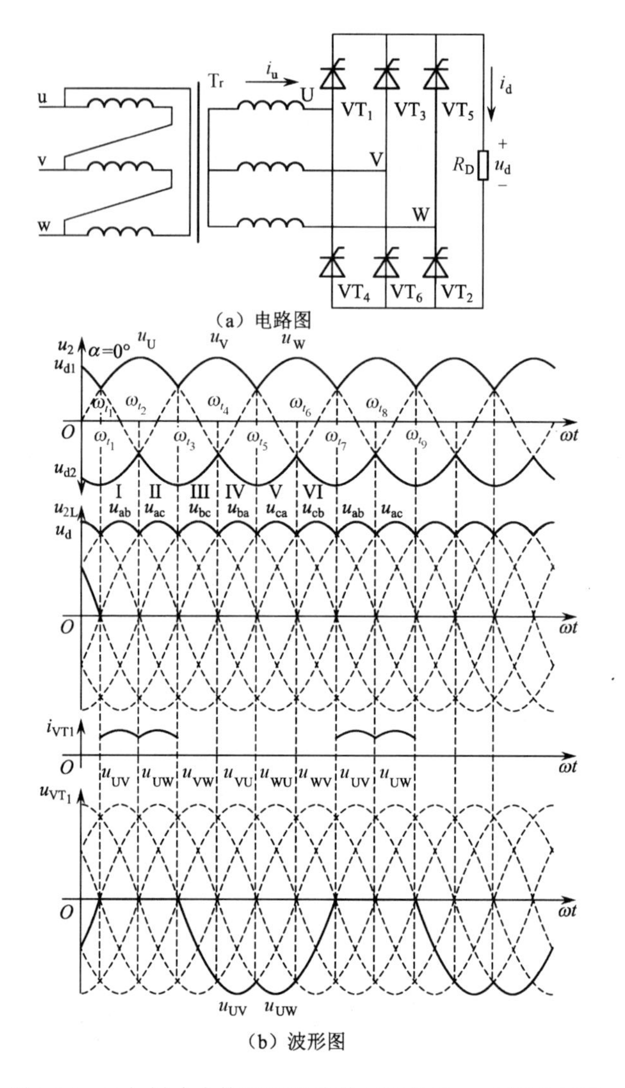

图 2-19　三相桥式全控整流电路带电阻负载 $\alpha=0°$时的波形

图 2-19(b)中还给出了晶闸管 VT_1 流过电流 i_{VT1}的波形，由此波形可以看出，晶闸管一周期中有 120°处于通态，240°处于断态，由于负载为电阻，故晶闸管处于通态时的电流波形与相应时段的 u_d 波形相同。

当触发角 α 改变时，电路的工作情况将方式变化。图 2-20 给出了 $\alpha=30°$时的波形。它与图 2-19 的区别在于晶闸管起始导通时刻推迟了 30°，组成 u_d 的每一段线电压因此推迟了 30°，i_d 平均值也降低。晶闸管电压波形也相应发生变化。图中同时给出了变压器二次侧 U 相电流 i_U 的波形，该波形的特点是，在 VT_1 处于通态 120°期间，i_U 的波形的形状也与同时段的 u_d 波形相同。但是为负值。

图 2-21 给出了 $\alpha=60°$时的波形。u_d 波形中每段线电压的波形继续相向后移，u_d 平均值继续降低。$\alpha=60°$时，u_d 出现了为零的点。

由以上反向可见，当 $\alpha<60°$时，u_d 波形均连续，对于电阻负载，i_d 波形与 u_d 波形的形状是一样的，也是连续的。

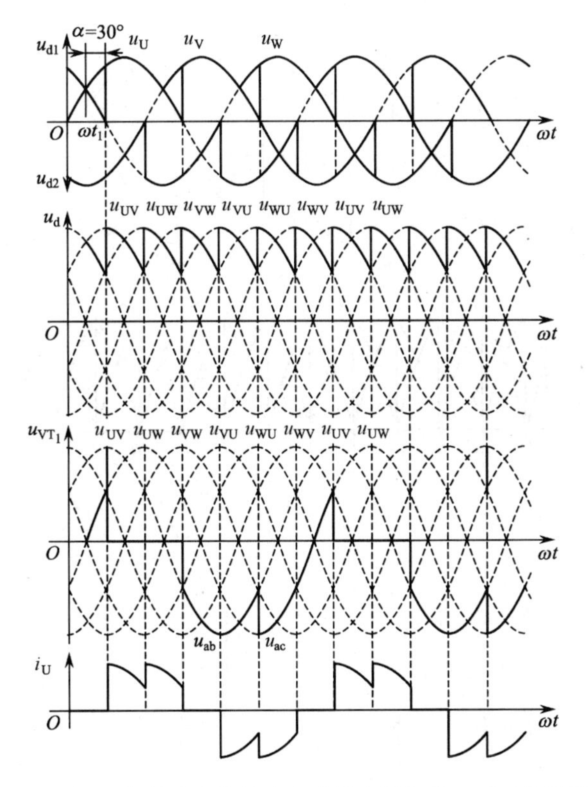

图 2-20　三相桥式全控整流电路带电阻负载 α=°时的波形

当 $\alpha>60°$时，如 $\alpha=90°$，电阻负载情况下的工作波形如图 2-22 所示，此时在 u_d 波形每 60°中有 30°为零，这是因为电阻负载时 i_d 波形与 u_d 波形的形状一致，一旦 u_d 降至零，流过晶闸管的电流即降至零，晶闸管关断，输出整流电压 u_d 为零，因此 u_d 波形不能出现负值。图 2-22 中还给出了晶闸管电流和变压器二次侧电流波形。如果 α 继续增大至 120°，整流输出电压 u_d 波形全为零，其平均值也为零，可见带电阻负载时三相桥式全控整流电路 α 角的移相范围是 120°。

下面对三相桥式可控整流电路带电阻负载的情况进行定量研究：

当 $\alpha<60°$时，负载电流连续，负载上承受的是线电压，设其表达式为 $u_{UV}=\sqrt{3}\times\sqrt{2}U_2\sin\omega t$，在 π/3 内积分上、下限为 $2\pi/3+\alpha$ 和 $\pi/3+\alpha$。因此当控制角为 α 时，整流输出电压的平均值为

$$U_d=\frac{3\sqrt{6}}{\pi}U_2\cos\alpha=2.34U_2\cos\alpha\quad(\alpha<60°)\tag{2.2.10}$$

当 $\alpha>60°$时，负载电流不连续，整流输出电压的平均值为

$$\begin{aligned}U_d&=\frac{3\sqrt{6}}{\pi}U_2\left[1+\cos\left(\frac{\pi}{3}+\alpha\right)\right]\\&=2.34U_2\left[1+\cos\left(\frac{\pi}{3}+\alpha\right)\right]\quad(\alpha>60°)\end{aligned}\tag{2.2.11}$$

当 $\alpha=120°$时，$U_d=0$，从公式可知，电路的移相范围为 120°。

晶闸管承受的最大正反向峰值电压为$\sqrt{6}U_2$。

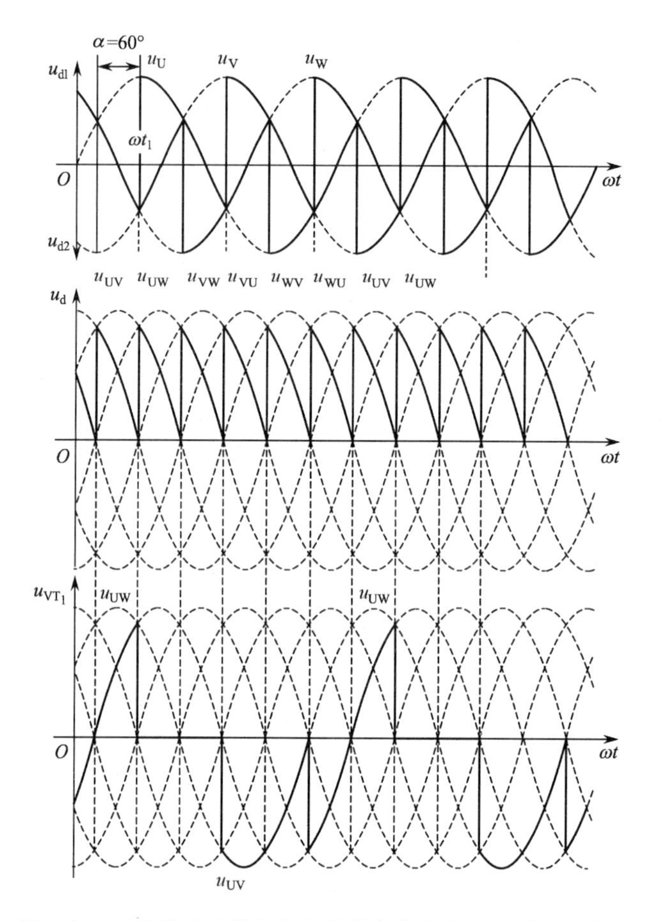

图 2-21　三相桥式全控整流电路带电阻负载 $\alpha=60°$时的波形

2. 电感性负载

图 2-23(a)所示是三相全控桥式整流电路带电感负载的电路。在这里我们只讨论大电感负载($\omega L \geqslant R_d$)的情况。和三相全控桥式整流电路带电阻负载时一样,把共阴极组的晶闸管依次编号为 VT_1、VT_3、VT_5,把共阳极的晶闸管依次编号为 VT_4、VT_6、VT_2。

图 2-23(b)～(d)所示为带大电感负载的三相全控桥式整流电路在 $\alpha=0°$时电流电压波形。由三相半波整流电路分析可知,共阴极组的自然换流点($\alpha=0°$)在 ωt_1、ωt_3、ωt_5 时刻,分别触发 VT_1、VT_3、VT_5 晶闸管,同理可知共阳极组自然换流点($\alpha=0°$)在 ωt_2、ωt_4、ωt_6 时刻,分别触发 VT_2、VT_4、VT_6 晶闸管。晶闸管的导通顺序为 $VT_1\rightarrow VT_2\rightarrow VT_3\rightarrow VT_4\rightarrow VT_5\rightarrow VT_6$。为了分析方便,把交流电源的一个周期由六个自然换流点划分为六段,并假设在 $t=0$ 时电路已在工作,即 VT_5、VT_6 同时导通,电流波形已经形成。

在 $\omega t_1\sim\omega t_2$ 期间,U 相电压为正最大值,在 ωt_1 时刻触发 VT_1,则 VT_1 导通,VT_5 因承受反压而关断。此时变成 VT_1 和 VT_6 同时导通,电流从 U 相流出,经 VT_1、负载、VT_6 流回 V 相,负载上得到 U、V 线电压 u_{UV}。在 $\omega t_2\sim\omega t_3$ 期间,W 相电压变为最小的负值,U 相电压仍保持最大的正值,在 ωt_2 时刻触发 VT_2,则 VT_2 导通,VT_6 关断。此时 VT_1 和 VT_2 同时导通,负载上得到 U、W 线电压 u_{UW}。在 $\omega t_3\sim\omega t_4$ 期间,V 相电压变为最大正值,W 保持最小负值,在 ωt_3 时刻触发 VT_3,VT_3 导通,VT_1 关断。此时 VT_2 和 VT_3 同时导通,负载上得到 V、W 线

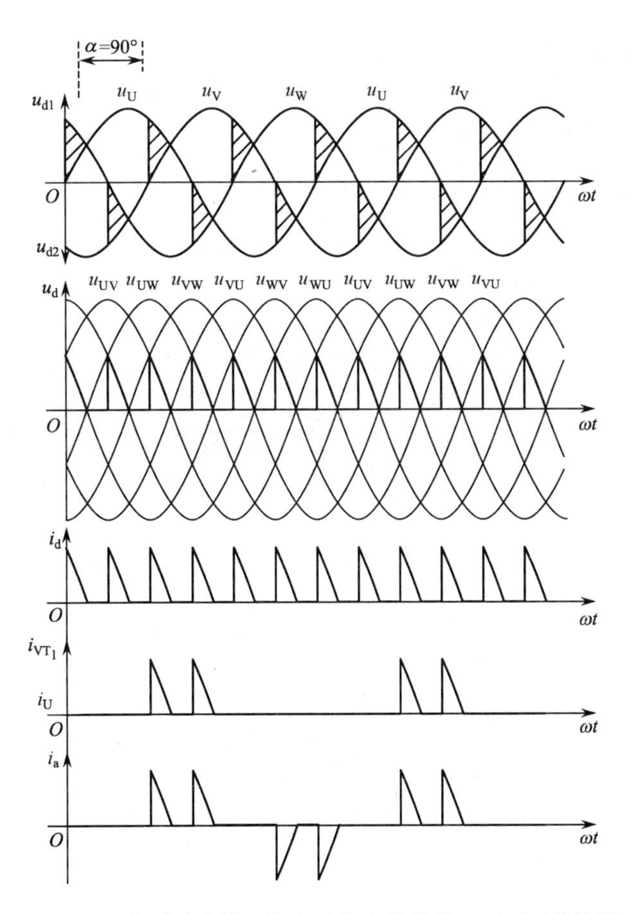

图 2-22　三相桥式全控整流电路带电阻负载 $\alpha=90°$时的波形

电压 u_{VW}。依此类推，在 $\omega t_4\sim\omega t_5$ 期间，VT_3 和 VT_4 导通，负载上得到 u_{VU}。在 $\omega t_5\sim\omega t_6$ 期间，VT_4 和 VT_5 导通，负载上得到 u_{WU}。在 $\omega t_6\sim\omega t_7$ 期间，VT_5 和 VT_6 导通，负载上得到 u_{WV}。到在 $\omega t_7\sim\omega t_8$ 期间，重复从 $\omega t_1\sim\omega t_2$ 开始的这一过程。在一个周期内负载上的到如图 2-23(d)所示的整流输出电压波形，它是线电压波形正半部分的包络线，其基波频率为 300 Hz，脉动较小。

当 $\alpha>0°$时，输出电压波形发生变化，图 2-24(a)、(b)所示分别是 $\alpha=30°$、$90°$时的波形。由图中可见，当 $\alpha\leqslant60°$时，u_d 波形均为正值；当 $60°<\alpha<90°$时，由于电感的作用，u_d 波形出现负值，但正面积大于负面积，电压平均值 U_d 仍为正值；当 $\alpha=90°$时，正负面积基本相等，即 $U_d\approx0$。

通过上面的分析可知，在 $0°\leqslant\alpha\leqslant90°$范围内负值电流 i_d 连续，负载上承受的是线电压，设其表达式为 $u_{UV}=\sqrt{3}\times\sqrt{2}U_2\sin\omega t$，而线电压 u_{UV}超前于相电压 u_U 30°，在 $\pi/3$ 内积分上、下限为 $2\pi/3+\alpha$ 和 $\pi/3+\alpha$。因此当控制角为 α 时，整流输出电压平均值为

$$U_d=\frac{3\sqrt{6}}{\pi}U_2\cos\alpha=2.34U_2\cos\alpha(0°\leqslant\alpha\leqslant90°)$$

当 $\alpha=0°$时，U_d 为最大值，当 $\alpha=90°$时，U_d 为最小值，因此三相全控桥式整流电路带大电感负载时的移相范围为 0°～90°。

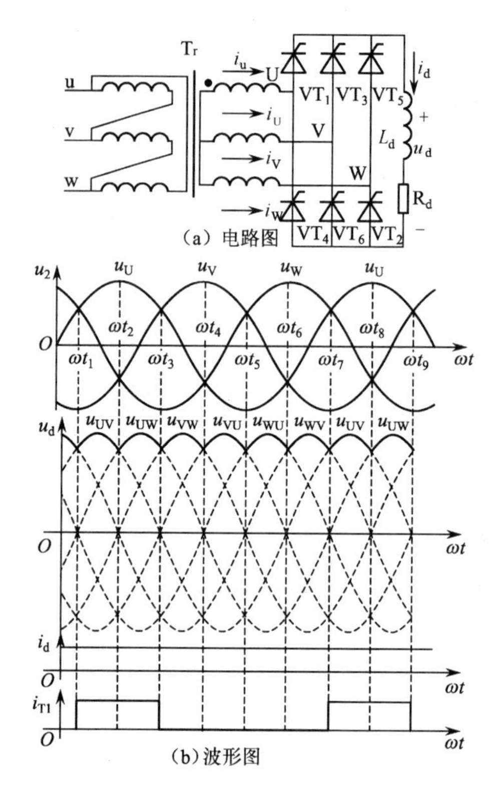

图 2-23　带大电感负载的三相全控桥工整流电路及 $\alpha=0°$时电压电波形图

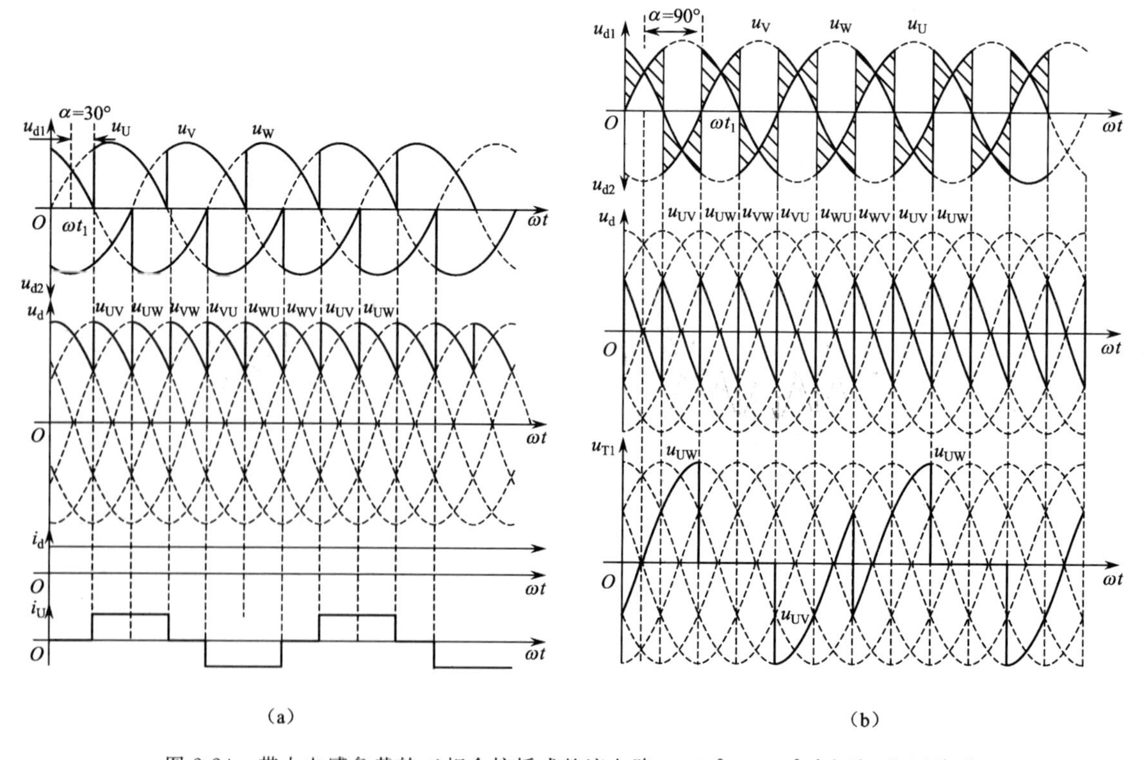

图 2-24　带大电感负载的三相全控桥式整流电路 $\alpha=30°$、$\alpha=90°$时电流、电压波形

负载电流平均值为

$$I_d=\frac{U_d}{R_d}=2.34\frac{U_2}{R_d}\cos\alpha \tag{2.2.12}$$

在三相全控桥式整流电路中，晶闸管换流只在本组内进行，每隔 120°换流一次，即在电流连续的情况下，每隔晶闸管的导通角 $\theta_T=120°$。因此流过晶闸管的电流平均值和有效值分别为

$$I_{dT}=\frac{\theta_T}{2\pi}I_d=\frac{120°}{360°}I_d=\frac{1}{3}I_d \tag{2.2.13}$$

$$I_T=\sqrt{\frac{\theta_T}{2\pi}}I_d=\sqrt{\frac{1}{3}}I_d=0.577I_d \tag{2.2.14}$$

整流变压器二次侧正、负半周均有电流流过，每半周期内导通角为 120°，故流进变压器二次侧的电流有效值为

$$I_2=\sqrt{\frac{2}{3}}I_d=0.866I_d \tag{2.2.15}$$

晶闸管承受的最大电压为$\sqrt{6}U_2$。

2.3　可控整流电路的换相压降

在前面分析和计算相控整流电路时，都认为晶闸管为理想开关，其换流是瞬时完成的。实际上整流变压器有漏抗，晶闸管之间的换流不能瞬时完成，会出现参与换流的两个晶闸管同时导通的现象，同时导通的时间对应的电角度称为换相重叠角 γ。图 2-25 所示为三相半波相控整流电路在考虑变压器的漏抗后的等效电路及输出电压、电流波形。图中 L_1、L_2、L_3 为变压器的每相绕组折合到二次侧的漏感。

当 ωt_1 时刻触发 VT_2 时，V 相电流不能瞬时上升到 I_d 值，U 相电流不能瞬时下降到零，电流换相需要时间 t_γ，换流重叠角所对应的时间为 $t_\gamma=\gamma/\omega$。在重叠角期间，VT_1、VT_2 同时导通，产生一个虚拟电流 i_k，如图 2-25(a)中虚线所示。

$$u_V-u_U=2L_1\frac{di_k}{dt} \tag{2.3.1}$$

$$u_d=u_V-L_1\frac{di_k}{dt}=u_U+L_1\frac{di_k}{dt}=u_V-\frac{1}{2}(u_V-u_U)=\frac{1}{2}(u_U-u_V) \tag{2.3.2}$$

上式表明，在 γ 期间，直流输出电压比 u_U 或 u_V 都小，使输出电压波形减少了一块阴影面积，降低的电压值为 $u_V-u_U=\frac{1}{2}(u_V-u_U)=L_1\frac{di_k}{dt}$。图中的阴影面积大小为

$$S=\omega L_1 I_d \tag{2.3.3}$$

1. 换相压降 U_γ

在图 2-15(a)所示的三相半波可控整流电路中，整流输出电压为三相波形组合(即一个周期内换相三次)，每个周期内有三个阴影面积，这些阴影面积之和 3S 除以周期 2π，即为换相重叠角期间输出平均电压的减少量，称为换相压降 U_γ

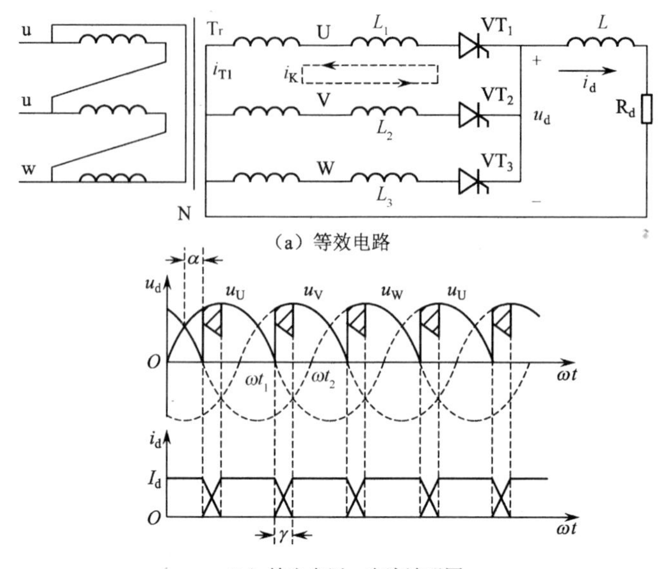

(b) 输出电压、电流波形图

图 2-25　考虑变压器漏抗可控整流电路及输出电压、电流波形图

$$U_\gamma=\frac{3S}{2\pi}=\frac{3\omega L_1 I_d}{2\pi}=\frac{3X_1 I_d}{2\pi} \tag{2.3.4}$$

式中：X_1 是变压器每相漏感折合到二次侧的漏感抗 $X_1=\omega L_1$。

由式(2.3.4)可知，换相压降 U_γ 正比于负载电流 I_d，它相当于整流电源增加了一项等效电阻 $3X_1/2\pi$，但这个等效电阻并不消耗有功功率。

2. 换相重叠角 γ

在图 2-25(b)中为便于计算，将坐标原点移到 U、V 相的自然换流点，并设 $u_U=\sqrt{2}U_2\cos(\omega t+\pi/3)$，则 $u_V=\sqrt{2}U_2\cos(\omega t-\pi/3)$，由式(2.3.1)可得

$$2L_1\frac{\mathrm{d}i_k}{\mathrm{d}t}=\sqrt{2}U_2\left[\cos\left(\omega t-\frac{\pi}{3}\right)-\cos\left(\omega t+\frac{\pi}{3}\right)\right]=\sqrt{6}U_2\sin\omega t$$

将上式两边同乘 ω 得

$$2\omega L_1\mathrm{d}i_k=\sqrt{6}U_2\sin\omega t\mathrm{d}t \tag{2.3.5}$$

从电路工作原理可知，当电感 L_1 中电流从 0 变到 I_d 时，正好对应 ωt 从 α 变到 $\alpha+\gamma$，将此条件代入式(2.3.5)得

$$2X_1 I_d=\sqrt{6}U_2[\cos\alpha-\cos(\alpha+\gamma)] \tag{2.3.6}$$

则换相重叠角为

$$\gamma=\arccos\left(\cos\alpha-\frac{2X_1 I_d}{\sqrt{6}U_2}\right)-\alpha \tag{2.3.7}$$

式(2.3.7)表明：当 L_1 或 I_d 增大时，γ 将增大；当 α 增大时，γ 减小。必须指出，如果在负载两端并联续流二极管，将不会出现换流重叠的现象，因为换流过程被续流二极管的存在所改变。

对于其他各种整流电路换相压降和换相重叠角的计算，可用同样的方法进行分析。现将

结果列于表 2-1 中，以便于使用。

表 2-1　各种整流电路换相压降和换相重叠角的计算

参数	电路形式				
	单相全波	单相全控桥	三相半波	三相全控桥	M 脉波整流电路
ΔU_d	$\frac{X_1}{\pi}I_d$	$\frac{2X_1}{\pi}I_d$	$\frac{3X_1}{\pi}I_d$	$\frac{3X_1}{2\pi}I_d$	$\frac{mX_1}{2\pi}I_d$①
$\cos\alpha-\cos(\alpha+\gamma)$	$\frac{I_dX_1}{2U_2}$	$\frac{2I_dX_1}{2U_2}$	$\frac{2I_dX_1}{6U_2}$	$\frac{2I_dX_1}{6U_2}$	$\frac{I_dX_1}{2U_2\sin\frac{\pi}{m}}$②

注：①单相全控桥电路的换相过程中，环流 i_k 是从 $-I_d$ 变为 I_d，本表所列通用公式不适用；

②三相桥等效为相电压有效值等于$\sqrt{3}U_2$ 的 6 脉波整流电路，相电压有效值按$\sqrt{3}U_2$ 代入。

2.4　整流电路的有源逆变工作状态

本节研究怎样把直流电变为交流电，即逆变问题。这是因为在实际应用中，有时需要将交流电变为直流电，而在另一些场合，则需要将直流电转变为交流电，即直流电→逆变器→交流电→用电器(或电网)。这种对应于整流的逆过程称为逆变，能够实现逆变的电路称为逆变电路。在一定的条件下，一套晶闸管电路既可用作整流，又能用作逆变，实现这一功能的装置称为变流装置或变流器。

逆变电路分为有源逆变和无源逆变两种形式。有源逆变过程为：直流电→逆变器→交流电→交流电网，这种将直流电变成和电网同频率的交流电并送回到交流电网去的过程称为有源逆变。如直流电动机的可逆调速、绕线型异步电动机的串级调速、高压直流输电等。本节要讨论有源逆变的工作原理和应用。

2.4.1　有源逆变的工作原理

图 2-26 中 G 是整流发电机，M 是电动机，R_Σ 是等效电阻，现在来分析整流发电机—电动机系统中电能的转换关系。

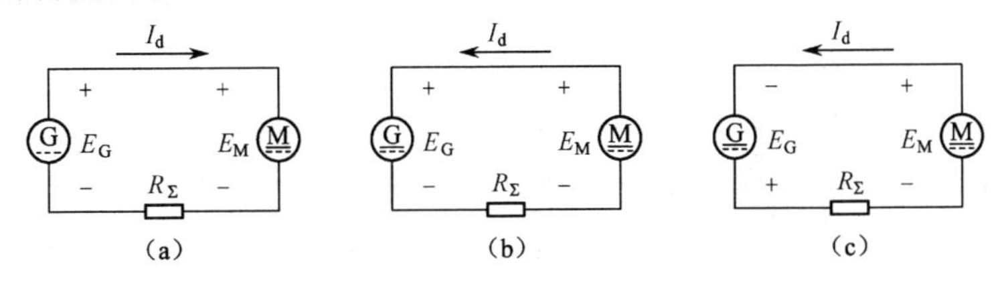

图 2-26　直流发电机—电动机之间的能量传递

当控制发电机电动势的大小和极性时，发电机和电动机之间的能量传递关系将发生变化。

图 2-26(a)中 M 作电动机运转，电动势 $E_G>E_M$，电流 I_d 从 G 流向 M，M 吸收电能。

图 2-26(a)中 M 作发电机运转，此时 $E_M>E_G$，直流反向，从 M 流向 G，故 M 输出电能，G 吸收电能，M 轴上输入的机械能转变为电能反送给 G，系统工作在回馈制动状态。

图 2-26(c)中两电动势顺向串联，向电阻 R_Σ 供电，G 和 M 均输出电能，由于 R_Σ 一般都很小，实际上形成短路，在工作中必须严防这类事故发生。

将整流电路代替上述发电机，能方便地研究整流电路的有源逆变工作原理。

1. **全波整流电路工作在整流状态**

当移相控制角 α 在 $0\sim\pi/2$ 范围内变化时，单相全波整流电路直流侧输出电压 $U_d>0$，如图 2-27 所示，M 作为电动机运行。整流器输出功率，电动机吸收功率，电流值为

$$I_d=\frac{U_d-E}{R_a} \tag{2.4.1}$$

式中：E——电动机的反电动势；

Ra——得到绕组电阻。

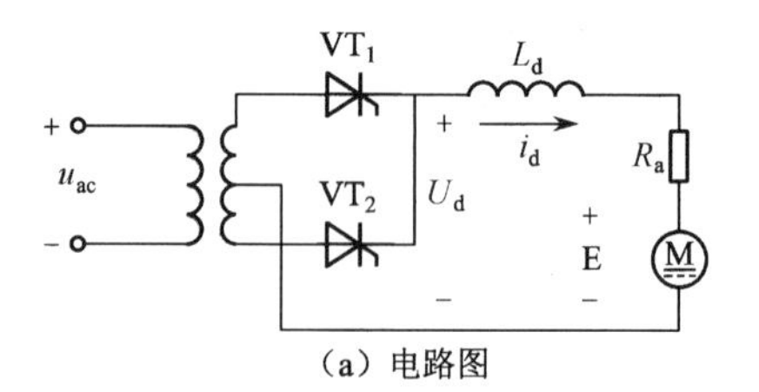

(a) 电路图

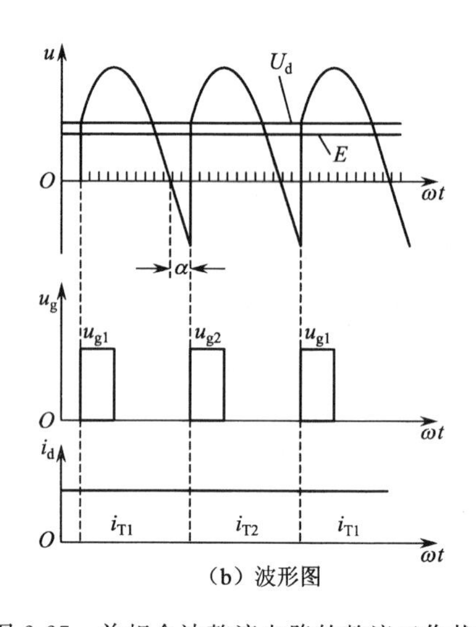

(b) 波形图

图 2-27 单相全波整流电路的整流工作状态

因为 R_a 阻值很小，其两端电压很小，因此，$U_d\approx E$，此时电流 I_d 从电动机反电动势 E 的正端注入，直流电机吸收功率。如果在电机运行过程中使控制角 α 减小，则 U_d 增大，I_d 瞬时值也随着增大，电动机电磁转矩增大，所以电动机转速提高。随着转速升高，E 增大，I_d 随之减小，最后恢复到原来的数值，此时电机稳定运行在较高转速状态。反之，如果使 α 角增大，电机转速减小。所以，改变晶闸管的控制角，可以很方便地对电动机进行无极调速。

2. **全波整流电路工作在逆变状态**

在实际应用中，电机除了正转外，有时在外力作用下，还会发生反转。电机反转时，其电动势 E 极性改变，上负下正，如图 2-28 所示。为了防止两电动势顺向串联形成短路，则要求 U_d 的极性也必须反过来，即上负下正，因此，整流电路的控制角 α 必须在 $\pi/2\sim\pi$ 范围内变化。此时，电流 i_d 为

$$I_d=\frac{|E|-|U_d|}{R_a} \tag{2.4.2}$$

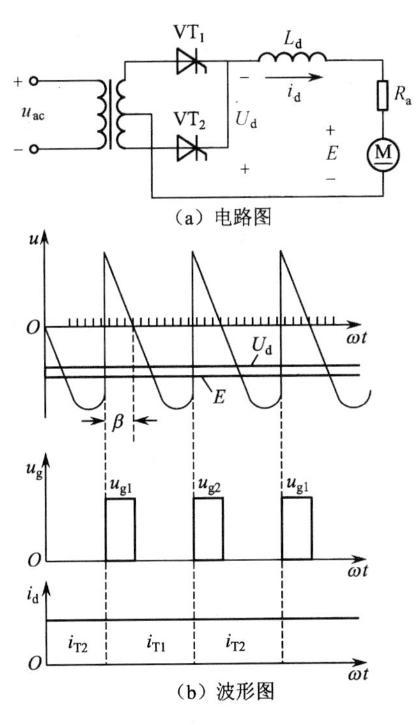

(a) 电路图

(b) 波形图

图 2-28　单相全波整流电路的逆变工作状态

由于晶闸管单相导电性，I_d 方向仍然保持不变。如果$|E|<|U_d|$，则 $I_d=0$，如果$|E|>|U_d|$，则 $I_d\neq0$。电动势的极性改变了，而电流的方向没变，因此，功率的传递关系便发生了变化，电动机处于发电机状态，发出直流功率，整流电路将直流功率逆变为 50Hz 的交流电返送到电网，这就是有源逆变工作状态。

逆变时，电流的大小取决于 E 与 U_d，而 E 由电机的转速决定，U_d 可以调节控制角 α 改变 2 大小。为防止过电流，同样应满足 $E\approx U_d$ 的条件。

在逆变工作状态下，虽然控制角 α 在 $\pi/2\sim\pi$ 间变化，晶闸管的阳极电位大部分处于交流电压负半周，但由于有外接直流电动势 E 存在，使晶闸管仍能承受正向电压导通。由此可以看出，在特定的场合，同一个晶闸管电路既可以工作在整流状态，也可以工作在逆变状态，这种电路又称为变流器。

综上所述，有源逆变条件有两个：

(1) 一定要有直流电源，其极性必须与晶闸管的导通方向一致，其值应稍大于变流器直流侧的平均电压。

(2) 变流器必须工作在 $\alpha>\pi/2$ 的区域内，使 $U_d<0$。

这两个条件缺一不可。由于半控桥或有续流二极管的电路不能输出负压，也不允许直流侧出现负极性的电动势，故不能三相有源逆变。

2.4.2　三相半波有源逆变电路

图 2-29(a)所示为三相半波整流带电动机负载时的电路，并假设负载电流连续。当 α 在 $\pi/2\sim\pi$ 范围内变化时，变流器输出电压的瞬时值在整个周期内虽然有正有负或者全波为负，但负的面积总是大于正的面积，故输出电压平均值 U_d 为负值。电机中 E 的极性具备有源逆

变的条件，当 α 在 $\pi/2\sim\pi$ 范围内变化且 $E>U_d$ 时，可以实现有源逆变。

图 2-29(b)给出了 $\alpha=150°$时逆变电路的输出电压和电流波形。I_d 从 E 的正极流出，从 U_d 的正端流入，故返送电能。

变流器逆变时，直流侧电压计算公式与整流时一样。当电流连续时，有

$$U_d=1.17U_2\cos\alpha \tag{2.4.3}$$

式中：U_2 为相电压的有效值。

由于逆变时 $\alpha>90°$，故 $\cos\alpha$ 计算不大方便，于是引入逆变角 β，令 $\alpha=\pi-\beta$，则(2.4.3)式改成

$$U_d=-1.17\,U_2\cos\beta \tag{2.4.4}$$

逆变角为 β 的触发脉冲位置从 $\alpha=\pi$ 的时刻左移 β 角来确定。

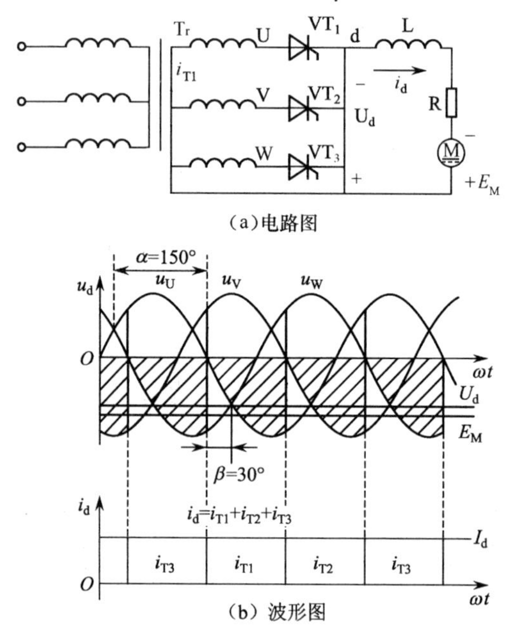

图 2-29 三相半波有源逆变电路及其波形

2.4.3 三相桥式有源逆变电路

图 2-30(a)为三相桥式逆变电路原理图。为满足逆变条件，电机电动势为上负下正，回路中串有大电感 L_d，逆变角 $\beta<90°$。现以 $\beta=30°$为例，分析其工作过程。

(1) 在图 2-30(b)中，在 ωt_1 处加上双窄脉冲触发 VT_1 和 VT_6 管，此时电压 u_U 为负半波，给 VT_1 和 VT_6 以反向电压，但 $|E|>|u_{UV}|$，E 相对 VT_1 和 VT_6 为正向电压，加在 VT_1 和 VT_6 上的总电压($|E|-|u_{UV}|$)为正，使 VT_1 和 VT_6 两管导通，有电流 i_d 流过回路，变流器输出的电压 $u_d=u_{UV}$，其波形图如图 2-30(b)所示。

(2) 经过 60°在 ωt_2 处加上双窄脉冲触发 VT_2 和 VT_1 管，由于此前 VT_6 是导通的，从而使加 VT_2 上的电压 u_{VW}为正向电压，当 VT_2 在 ωt_2 时刻被触发后即刻导通，而 VT_2 导通后，VT_6 因承受的电压 u_{WV}为反压而关断，完成了从 VT_6 到 VT_2 的换相。在第二次触发后第三次触发前($\omega t_2\sim\omega t_3$)，变流器输出的电压 $u_d=u_{UW}$，其波形图如图 2-30(b)所示。

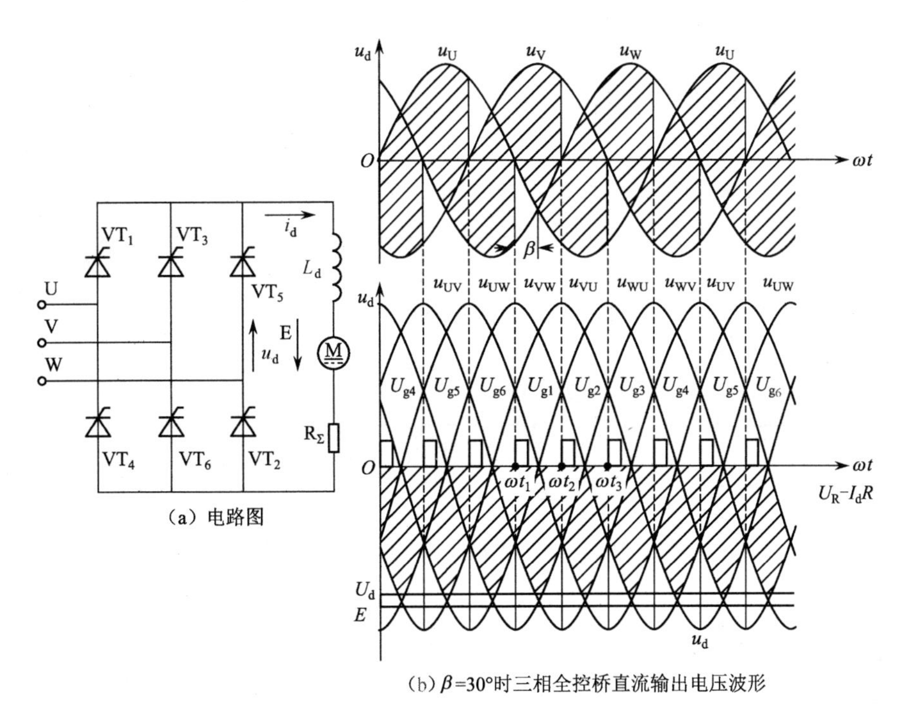

(b) β=30°时三相全控桥直流输出电压波形

图 2-30　三相全桥有源逆变电路

(3) 又经过 60°后，在 ωt_3 处再次加上双窄脉冲触发 VT_2 和 VT_3 管，使 VT_2 导通，而 VT_3 导通后使 VT_1 因承受反向电压 u_{UV} 而关断，从而又进行了一次由 VT_1 至 VT_3 的换相。按照 $VT_1 \sim VT_6$ 换相顺序不断循环，晶闸管 $VT_1 \sim VT_6$ 轮流依次导通，整个周期始终保证有两只晶闸管是导通的。控制角 β 使输出电压平均值 $|U_d| < |E|$，则电动机直流能量经三相桥式逆变电路转换成交流能量送到电网中去，从而实现了有源逆变。

其输出的直流电压平均值为

$$U_d = -2.34U_2\cos\beta$$

输出的直流电流平均值为

$$I_d = \frac{E - U_d}{R_\Sigma}$$

式中：R_Σ——回路总电阻。

在三相桥式有源逆变电路中，除应满足有源逆变的三个条件外，还应采用双窄脉冲或宽度大于 90°，小于 120°的宽脉冲，以保证在整个周期内共阴极组合共阳极各有一只晶闸管导通，保证电路电流的连续。

2.4.4　有源逆变最小逆变角 β_{min} 的限制

在整流电路中已讨论了变压器漏抗对整流电路换流的影响，在这里，同样也应该考虑变压器漏抗对逆变电路换流的影响。由于变压器漏抗的影响，电流换流不能瞬间完成，从而引起换流重叠角 γ，如图 2-31 所示。如果逆变角 β 太小，即 $\beta < \gamma$ 时，从图 2-31 所示的波形中可清楚看到，换流还未结束，电路的工作状态到达 u_U 与 u_V 交点 P，从 P 点之后，u_U 将高于 u_V，晶闸管 VT_2 承受反压而重新关断，而应该关断的 VT_1 却承受正压而继续倒头，从而造成逆变失败。

因此，为了防止逆变失败，不仅逆变角不能等于零，而且不能太小，必须限制在某一允许的最小角度内。最小逆变角的选取要考虑以下因素。

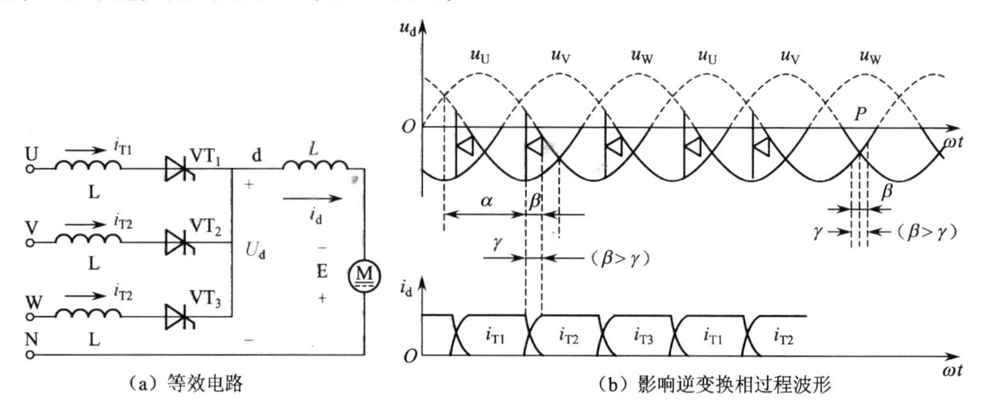

图 2-31　交流侧电抗对逆变换相过程的影响

(1) 换相重叠角 γ 随电路形式、工作电流的大小不同而不同，一般选取为 15°～25°电角度。

(2) 晶闸管关断时间 t_q 所对应的电角度 δ。一般 t_q 为 200～300μs，折算电角度 δ 为 4°～5°。

(3) 安全裕量角 θ。考虑到脉冲调整时不对称、电网波动等因素影响，还必须留有一个安全裕量角 θ，一般选取 θ 为 10°。

综合以上因素，最小逆变角 $\beta_{min} \geqslant \gamma + \delta_0 + \theta_\alpha = 30° \sim 35°$

设计有源逆变电路时，必须保证 β 大于 β_{min}，因此，常在触发电路中附加一保护环节，保证控制脉冲不进入 β_{min} 区域内。

2.5　晶闸管可控电路的驱动控制

1. 对触发电路的要求

各种触发电路的工作方式不同，对触发电路的要求也不完全相同。这里把基本要求归纳如下：

(1) 触发信号常采用脉冲形式。因晶闸管在触发导通后控制极就失去控制作用，虽然触发信号可以是交流、直流或脉冲形式，但为减少控制极损耗，故一般触发信号采用脉冲形式。

(2) 触发脉冲应有足够的功率。触发脉冲的电压和电流应大于晶闸管要求的数值，并留有一定的余量，以保证晶闸管可靠导通。晶闸管属于电流控制器件，为保证足够的触发电流，一般可取 2 倍左右所要求的触发电流大小(按电流大小决定电压)。

(3) 触发脉冲电压的前沿要陡，要求小于 10μs，且要有足够的宽度。因同系列晶闸管的触发电压不尽相同，如果触发脉冲不陡，就会造成晶闸管不能被同时触发导通，使整流输出电压波形不对称。触发脉冲宽度应要求触发脉冲消失前阳极电流已大于擎住电流，以保证晶闸管的导通。表 2-2 中列出了不同可控整流电路、不同性质负载常采用的触发脉冲宽度。

(4) 触发脉冲与晶闸管阳极电压必须同步。两者频率应该相同，而且要有固定的相位关系，使每一周期都能在相同的相位上触发。

（5）触发脉冲满足主电路移相范围的要求。触发脉冲的移相范围与主电路形式、负载性质及变流装置的用途有关。此外，还要求触发电路具有动态响应快，抗干扰能力强，温度稳定性好等性能。所用触发电路的脉冲移相范围必须能满足实际的需要。常见的触发电压波形如图 2-32 所示。

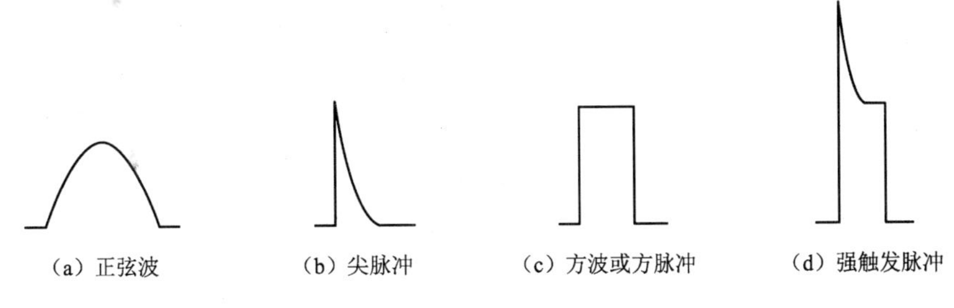

图 2-32　常见的晶闸管触发电压波形

2. 晶闸管触发电路

1）单结晶体管触发电路

由单结晶体管构成的触发电路具有简单、可控、抗干扰能力强、温度补偿性能好、脉冲前沿陡等优点，在小容量的晶闸管装置中得到了广泛应用。它由自激振荡、同步电源、移相、脉冲形成等部分组成，电路如图 2-33 所示。

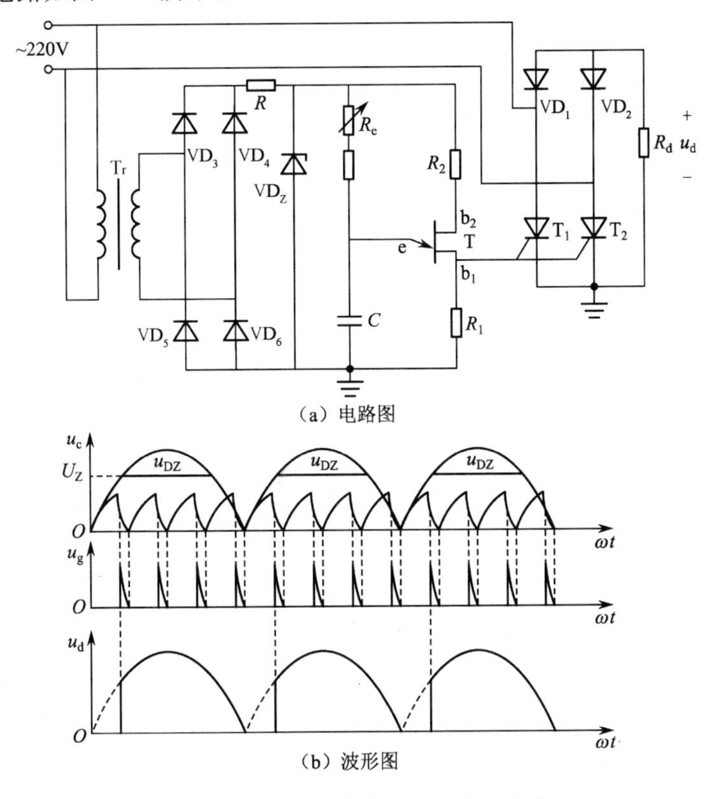

图 2-33　单结晶体管触发电路及波形

(1) 单结晶体管自激振荡电路。利用单结晶体管的负载特性与RC电路的充放电性质可组成自激振荡电路,产生频率可变的脉冲。

从图2-33(a)可知,经D_3～D_6整流后的直流电源U一路经R_2、R_1加在单结晶体管两个基极b_1、b_2之间,另一路通过R_e对电容C充电,发射极电压$u_e=u_c$按指数规律上升。u_c刚充电到大于峰点转折电压U_P的瞬间,e－b_1间的电阻突然变小,开始导通。电容C开始通过e－b_1迅速向R_1放电,由于放电回路电阻很小,故放电时间很短。随着电容C放电,电压u_e小于一定值时,T又由导通转入截止。然后电源又重新对电容C充电,上述过程不断重复。在电容上形成锯齿波振荡电压,在R_1上得到一系列前沿很陡的重复尖脉冲u_g,如图2-33(b)所示,其振荡频率为

$$f=\frac{1}{T}=\frac{1}{R_e C\ln\left(\frac{1}{1-\eta}\right)} \tag{2.5.1}$$

式中:η是单结晶体管的分压比,$\eta=0.3$～0.9。可见,调节R_e,可调节振荡频率。

(2) 同步电源。同步电压由变压器获得,而同步变压器与主电路接至同一电源,故同步电压与主电压同相位、同频率。同步电压经桥式整流、稳压管D_Z削波为梯形波u_{DZ},而削波后的最大值U_Z既是同步信号,又是触发电路电源。当u_{DZ}过零时,电容C经e－b_1、R_1迅速放电到零电压。这就是说,每半周开始,电容C都从零开始充电。进而保证每周期触发电路送出第一个脉冲距离过零的时刻(即控制角α)一致,实现了同步。

(3) 移相控制。当R_e增大时,单结晶体管发射极充电到峰点电压U_P的时间增大,第一个脉冲出现的时刻推迟,即控制角α增大,实现了移相。

(4) 脉冲输出。触发脉冲u_g由R_1直接取出,这种方法简单、经济,但触发电路与主电路有直接的电联系,不安全。对于晶闸管串联法的全控桥电路无法工作,所以一般采用脉冲变压器输出。

2) 同步信号为锯齿波的触发电路

同步信号为锯齿波的触发电路由于受电网电压波动影响较小,故广泛应用于整流和逆变电路。图2-34所示为锯齿波同步触发电路,该电路由五个基本环节组成:脉冲形成与放大、锯齿波形成(即脉冲移相)、同步、双脉冲形成、强触发电路。

(1) 触发脉冲的形成与放大。图2-35中脉冲形成环节由VT_4、VT_5、VT_6组成,复合功率放大由VT_7、VT_8组成,同步移相电压加在晶体管VT_4的基极,触发脉冲由脉冲变压器二次侧输出。

当$u_{b4}<0.7$V时,VT_4管截止,电源经R_{14}、R_{13}分别向VT_5、VT_6提供足够的基极电流使之饱和导通。⑥点电位约为－13.7 V,使VT_7、VT_8处于截止,无脉冲输出。此时电容C_3充电,充电回路为:＋15V→R_{11}→C_3→V_5发射极→VT_6→VD_4→－15V。稳定时,C_3充电电压为28.3 V,极性为左正右负。

当$u_{b4}>0.7$ V时,VT_4管导通,④点电位从＋15 V迅速降低至1 V,由于电容C_3两端电压不能突变,使⑤点电位从－13.3 V突降至－27.3 V,导致VT_5截止。⑥点电位从－13.7 V突升至2.1 V,于是VT_7、VT_8导通,有脉冲输出。与此同时,电容C_3反向充电,充电回路为:

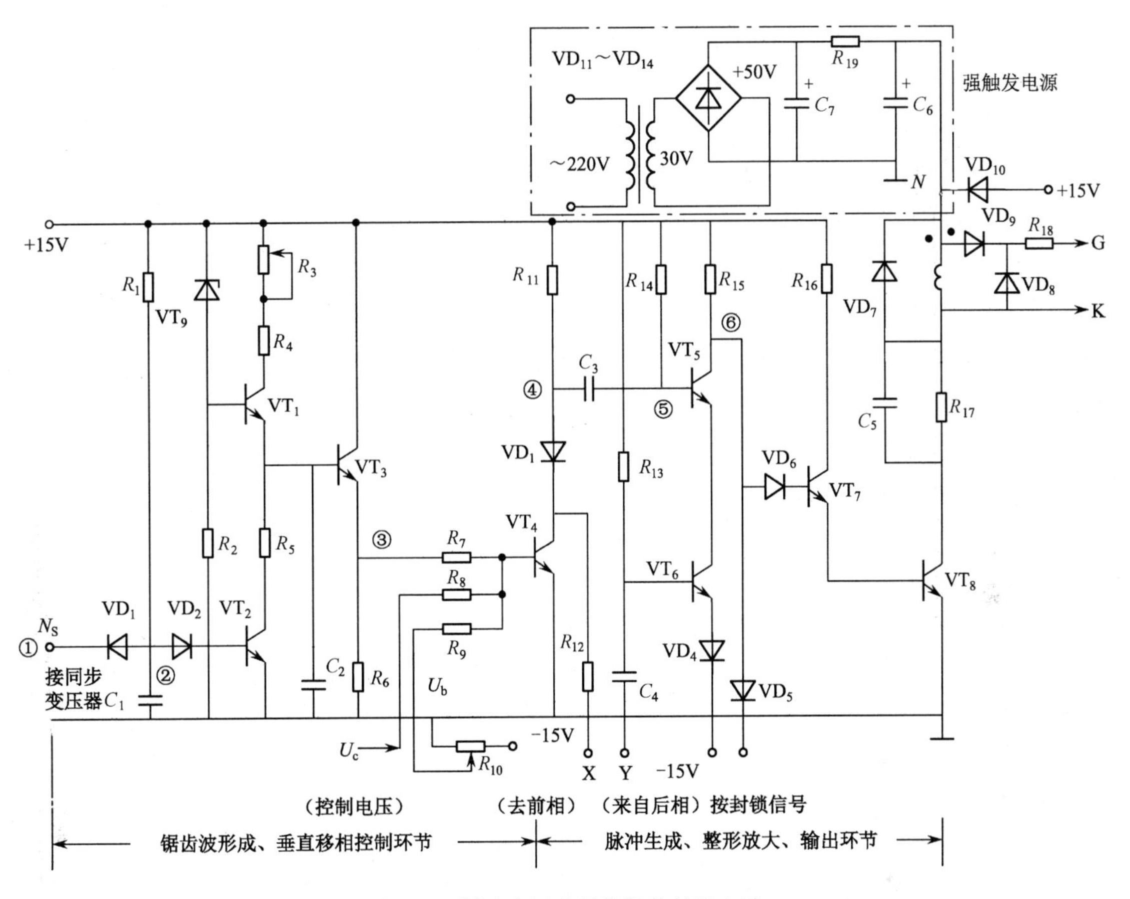

图 2-34 同步电压为锯齿波的触发电路

$+15\text{ V}\rightarrow R_{14}\rightarrow C_3\rightarrow VD_3\rightarrow VT_4\rightarrow -15\text{ V}$，使⑤点电位从－27.3 V 逐渐上升，当⑤点电位升到－13.3 V 时，VT_5、VT_6 管又导通，使 VT_7、VT_8 截止，输出脉冲结束。可见输出脉冲的时刻和宽度决定于 V4 的导通时间，并与时间常数 $R_{14}C_3$ 有关。

(2) 锯齿波的形成即脉冲移相。此部分电路由 VT_1、VT_2、VT_3 和 C_2 组成。其中 VT_1、VT_9，R_3、R_4 为一恒流源电路。当 VT_2 截止时，恒流源电流 I_{c1} 对 C_2 充电，u_{c2} 按线性增长，即 VT_3 管基极电位 u_{b3} 按线性增长。调节电位器 R_3，可改变 I_{C1} 的大小，从而调节锯齿波斜率。

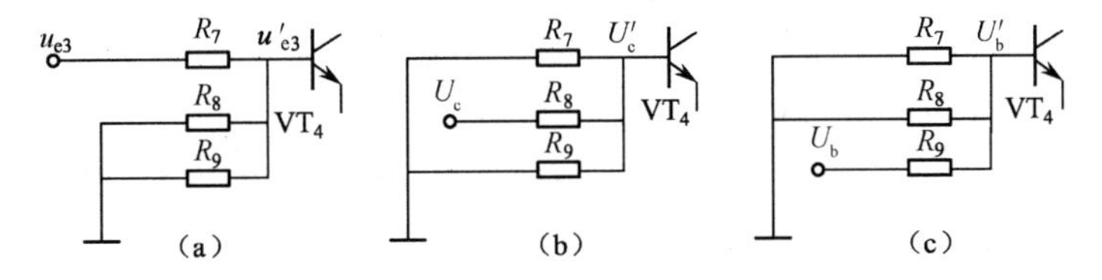

图 2-35 u_{e3}、U_c 和 U_b 单独作用的等效电路

当 VT_2 导通时因 R_4 很小，C_2 迅速放电，u_{b3} 迅速降为 0V 左右，形成锯齿波的下降沿。当 VT_2 周期性地导通与关断(受同步电压控制)时，便形成一锯齿波，VT3 为射随器，所以③点电压也是一锯齿波。

移相控制电路由由 VT_4 等元件组成，VT_4 基极电压由锯齿波电压 u_{e3}、直流控制电压 U_c、

负直流偏移电压 U_b 分别经 R_7、R_8、R_9 的分压值（u'_{e3}，U'_c，U'_b）叠加而成由三个电压比较控制 VT_4 的截止与导通。

根据叠加原理，分析 VT_4 管基极电位，可看成锯齿波电压 u'_{e3}、直流控制电压 U'_c、负直流偏压 U'_b 三者单独作用的叠加，三者单独作用的等效电路如图 2-35 所示。

以三相全控桥电路感性负载电流连续时为例，当 $\alpha=0°$ 时，输出平均电压为最大正值 U_{dmax}；当 $\alpha=90°$ 时，输出为 0；当 $\alpha=180°$ 时，输出平均电压为最大值 $-U_{dmax}$。此时偏置电压 U'_b 应使 VT_4 从截止到导通的转折点对应于 $\alpha=90°$，即锯齿波中点。理论上锯齿波宽度 180°可满足要求，考虑到锯齿波的非线性，给以适当余量，故可取宽度为 240°。

（3）锯齿波同步电压的形成。同步环节由同步变压器 T_S，VT_2、VD_1、VD_2 及 R_1 等组成。触发电路的同步，就是要求锯齿波与主电源频率相同。锯齿波是由开关管 VT_2 控制的，VT_2 由截止变导通期间产生此时锯齿波，VT_2 截止持续时间就是锯齿波的宽度，VT_2 的开关频率就是锯齿波的频率。要使触发脉冲与主回路电源同步，必须使 VT_2 开关的频率与主回路电源频率达到同步才行。同步变压器与整流变压器接在同一电源上，用同步变压器次级电压控制 VT_2 的通断，就保证了触发脉冲与主回路电源同步。

同步变压器次级电压 u_s 在负半周的下降段时，VD_1 导通，电容 C_1 被迅速充电，极性为上负下正，VT_2 因反偏而截止，C_2 开始充电，产生锯齿波。在次级电压负半周的上升段，由于 C_1 已充电至负半周的最大值，所以 VD_1 截止，+15 V 通过 R_1 给 C_1 反向充电，当②点电位被钳位在 1.4 V，此时锯齿波结束。直至下一个半周到来时 VD_1 重新导通，C_1 迅速放电后又被反向充电，建立极性上负下正的电压使 VT_2 截止，C_2 再次充电，重新产生锯齿波。在一个正弦波周期内，VT_2 包括截止与导通流过状态，对应锯齿波恰好是一个周期，与主电路电源频率完全一致，达到同步的目的。锯齿波宽度与 VT_2 截止的时间长短有关，调节时间常数 R_1C_1，则可调节锯齿波宽度。

（4）双窄脉冲形成环节。三相全桥式电路要求双脉冲触发，相邻流过脉冲间隔 60°，图 2-36 所示电路可达到此要求。VT_5、VT_6 两管构成或门，当 VT_5、VT_6 都导通时，VT_7、VT_8 都截止，没有脉冲输出，但不论 VT_5、VT_6 哪个截止，都会使⑥点变为正电压，VT_7、VT_8 导通，有脉冲输出。所以只要用适当的信号来控制 V_5 和 V_6 前后间隔 60°截止，就可获得双窄触发脉冲。第一个主脉冲是由本相触发电路控制电压 U_C 发出的，而相隔 60°的第二个辅脉冲则是由它的后相触发电路，通过 X、Y 相互连线使本相触发电路的 VT_6 管截止而产生的。VD3、R_{12} 的作用是为了防止双脉冲信号的相互干扰。

例如：三相全桥式电路电源的三相 U、V、W 为正相序时，晶闸管的触发顺序为 $VT_1 \rightarrow VT_2 \rightarrow VT_3 \rightarrow VT_4 \rightarrow VT_5 \rightarrow VT_6$，彼此间隔 60°，六块触发板的 X、Y 按照图 2-36 所示方式连接（即后相的 X 端与前相的 Y 端相连），就可得到双脉冲。

（5）强触发电路。采用强触发脉冲可以缩短晶闸管开通时间，提高承受高的电流上升率的能力。强触发脉冲一般要求初始幅值约为通常情况的 5 倍，前沿为 1A/μs。

强触发电路环节如图 2-34 右上方点画线框内电路所示。变压器二次侧 30 V 电压经桥式整流使 C_7 两端获得 50 V 强触发电源，在 VT_8 导通前，经 R_{19} 对 C_6 充电，使 N 点电位达到 50 V。当 VT_8 导通时，C_6 经脉冲变压器一次侧 R_{17} 和 VT_8 快速放电。因放电回路电阻很小，C_6

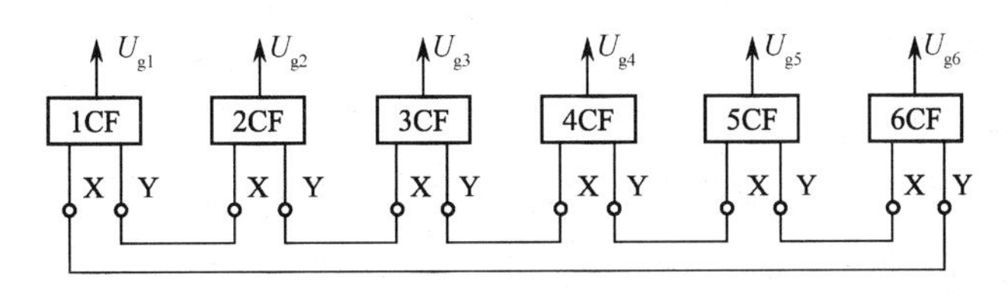

图 2-36　触发电路实现双脉冲的连接

两端电压衰减很快，N 点电位迅速下降。一旦 N 点电位低于 15 V 时，VD_{10} 二极管导通，脉冲变压器改由 +15 V 电源供电。这时虽然 50 V 电源也在向 C_6 再充电，但因充电时间常数太大，N 点电位只能被钳制在 14.3 V。当 VT_8 截止时，50 V 电源又通过 R_{19} 向 C_6 充电，使 N 点电位再达到 +50 V，为下次触发作准备。电容 C_5 是为提高 N 点触发脉冲前沿陡度而附加的。加强了触发环节后，脉冲变压器一次侧电压 u_{TP} 波形如图 2-37 所示。

3. 集成化晶闸管移相触发电路

随着晶闸管技术的发展，对其触发电路的可靠性提出了更高的要求，集成触发电路具有体积小、温漂小、性能温度可靠、移相线性度好等优点，它近年来发展迅速，应用越来越广。这里介绍由集成元件 KC04、KC42、KC41 组成的六脉冲触发器。

1）KC04 移相触发器

图 2-38 所示为 KC04 型移相集成触发电路，它与分立元件的锯齿波移相触发电路相似，由同步、锯齿波形成、移相、脉冲形成和功率放大几部分组成。它有 16 个引出端。16 端接正 15 V 电源，3 端通过 30 kΩ 电阻和 6.8Ω 电位器接负 15 V 电源，7 端接地，正弦同步电压经 15kΩ 电阻接至 8 端，进入同步环节。3、4 端接 0.047μF 电容后接 30kΩ 电阻，再接正 15 V 电源与集成电路内部三极管构成脉冲形成环节，脉宽由世界常数 0.047μF×30kΩ 决定。13 和 14 端是提供脉冲列调制和脉冲封锁控制端。1 和 15 端输出相位差 180°的两个窄脉冲。KC04 移相触发器各端的波形如图 2-39(a)所示。

2）KC42 脉冲列调制形成器

在需要宽脉冲输出场合，为了减小触发电源功率与脉冲变压器体积，提高脉冲前沿陡度，常采用脉冲列触发方式。

图 2-40 所示为 KC42 脉冲列调制形成器电路。它主要用于三相全控桥整流电路、三相半控、单相全控、单相半控等线路中作脉冲调制源。

当脉冲列调制器用于三相全控桥式整流电路时，来自三块 KC04 锯齿波触发器 13 端的脉冲信号分别送至 KC42 脉冲调制器的 2、4、12 端。VT_1、VT_2、VT_3 构成“或非”门电路，VT_5、VT_6、VT_8 组成环形振荡器，VT_4 控制振荡器的起振与停振。VT_6 集电极输出脉冲列时，VT_7 倒相放大后由 8 端输出信号。

环形振荡器工作原理如下：当三个 KC04 任意一个输出时，VT_1、VT_2、VT_3“或非”门电路中将有一管导通，VT_4 截止，VT_5、VT_6、VT_8 环形振荡器起振，VT_6 导通，10 端为低电平，VT_7、VT_8 截止，8、11 端为高电平，8 端有脉冲输出。此时电容 C_2 由 11 端→R_1→C_2→10 端充电，6 端电位随着充电逐渐升高，当升高到一定值时，VT_5 导通，VT_6 截止，10 端为高电平，VT_7、VT_8 导通，环形振荡器停振。8、11 端为低电平，VT_7 输出一窄脉冲。同时电容 C_2 再由

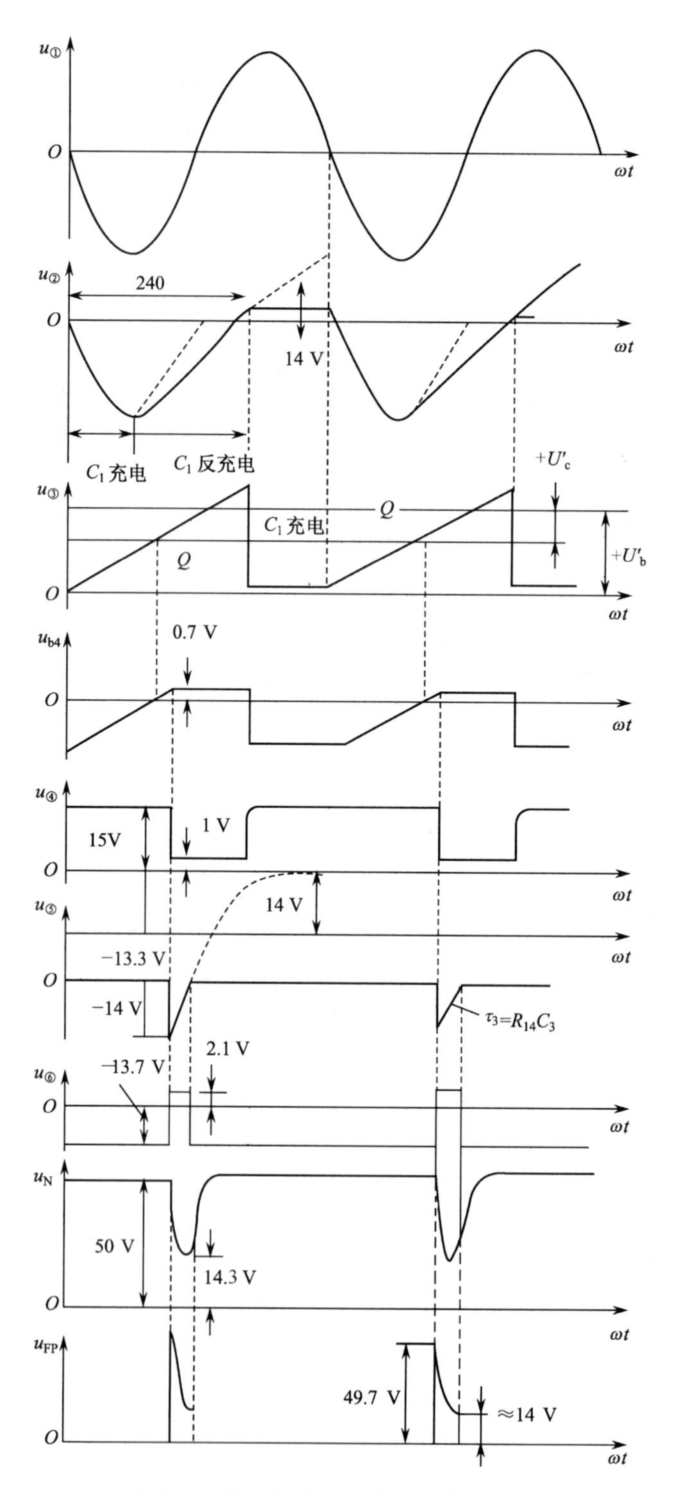

图 2-37　锯齿波移相触发电路的电压波形

$R_1//R_2$ 反向充电，6 端电位降低，降到一定值时，VT_5 截止，VT_6 导通，8 端又输出高电位，以后重复上述过程，形成循环振荡。

调制脉冲的频率由外接电容 C_2 和 C_1、R_2 决定。

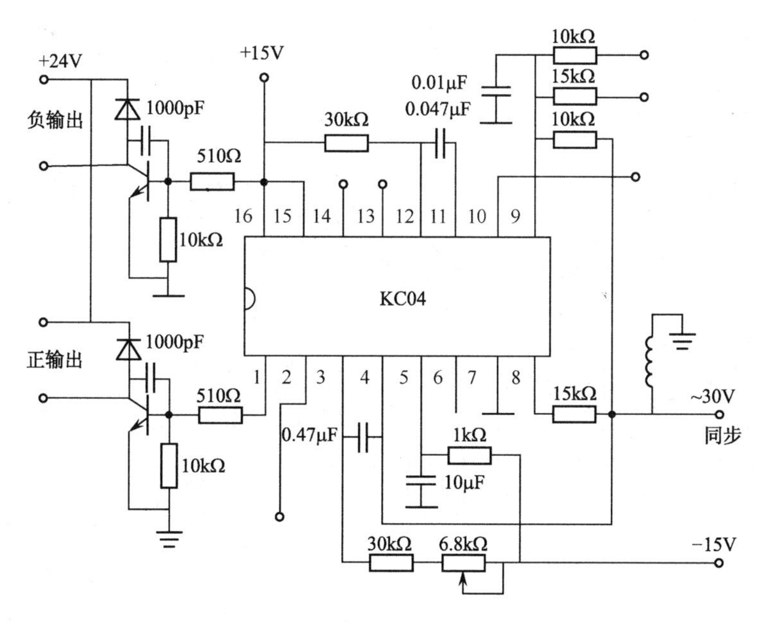

图 2-38　KC04 型移相触发电路

调制脉冲频率为

$$f=\frac{1}{T_1+T_2}$$

导通半周时间为

$$T_1=0.693R_1C_1$$

截止半周时间为

$$T_2=0.693\times\frac{R_1R_2}{R_1+R_2}$$

3）KC41 六路双脉冲形成器

KC41 不仅具有双脉冲形成功能，它还具有电子开关控制封锁功能。图 2-41 所示为 KC41 内部电路与外部接线图。把三块 KC04 输出的脉冲接到 KC41 的 1～6 端时，集成内部二极管完成“或”功能，形成双窄脉冲。在 10～15 端可获得六路放大了的双脉冲。KC41 有关的各点波形如图 2-39(b)所示。

VT7 是电子开关，当控制端 7 接逻辑“0”时，VT7 截止，各电路可输出触发脉冲。因此，使用两块 KC41，两控制端分别作为正、反组整流电路的控制输入端，即可组成可逆相同。

4）集成元件组成的三相触发电路

图 2-42 是由一块 KC04、一块 KC41 和一块 KC42 共三块组成的三相触发电路，组件体积小，调整维修方便。同步电压 u_{TA}、u_{TB}、u_{TC}分别加到 KC04 的 8 端上，每块 KC04 的 13 端输出相位差为 180°的脉冲分别送到 KC42 的 2、4、12 端，由 KC42 的 8 端可获得相位差为 60°的脉冲列，将此脉冲列再送回到每块 KC04 的 14 端，经 KC04 鉴别后，由每块 KC04 的 1 和 15 端送至 KC41 组合成所需要的双窄脉冲列，再经放大后输出到六只相应的晶闸管控制极。

前面介绍的触发电路均为模拟触发电路，其优点是结构简单、可靠，但是缺点是易受电网电压的影响，触发脉冲不对称度高。数字触发电路是为了克服上述缺点而设计的，图 2-43 为

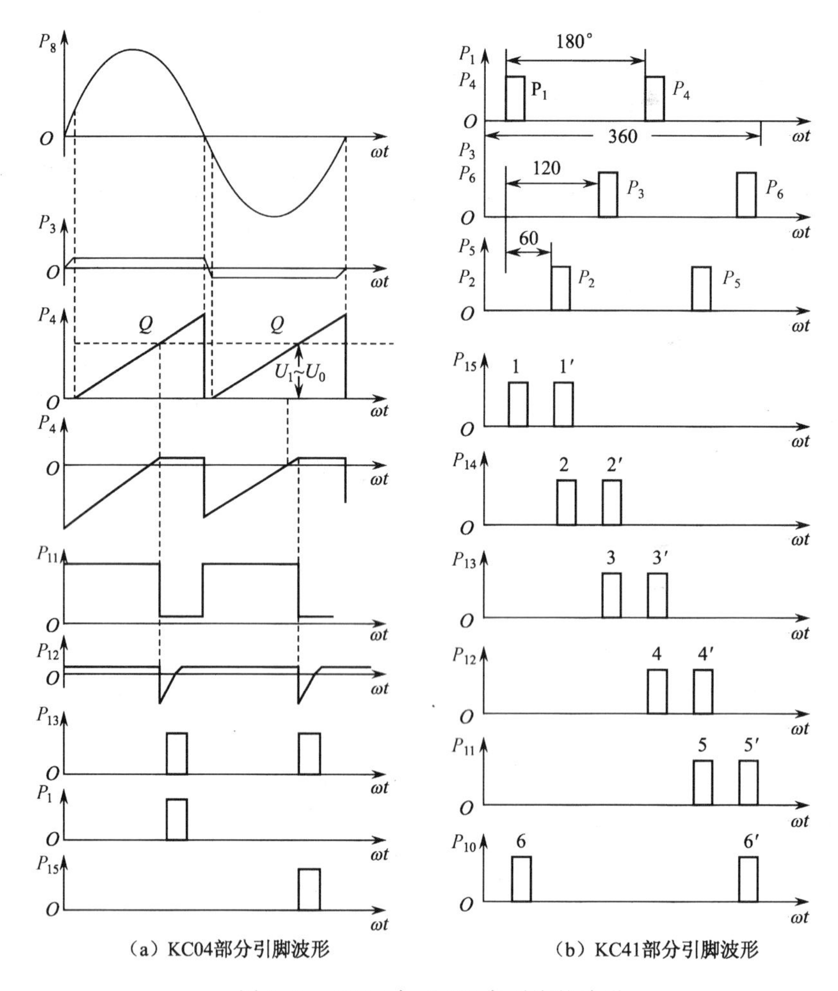

图 2-39　KC04 与 KC41 各引脚的波形

微机控制数字触发系统框图。

控制角的设定值一数字形式通过接口送至微机，微机以基准点作为计时起点开始计数，当计数值与控制角要求一致时，微机就发出触发信号，该信号经输出脉冲放大、隔离电路送至九寨沟。对于三相全控桥整流电路，要求在每一电源周波产生六对触发脉冲，不断循环。采用微机使数字触发电路变得简单、可靠、控制灵活，精确度高。

5）触发脉冲与主电路电压同步

在安装、调试晶闸管装置时，常会碰到一种故障：分别单独检查主电路和触发电路，结果都正常，但是连接起来工作就不正常，输出电压波形不规则，这种故障往往是不同步造成的。

所谓同步是指触发电路工作频率与主电路交流电源的频率应当保持一致，且每个晶闸管的触发脉冲与施加于晶闸管的交流电压保持合适的行为关系。提供给触发器合适相位的电压称为同步信号电压，为了保证触发电路和主电路频率一致，利用一个同步变压器，将其一次侧接入主电路供电的电网，由二次侧提供同步电压信号。由于触发电路不同，要求的同步电源电压相位也不一样，可以根据变压器的不同连接方式来得到。

现以三相全控桥可逆电路中同步电压为锯齿波的触发电路为例，说明如何选择同步电源

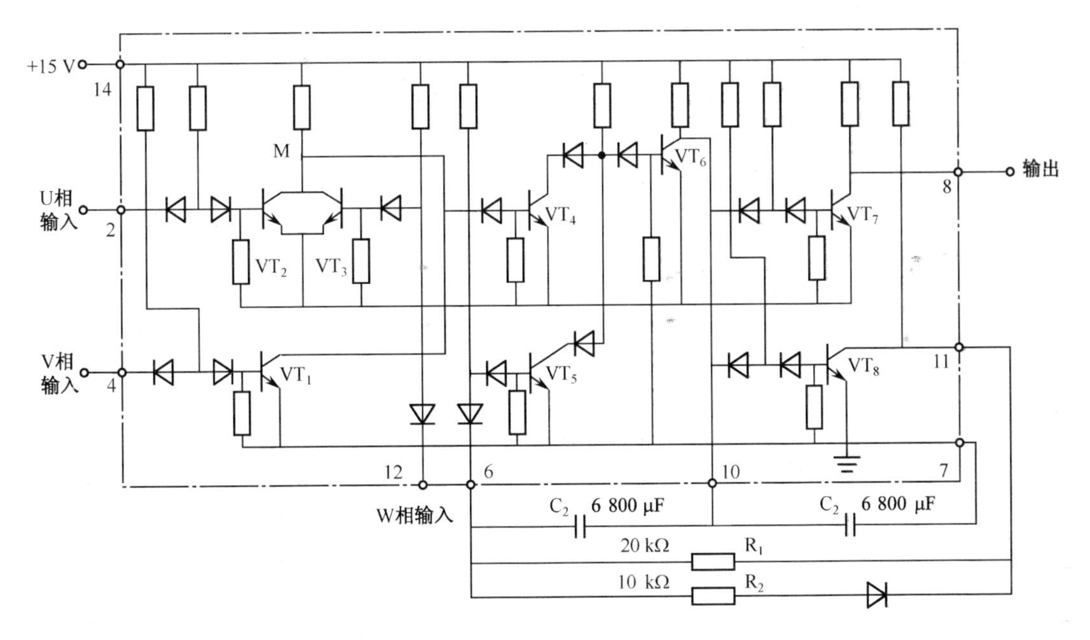

图 2-40　KC42 电气原理图

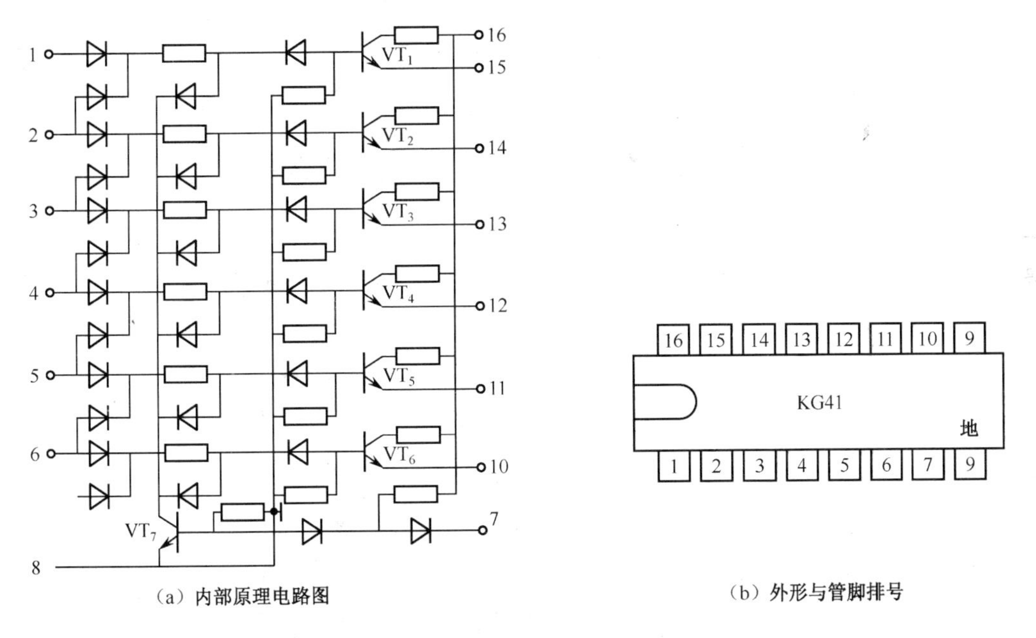

（a）内部原理电路图　　（b）外形与管脚排号

图 2-41　KC41 六路双窄脉冲形成器

电压。

三相全控桥电路六个晶闸管的触发脉冲依次相隔 60°，所以输入的同步电源电压相位也必须依次相隔 60°。这六个同步电压通常用一台具有两组二次绕组的三相变压器获得。因此只要一块触发板的同步电压相位符合要求，即可获得其他五个合适的同步电压。下面以某一相为例，分析如何确定同步电源电压。

采用锯齿波同步的触发电路，同步信号负半周的起点对应于锯齿波的起点，调节 R_1C_1 可使同步信号电压锯齿波宽度为 240°。考虑锯齿波起始段的非线性，故留出 60°余量，电路要求

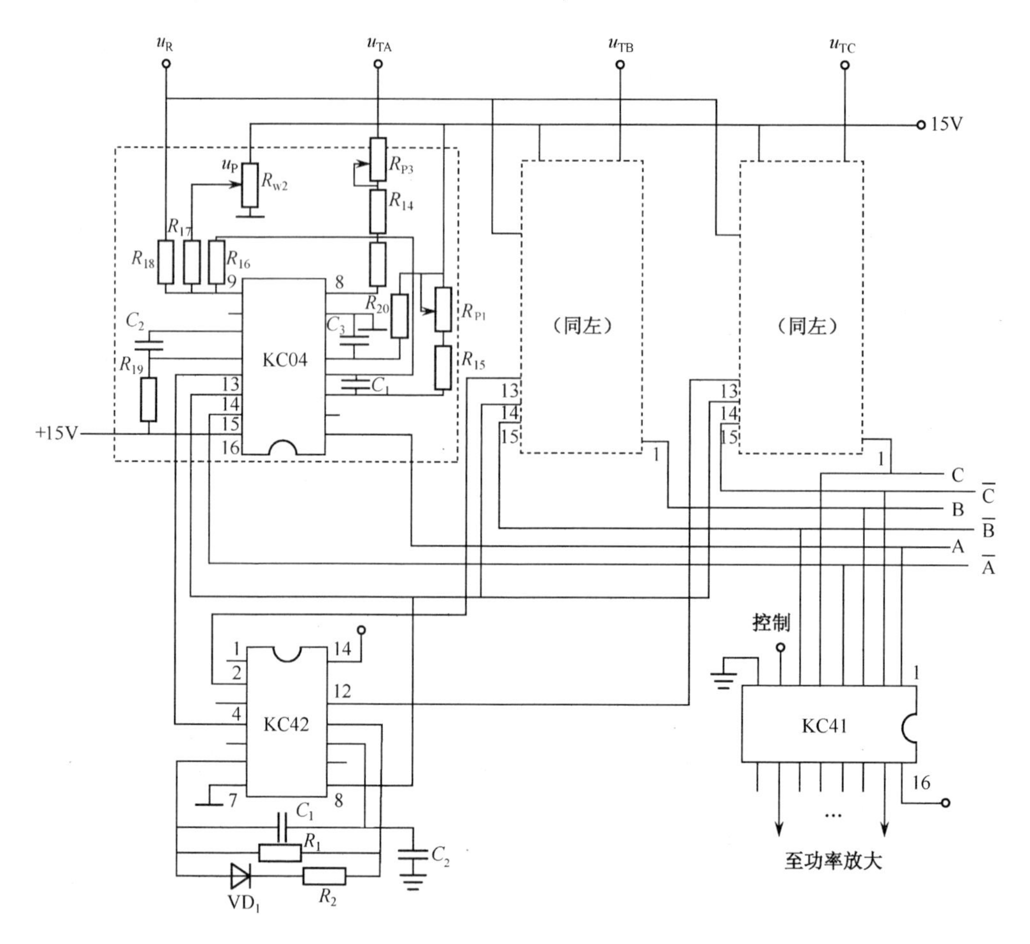

图 2-42　三相六脉冲形成电路

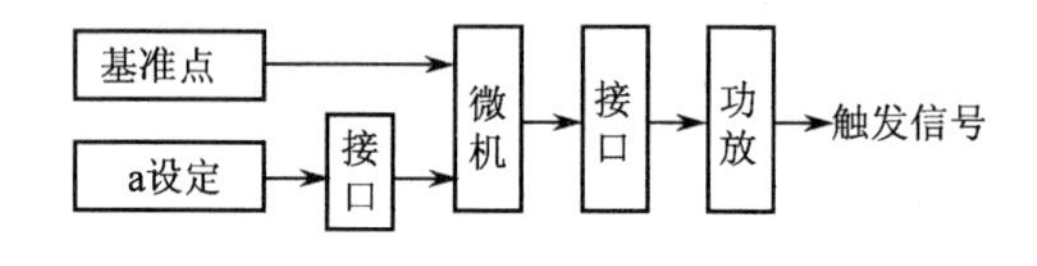

图 2-43　微机控制教学触发系统

的移相范围是 30°～150°，可加直流偏置电压使锯齿波中点与横轴相交，作为触发脉冲的初始相位，对应于 $\alpha=90°$，此时置控制电压 $U_O=0$，输出电压 $U_O=0$，$\alpha=0°$是自然换相点，对应于主电源电压相角 $\omega t=30°$。所以 $\alpha=90°$的位置即主电源电压 $\omega t=120°$相角处。因此由某相交流同步电压形成锯齿波的相位及移相范围刚好对应于与它相位相反的主电路电源，即主电路$+\alpha$相晶闸管的触发电路应选择$-\alpha$ 相作为交流同步电压。其他晶闸管触发电路的同步电压，可同理类推。由以上分析，当主电源变压器接法为 Y，y_{n0}时，同步变压器应采用 Y，y_{n0}接法获得$-$a，$-$b，$-$c 各相同步电压，采用 Y，y_{n0}接法获得$+$a，$+$b，$+$c 各相同步。图 2-44 中画出了变压器即同步变压器的连接与电压向量图，以及对应关系。

各种系统同步电源与主电路的相位关系是不同的，应根据具体情况选取同步变压器的连接方法。三相变压器有 24 种接法，可得到 12 种不同相位的二次电压。

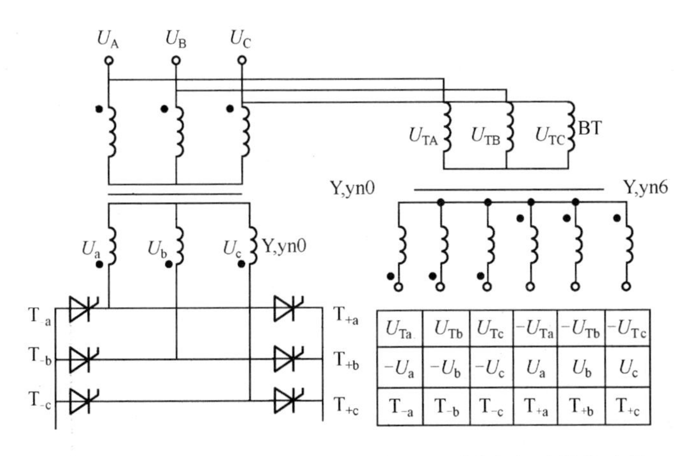

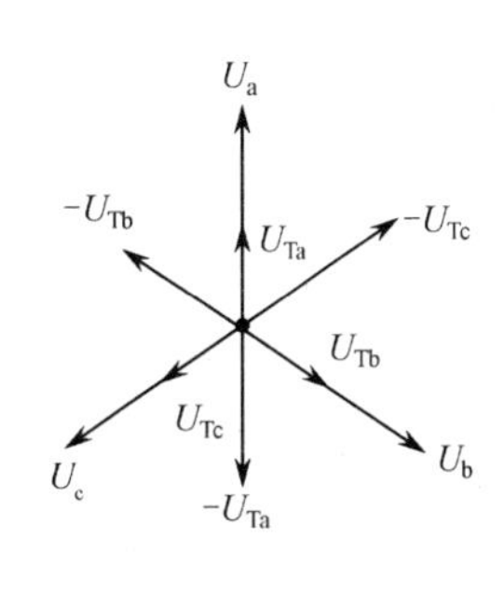

图 2-44　同步变压器的连接

实训 3　单相半波可控整流电路

1. 实训目标

(1) 了解单结晶体管触发电路。

(2) 掌握单相半波可控整流电路带电阻性负载。

(3) 掌握单相半波可控整流电路带电感性负载。

2. 实训仪器与设备

电力电子实验工作台,主控屏 DJK01,DJK03、DJK06 挂箱,双踪示波器。

3. 预备知识

单结晶体管触发电路、掌握单相半波可控整流电路带电阻性负载和电感性负载的工作全面分析。

4. 实训内容与方法

按图 2-45 实验电路连接 DJK01,DJK03、DJK06 挂箱和双踪示波器。

5. 实训报告

记录不同控制角时候的负载电压波形和数据于表 2-2。

表 2-2　负载电压波形和数据

α	30°	60°	90°	120°
U_d				

绘制出 $\alpha=30°,60°,90°$时 U_d 的波形。

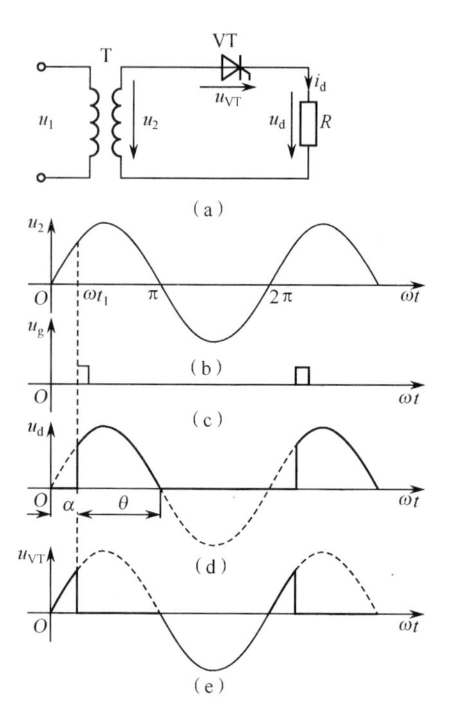

图 2-45　项目 1 单相半波可控整流电路带电阻性负载的实验原理图

6. 实训评价(见表 2-3)

表 2-3　评　分　表　　　老师________得分________

考核内容	配分	评分标准	扣分	得分
按图装接	20 分	1. 不按图装接,扣 5 分; 2. 不会用仪器、仪表选择挂箱的,扣 2 分; 3. 挂箱选择错误或损坏,每只扣 2 分; 4. 错装漏装,每只扣 2 分		
挂箱的安装和连接	40 分	1. 不合理、不美观、不整齐,扣 5 分; 2. 挂箱的安装错误的,每点扣 2 分; 3. 挂箱连接错误的,每点扣 2 分; 4. 连接双踪示波器错误的,每点扣 2 分		
测量与故障排除	40 分	1. 不能正确使用各个挡位,扣 3 分; 2. 测量不成功,扣 2 分; 3. 故障排除不成功,扣 2 分		
安全文明生产	符合国家颁布安全文明生产规定。每违反一项规定,从总分中扣 3 分,发生重大事故取消考核资格			

实训 4　单相桥式可控整流电路

1. 实训目标

(1) 加深理解单相桥式全控整流电路的工作原理。

(2) 研究单相桥式电路整流的全过程。

2. 实训仪器与设备

DJK01 电源控制屏、DJK02 晶闸管主电路、DJK03-1 晶闸管触发电路、双踪示波器、万用表。

3. 预备知识

单相桥式全控整流电路的工作原理。

4. 实训内容与方法

单相桥式全控整流电路。按图 2-46 接线，其原理参看教材相关内的容。

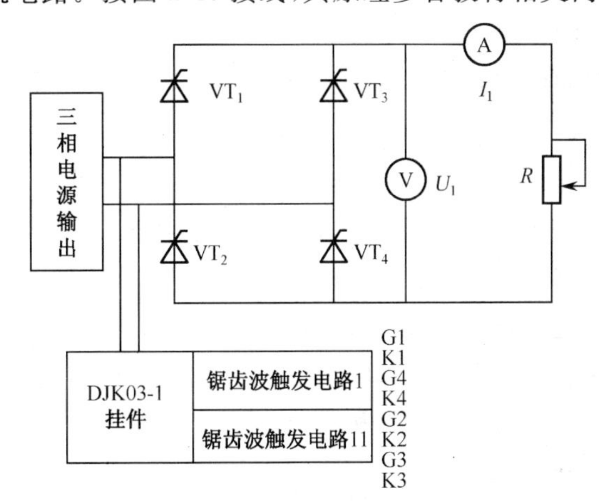

图 2-46　项目 2 单相桥式整流实验原理图

5. 实训报告

画出 $\alpha=30°, 60°, 90°$时 U_d 波形。

6. 实训评价(见表 2-3)

表 2-3　评　分　表　　　　老师________得分________

考核内容	配分	评分标准	扣分	得分
按图装接	20 分	1. 不按图装接，扣 5 分； 2. 不会用仪器、仪表选择挂箱的，扣 2 分； 3. 挂箱选择错误或损坏，每只扣 2 分； 4. 错装漏装，每只扣 2 分		
挂箱的安装和连接	40 分	1. 不合理、不美观、不整齐，扣 5 分； 2. 挂箱的安装错误的，每点扣 2 分； 3. 挂箱连接错误的，每点扣 2 分； 4. 连接双踪示波器错误的，每点扣 2 分		
测量与故障排除	40 分	1. 不能正确使用各个挡位，扣 3 分； 2. 测量不成功，扣 2 分； 3. 故障排除不成功，扣 2 分		
安全文明生产	符合国家颁布安全文明生产规定。每违反一项规定，从总分中扣 3 分，发生重大事故取消考核资格			

实训5　单结晶体管触发电路及单相半波整流电路

1. 实训目标

(1) 熟悉单结晶体管触发电路的工作原理及电路中各元件的作用，观察电路图中各点电压波形。

(2) 掌握单结晶体管触发电路的调试步骤和方法。

(3) 对单相半波可控整流电路在电阻负载及电阻电感负载时的工作作全面分析。

(4) 了解续流二极管的作用。

(5) 熟悉双踪示波器的使用方法。

2. 实训仪器与设备

本书以浙江天煌公司生产的DJDK-1型电力电子技术及电力拖动自动控制实训装置为基础，该装置是挂件结构，可根据需要选用相关挂件。实训所需仪器设备如下：

(1) DJK01电源控制屏：包括“三相电源输、励磁电源”等几个模块。

(2) DJK02晶闸管主电路：包括“晶闸管”，以及“电感”等几个模块。

(3) DJK03-1晶闸管触发电路：包括“单结晶体管触发电路”模块。

(4) DJK06给定及实训器件：包括“二极管”以及“开关”等几个模块。

(5) D42三相可调电阻。

(6) 双踪示波器、万用表。

3. 预备知识

单结晶体管触发电路及单相半波整流电路原理。

单结晶体管触发电路原理如图2-47所示。可参考教材相关内容。

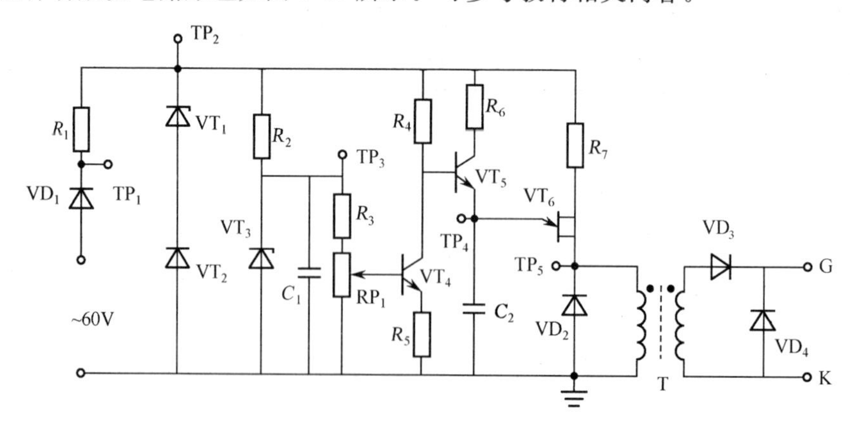

图2-47　单结晶体管触发电路原理图

(1) 单结晶体管触发电路工作原理。由同步变压器副边输出60 V的交流同步电压，经VD_1半波整流，在由稳压管VT_1、VT_2进行削波，从而得到梯形波电压，且过零点与电源电压的过零点同步，梯形波通过R_6及等效可变电阻向电容C_2充电，当充电电压达到单结晶体管的峰值电压U_P时，单结晶体管VT_6导通，电容通过脉冲变压器原边放电，脉冲变压器副边输出脉冲。同时由于放电时间常数很小，C_2 两端的电压很快下降到单结晶体管的谷点电压 U_V，使得 VT_6 关断，C_2 再次充电，周而复始，在电容 C_2 两端呈现锯齿波形，在脉冲变压器副边输出尖脉冲。在一个梯形波周期内，VT_6 可能导通、关断多次，但对晶闸管的触发只有第一次输出脉冲起作用。电容 C_2 的充电时间常数由等效电阻等决定，调节 P_{R_1} 可实现脉冲的移相控制。

电位器 R_{P_1} 已装在面板上，同步信号已在内部接好，所有的测试都在面板上引出。

(2) 单相半波可控整流电路。按图 2-48 接线，其原理参看教材相关的内容。

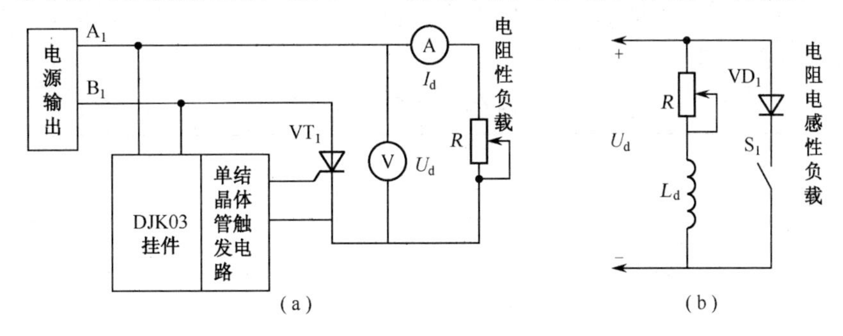

图 2-48　单相半波可控整流电路

4. **实训内容与方法**

(1) 单结晶体管触发电路的调试。打开 DJK03 低压开关，用示波器观察单结晶体管触发电路中整流输出梯形波电压、锯齿波电压及单结晶体管触发电路输出电压等波形。调节移相可变电位器 R_{P_1}，观察锯齿波的周期变化及输出脉冲波形的移相范围能否在 20°～180°范围内。

(2) 单结晶体管触发电路各点波形记录。将单结晶体管触发电路各点波形记录下来，并与理论波形进行比较。

(3) 单相半波可控整流电路接电阻性负载。如图 2-29(a)所示，负载双臂滑线电阻(串联接法)，触发电路调试正常后，合上电源，用示波器观察负载电压 U_d、晶闸管 VT_1 两端电压 U_T 波形，调节电位器 R_{P_1}，观察并记录 $\alpha=30°,60°,90°,120°,150°,180°$时的 U_d、U_T 波形，并测定直流输出电压 U_d 和电源电压 U_2，记录于表 2-4 中。

表 2-4　记 录 表 1

α	30°	60°	90°	120°	150°	180°
U_2						
U_d 记录值						
U_d 计算值						
U_d/U_2						

(4) 单相半波可控整流电路接电阻电感性负载，如图 2-29(b)所示，将负载接成电阻电感性负载(由滑线电阻器与平波电抗器串联而成)。不接续流二极管 VD_1，在不同阻抗角(改变 R 的电阻值)的情况下，观察并记录 $\alpha=30°,60°,90°,120°,150°,180°$时的 U_d、U_T 波形，并测定直流输出电压 U_d 和电源电压 U_2，记录于表 2-5 中。

表 2-5 记 录 表 2

α	30°	60°	90°	120°	150°	180°
U_2						
U_d 记录值						
U_d 计算值						
U_d/U_2						

（5）接入续流二极管 VD_1，重复上述实训，观察续流二极管的作用，并测定直流输出电压 U_d 和电源电压 U_2，记录于表 2-6 中。

表 2-6 记 录 表 3

α	30°	60°	90°	120°	150°	180°
U_2						
U_d 记录值						
U_d 计算值						
U_d/U_2						

当第 4 点、第 5 点没有波形时，调节 R_{P_1}，波形就会出现；注意观察波形随 R_{P_1} 变化的规律。

5. 实训报告

（1）画出单结晶体管触发电路各点的电压波形。

（2）画出 $\alpha=90°$时，电阻性负载和电阻电感性负载的 U_d、U_T 波形，

（3）画出电阻性负载时 $U_d/U_2=f(\alpha)$的实训曲线，并与计算值 U_d 的对应曲线进行比较。

（4）分析实训中出现的现象。

（5）写出本实训的心得体会。

6. 实训评价（见表 2-7）

表 2-7 评 分 表　　　　老师________得分________

考核内容	配分	评分标准	扣分	得分
按图装接	20 分	1. 不按图装接，扣 5 分； 2. 不会用仪器、仪表选择挂箱的，扣 2 分； 3. 挂箱选择错误或损坏，每只扣 2 分； 4. 错装漏装，每只扣 2 分		
挂箱的安装和连接	40 分	1. 不合理、不美观、不整齐，扣 5 分； 2. 挂箱的安装错误的，每点扣 2 分； 3. 挂箱连接错误的，每点扣 2 分； 4. 连接双踪示波器错误的，每点扣 2 分		
测量与故障排除	40 分	1. 不能正确使用各个挡位，扣 3 分； 2. 测量不成功，扣 2 分； 3. 故障排除不成功，扣 2 分		
安全文明生产	符合国家颁布安全文明生产规定。每违反一项规定，从总分中扣 3 分，发生重大事故取消考核资格			

习　题　2

判断题(正确的打"√",错误的打"×",全书同)

2.1　在半控桥整流带大电感负载不加续流二极管电路在,电路出故障时会出现失控现象。(　　)

2.2　在单相全控桥整流电路中,晶闸管的额定电压应取 u_2。(　　)

2.3　在三相半波可控整流电路中,电路输出电压波形的密度频率为 300 Hz。(　　)

2.4　三相半波可控整流电路不需要用大于 60°且小于 120°的宽脉冲触发,也不需要用相隔 60°的双脉冲触发,只用符合要求的相隔 120°的三组脉冲触发就能正常工作。(　　)

2.5　三相桥式半控整流电路带大电感负载,有续流二极管时,当电路出故障时会发生失控现象。(　　)

2.6　三相桥式全控整流电路输出电压波形的脉动频率是 150 Hz。(　　)

2.7　在普通晶闸管组成的全控整流电路中,带电感性负载,没有续流二极管时,导通的晶闸管在电源电压过零时不关断。(　　)

2.8　在桥式半控整流电路中,带大电感负载,不带续流二极管时,输出电压波形中没有负面积。(　　)

计算题

2.9　单相半波可控整流电路中,试分析下述三种情况负载两端电压 u_d 和晶闸管两端电压 u_T 波形:(1)晶闸管门极不加触发脉冲;(2)晶闸管内部短路;(3)晶闸管内部断路。

2.10　某单相全控桥式整流电路给电阻性负载和大电感负载供电,在流过负载电流平均值相同的情况下,哪一种负载的晶闸管额定电流应选择大一些?

2.11　相控整流电路带电阻性负载时,负载电阻上的 U_d 与 I_d 的乘积是否等于负载有功功率,为什么?带大电感负载时,负载电阻 R_d 上的 U_d 与 I_d 的乘积是否等于负载有功功率,为什么?

2.12　某电阻性负载要求 0～24 V 直流电压,最大负载电流 $I_d=30$ A,如果采用 220 V 交流直接供电或由变压器降到 60 V 供电的单相半波可控整流电路,那么两种方案是否都能满足要求?试比较两种供电方案的晶闸管的导通角、额定电压、额定电流、电路的功率因素及对电源容量的要求。

2.13　某电阻性负载,$R_d=50\Omega$,要求 U_d 在 0～600 V 范围内可调,试用单相半波和单相全控桥两种整流电路来供给,分别计算:(1)晶闸管额定电压、电流值;(2)连接负载的导线截面积(导线允许电流密度 $j=6\ \text{A/mm}^2$);(3)负载电阻上消耗的最大功率。

2.14　现有单相半波、单相桥式、三相半波三种整流电路带电阻性负载,负载电流都是 40 A,问流过与晶闸管串联的熔断器电流的平均值、有效值各为多大?

第3章 直流变换电路

学习目标

- 通过学习掌握直流变换电路的工作原理。
- 通过学习掌握降压变换电路、升压变换电路、升降压与库克变换电路。
- 掌握带隔离变压器直流变换电路。

将直流电能转换为另一固定电压或可调电压的直流电能的电路称为直流变换电路。它利用电力开关元件周期性的导通与关断来改变输出电压的大小,因此又称为开关型 DC/DC 变换电路或直流斩波器。它具有效率高、体积小、重量轻、成本低等优点,多用于牵引调速,例如电力机车、地铁、城市电车、电瓶叉车等,在直流开关稳压电源中直流变换电路常常采用变压器实现电隔离。

直流斩波器按输入/输出间电压关系主要分为降压式、升压式和升降压式直流斩波电路,直流变换系统的结构如图 3-1 所示。

图 3-1　直流变换系统结构图

直流变换电路按照稳压控制方式可分为脉冲宽度调制和脉冲频率调制两种。按照变换器的功能分为降压变换电路、升压变换电路、升降压变换电路、库克变换电路和全桥直流变换电路等。

3.1　直流变换电路工作原理

最基本的直流变换电路如图 3-2(a)所示,Q 为斩波开关,R 为负载。斩波开关可用普通晶闸管、可关断晶闸管或自关断元件来实现。若采用普通晶闸管,须设置使晶闸管关断的辅助电路。采用自关断元件则省去了辅助电路,提高斩波器的频率,是今后发展的方向。

图 3-2(a)所示电路的工作原理是:通过连续接通和关断斩波开关,使直流电源电压间断地接到负载上,当开关 Q 合上时,直流电压加到 R 上,并持续 t_{on} 时间;当开关切断时,负载上电压为零,并保持 t_{off} 时间。斩波器的输出波形如图 3-2(b)所示,$T_S = t_{on} + t_{off}$ 为工作周期。$K = t_{on} / T_S$ 定义为占空比。通常斩波器的工作方式有两种:

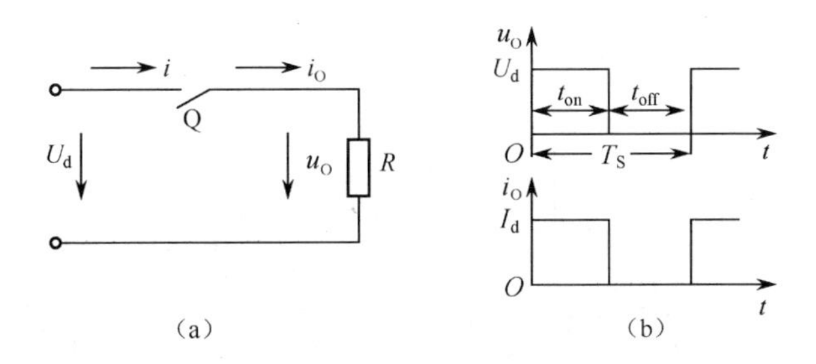

图 3-2　基本的斩波电路及负载波形

(1) 在脉冲频率调制(PFM)工作方式下,即维持 t_{on}不变,改变 T_S。在这种调压方式中,由于输出电压波形的周期是变化的,因此输出谐波的频率也是变化的,这使得滤波器的设计比较困难,输出谐波干扰严重,一般很少采用。

(2) 在脉冲宽度调制(PWM)工作方式下,即维持 T_S 不变,改变 t_{on}。在这种调压方式中,输出电压波形的周期是不变的,因此输出谐波的频率也不变,这使得滤波器的设计变得较为容易。

3.2　降压变换电路

降压变换电路是一种输出电压平均值低于输入直流电压的变换电路,又称为 Buck 型变换器。

降压变换电路的基本形式如图 3-3(a)所示。图中开关 Q 可以是各种全控型电力器件,VD 为续流二极管,其开关速度应与开关 Q 同等级,常用快恢复二极管。L、C 分别为滤波电感和电容,组成低通滤波器,R 为负载。为了简化分析,作如下假设:Q、VD 是无损耗的理想开关,输入直流电源 U_d 是恒压源,其内阻为零,L、C 中的损耗可忽略,R 为理想负载。

在图 3-3(a)所示电路中,触发脉冲在 $t=0$ 时使开关 Q 导通,在 t_{on}导通期间电感 L 中有电流流过,且二极管 VD 反向偏置,导致电感两端呈现正电压 $u_L=U_d-u_0$,在该电压作用下电感中电流 i_L 线性增长,其等效电路如图 3-3(b)所示。当触发脉冲在 $t=KT_S$ 时刻使开关 Q 断开而处于 t_{off}期间时,由于电感已储存了能量,VD 导通,i_L 经 VD 续流,此时 $u_L=-U_O$,电感 L 中的电流 i_L 线性衰减,其等效电路如图 3-3(c)所示。图 3-3(d)所示是各电量的波形图。

在电路工作于稳态时,负载电流在一个周期的初值和终值相等,电感电压在一个周期 T 内的平均值为零,若忽略所有电路元件的功耗,则输入功率 P_d 等于输出功率 P_O。即

$$P_d=P_O=U_dI_d=U_OI_O$$

因此

$$U_O=KU_d$$

$$I_O=I_d/K$$

由此可见给定输入电压不变而输出电压随占空比线性变化,与其他道路参数无关,输出电压 $U_O \leqslant U_d$,故将该道路称为降压斩波电路。

Buck 变换器有两种可能的运行情况:电感电流连续模式和电感电流断续模式。电感电流

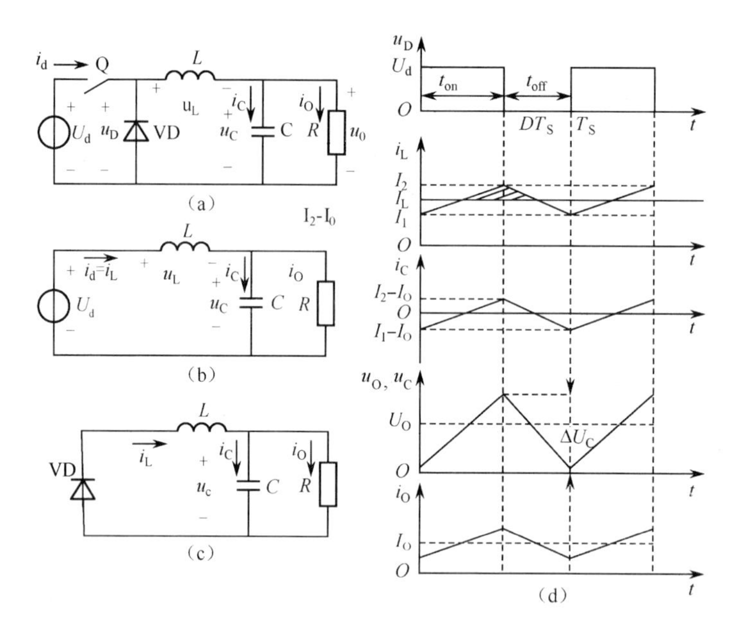

图 3-3　降压变换电路及其波形图

连续是指图 3-3(a)所示的电路中整个开关周期 T_S 中电感的电流都连续，如图 3-4(a)所示。电感电流断续是指在开关 Q 断开的 t_{off}期间后期内电感的电流已降为零，如图 3-4(c)所示。处于这两种工作情况之间的临界点称为电感电流临界连续状态，这时在开关管阻断期结束时，电感电流刚好降为零，如图 3-4(b)所示。电感中的电流是否连续取决于开关频率、滤波电感 L 和电容 C 的数值。下面讨论电感电流连续的工作情况。

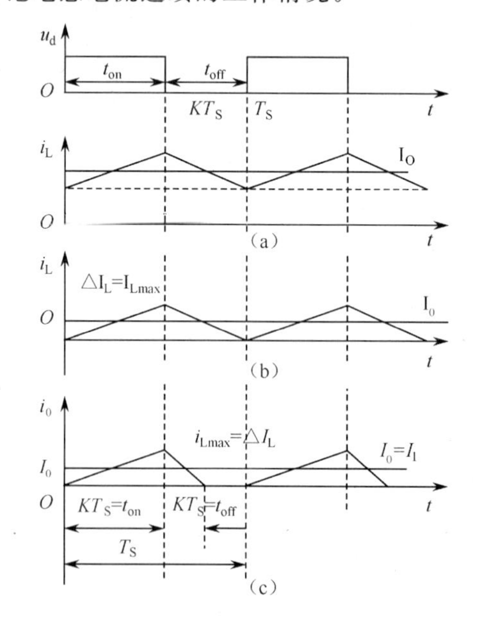

图 3-4　电感电流波形图

在 t_{on}期间，开关 Q 导通，根据等效电路图 3-3(b)，可得出电感上的电压为

$$u_L = L\frac{di_L}{dt}$$

在这期间由于电感 L 和电容 C 无损耗，因此 i_L 从 I_1 线性增长至 I_2，上式可写成

$$U_d - U_0 = L\frac{I_2 - I_1}{t_{on}} = \frac{\Delta I_L}{t_{on}}$$

$$t_{on} = \frac{L\Delta I_L}{U_d - U_0} \tag{3.2.1}$$

式中：$\Delta I_L = I_2 - I_1$ 为电感上电流的变化量，U_0 为输出电压的平均值。

在 t_{off} 期间，T 关断，VD 导通续流。依据假设条件，电感中的电流 i_L 从 I_2 线性下降到 I_1，则有

$$U_0 = L\frac{\Delta I_L}{t_{off}}$$

$$t_{off} = L\frac{\Delta I_L}{U_0} \tag{3.2.2}$$

根据式(3.2.1)、式(3.2.2)可求出开关周期 T_S 为

$$T_S = \frac{1}{f} = t_{on} + t_{off} = \frac{\Delta I_L L U_d}{U_0(U_d - U_0)} \tag{3.2.3}$$

由上式可求出

$$\Delta I_L = \frac{U_0(U_d - U_0)}{fLU_d} = \frac{U_d K(1-K)}{fL} \tag{3.2.4}$$

式中：ΔI_L——流过电感电流的峰-峰值，最大为 I_2，最小为 I_1。

电感电流在一个周期内的平均值与负载电流 I_0 相等，即

$$I_0 = \frac{I_2 + I_1}{2} \tag{3.2.5}$$

将式(3.2.4)、式(3.2.5)同时代入关系式 $\Delta I_L = I_2 - I_1$ 可得

$$I_1 = I_0 - \frac{U_d T_S}{2L}K(1-K) \tag{3.2.6}$$

当电感电流处于临界连续状态时，应有 $I_1 = 0$，将此关系代入上式可求出维持电流临界连续的电感值 L_0 为

$$L_0 = \frac{U_d T_S}{2I_{0K}}K(1-K) \tag{3.2.7}$$

电感电流处于临界连续状态时的负载电流平均值为

$$I_{0K} = \frac{U_d T_S}{2L_0}K(1-K) \tag{3.2.8}$$

很明显，临界负载电流 I_{0K} 与输入电压 U_d、电感 L、开关频率 f 以及开关管 T 的占空比 K 都有关。开关频率 f 越高、电感 L 越大、I_{0K} 越小，越容易实现电感电流连续工作情况。

当实际负载电流 $I_0 > I_{0K}$ 时，电感电流连续，如图 3-4(a)所示。

当实际负载电流 $I_0 = I_{0K}$ 时，电感电流处于临界连续(有断流临界点)，如图 3-4(b)所示。

当实际负载电流 $I_0 < I_{0K}$ 时，电感电流断流，如图 3-4(c)所示(断流工作情况比较复杂，这里不作分析)。

在 Buck 电路中，如果滤波电容 C 的容量足够大，则输出电压 u_O 为常数。然而在电容 C 为有限的情况下，整流输出电压将会有纹波成分。假定 i_L 中所有纹波分量都流过电容器，而其平均分量流过负载电阻。在图 3-3(d)所示的电感电流 i_L 的波形中，当 $i_L < I_L$ 时，C 对负载放电，当 $i_L > I_L$ 时，C 被充电。因为流过电容的电流在一周期内的平均值为零，那么在 $T_S/2$ 时间内电容充电或放电的电荷可用波形图 3-3(d)中阴影面积来表示，即

$$\Delta Q = \frac{1}{2}\left(\frac{KT_S}{2} + \frac{T_S - KT_S}{2}\right)\frac{\Delta I_L}{2} = \frac{T_S}{8}\Delta I_L \tag{3.2.9}$$

纹波电压的峰-峰值 ΔU_O 为

$$\Delta U_O = \Delta Q / C$$

代入式(3.2.9)得

$$\Delta U_O = \frac{\Delta I_L}{8C} T_S = \frac{\Delta I_L}{8fC}$$

考虑到式(3.2.4)有

$$\Delta U_O = \frac{U_O(U_d - U_O)}{8LCf^2 U_d} = \frac{U_d K(1-K)}{8LCf^2} = \frac{U_O(1-K)}{8LCf^2} \tag{3.2.10}$$

所以电流连续时的输出电压纹波为

$$\frac{\Delta U_O}{U_O} = \frac{(1-K)}{8LCf^2} = \frac{\pi^2}{2}(1-K)\left(\frac{f_C}{f}\right)^2 \tag{3.2.11}$$

式中：$f = 1/T_S$ 是 Buck 电路的开关频率；$f_C = \dfrac{1}{2\pi\sqrt{LC}}$是电路的截止频率。它表明通过选择合适的 L、C 值，当满足 $f_C \ll f$ 时，可以限制输出纹波电压的大小，而且纹波电压的大小与负载无关。

例 3-1 降压变换电路如图 3-4(a)所示。输入电压为 27 V×(1±10%)，输出电压为 15 V，最大输出功率为 120 W，最小输出功率 10 W，开关管工作频率为 30 kHz。求：(1)占空比的变化范围。(2)保证整个开关周期电感电流连续时的电感值。(3)当输出纹波电压 ΔU_O =100 mV时，滤波电容的大小。

解：根据图 3-4(a)所示的降压变换电路，可知：

(1) 变换电路输出电压平均值 $U_O = KU_d$，则 $K = U_O/U_d$。

因为

$$U_{imax} = 27\ \text{V} \times (1+10\%) = 29.7\text{V}$$

$$U_{imin} = 72\ \text{V} \times (1-10\%) = 24.3\text{V}$$

故

$$K_{min} = U_O / U_{imax} = 15/29.7 = 0.505$$

$$K_{max} = U_O / U_{imin} = 15/24.3 = 0.617$$

(2) 依题意可知，只要输出功率为最小值 10 W、占空比最小值 $K_{min} = 0.505$ 时电流临界连续，就能保证整个开关周期电感电流连续。电流临界连续电感值为

$$L_0 = \frac{U_d T_S}{2I_{0K}} K(1-K) = \frac{U_0^2}{2P_0 f}(1-K) = \frac{15^2}{2\times 10\times 30\times 10^3}\times(1-0.505)\ \text{H} = 0.186\ \text{mH}$$

(3) 由公式 $\Delta U_0 = \dfrac{U_0(1-K)}{8LCf^2}$，占空比为最小 $K_{min} \approx 0.505$ 时，可得

$$C=\frac{U_0(1-K)}{8L\Delta U_0 f^2}=\frac{15\times(1-0.505)}{8\times0.186\times10^3\times100\times10^3\times(30\times10^3)^2}\text{F}=55.44\ \mu\text{F}$$

3.3　升压变换电路

直流输出电压的平均值高于输入电压的变换电路称为升压变换电路，又称为 Boost 电路。

升压变换电路的基本形式如图 3-5(a)所示。图中 T 为全控型电力器件组成的开关，VD 是快恢复二极管。在理想条件下，当电感 L 中电流 i_L 连续时，电路的工作波形如图 3-5(d)所示。

当开关 VT 在驱动信号作用下导通时，电路处于 t_{on}工作期间，二极管承受反偏电压而截止。一方面，能量从直流电源输入并储存到电感 L 中，电感电流 i_L 从 I_1 线性增加至 I_2；另一方面，负载 R 由电容 C 提供能量，等效电路如图 3-5(b)所示。很明显，L 中的感应电动势与 U_d 相等。

$$U_d=L\frac{I_2-I_1}{t_{on}}=L\frac{\Delta I_L}{t_{on}} \tag{3.3.1}$$

或

$$t_{on}=\frac{L}{U_d}\Delta I_L \tag{3.3.2}$$

式中，$\Delta I_L=I_2-I_1$为电感 L 中电流的变化量。

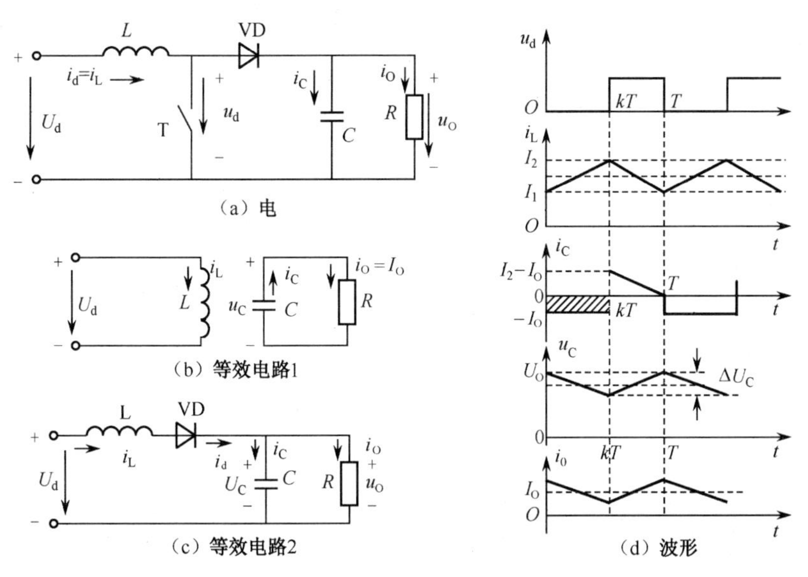

图 3-5　升压变换电路及其波形

当 T 被控制信号关断时，电路处在 t_{off}工作期间，二极管导通，由于电感 L 中的电流不能突变，产生的感应电动势阻止电流减小，此时电感中储存的能量经二极管 VD 给电容充电，同时也向负载 R 提供能量。在无损耗前提下，电感电流 i_L 从 I_2 线性下降到 I_1，等效电路如图 3-5(c)所示。由于电感上的电压等于 U_0-U_d，因此容易得出下列关系

$$U_0-U_d=L\frac{\Delta I_L}{t_{off}} \tag{3.3.3}$$

或

$$t_{off}=\frac{L}{U_0-U_d}\Delta L \tag{3.3.4}$$

同时考虑式(3.3.1)和(3.3.3)可得

$$\frac{U_d t_{on}}{L}=\frac{U_0-U_d}{L}t_{off}$$

即

$$U_0=\frac{t_{on}+t_{off}}{t_{off}}U_d=\frac{U_d}{1-K} \tag{3.3.5}$$

式中：占空比 $K=\frac{t_{on}}{T_S}$，当 $K=0$ 时，$U_0=U_d$，但 K 不能为 1，因此在 $0\leqslant K<1$ 的变换范围内，输出电压总是大于或等于输入电压。

在理想状态下，电路的输出功率等于输入功率，即

$$P_0=P_d \text{ 或 } U_0 I_0=U_d I_d$$

将式(3.3.5)代入上式可得电源输出电流的平均值 I_d 和负载电流的平均值 I_0 的关系为

$$I_d=\frac{I_0}{1-K} \tag{3.3.6}$$

变换器的开关周期 $T_S=t_{on}+t_{off}$，由式(3.3.2)和(3.3.4)可知

$$T_S=t_{on}+t_{off}=\frac{LU_0}{U_d(U_0-U_d)}\Delta I_L \tag{3.3.7}$$

$$\Delta I_L=\frac{U_d(U_0-U_d)}{fLU_0}=\frac{U_d K}{fL} \tag{3.3.8}$$

式中：$\Delta I_L=I_2-I_1$ 为电感电流的峰-峰值，因此输出电流平均值为

$$I_0=\frac{I_2-I_1}{2}$$

将上面 ΔI_L、I_0 的关系式代入(3.3.8)就有

$$I_1=I_0-\frac{KT_S}{2L}U_d \tag{3.3.9}$$

当电流处于临界连续状态时，$I_1=0$，则可求出电流临界连续时的电感值为

$$L_0=\frac{KT_S}{2I_{0K}}U_d \tag{3.3.10}$$

电感电流临界连续时的负载电流平均值为

$$I_{0K}=\frac{KT_S}{2L_0}U_d \tag{3.3.11}$$

很明显，临界负载电流 I_{0K} 与输入电压 U_d、电感 L、开关频率 f 以及开关管 T 的占空比 K 都有关。开关频率 f 越高、电感 L 越大、I_{0K} 越小，越容易实现电感电流连续工作情况。

当实际负载电流 $I_0>I_{0K}$ 时，电感电流连续。

当实际负载电流 $I_0=I_{0K}$ 时，电感电流处于临界连续(有电流临界点)。

当实际负载电流 $I_0<I_{0K}$ 时，电感电流断流(断流工作情况比较复杂，这里不作分析)。

因此可见，电感电流连续时 Boost 变换器的工作分为两个阶段。T 导通时为电感 L 储能

阶段，此时电源不向负载提供能量，负载靠存储于电容 C 的能量维持工作。T 阻断时，电源和电感共同向负载供电，同时还给电容 C 充电。Boost 电路对电源的输入电流就是升压电感 L 电流，负载电流平均值 $I_0=\frac{I_2-I_1}{2}$。开关管 T 和二极管 VD 轮流工作，T 导通时，电感电流 i_L 流过 T，T 关断、VD 导通时电感电流 i_L 流过 VD。电感电流 i_L 是 T 导通时的电流和 VD 导通时电流的合成。在周期 T_S 的任何时刻 i_L 都不为零，即电感电流连续。稳态工作时电容 C 充电量等于放电量，通过电容的平均电流为零，故通过二极管 VD 的电流平均值就是负载电流平均值 I_0。

经分析可知，输出电压的纹波为三角波，假定二极管电流 i_D 中所有纹波分量流过电容，其平均电流流过负载电阻，稳态工作时电容 C 充电量等于放电量，通过电容的平均电流为零，图 3-5(d)中 i_C 波形的阴影部分面积反映了一个周期内电容 C 中电荷的泄放量。因此电压纹波峰-峰值为

$$\Delta U_0=\Delta U_C=\frac{I_0K}{C}T_S=\frac{U_0}{R}\times\frac{KT_S}{C} \tag{3.3.12}$$

所以

$$\frac{\Delta U_0}{U_0}=\frac{KT_S}{RC}=K\frac{T_S}{\tau} \tag{3.3.13}$$

式中：$\tau=RC$ 为时间常数。

实际中，选择电感电流的增量 ΔI_L 时，应使电感的峰值电流 $I_d+\Delta I_L$ 不大于最大直流输入电流 I_d 的 20%，以防止电感 L 饱和失效。

稳态运行时，开关管 T 导通期间($t_{on}=KT_S$)电源输入到电感 L 中磁能，在 T 截止期间通过二极管 VD 转移到输出端，如果负载电流很小，就会出现电流断流的情况。如果负载电阻变得很大，负载电流太小，这时如果占空比 K 仍不减小、t_{on} 不变、电源输入到电感的磁能必使输出电压 U_O 不断增加，因此没有电压闭环调节的 Boost 变换器不宜在输出端开路情况下工作。

Boost 变换器效率很高，一般可超过 92%。

例 3-2　升压变换电路如图 3-6 所示。输入电压为 27 V×(1±10%)，输出电压为 45 V，输出功率为 750 W，效率为 95%，若电感 L 等效电阻 $R_L=0.05\Omega$。求：(1)最大占空比。(2)如果要求输出电压为 60V 是否可能，为什么？

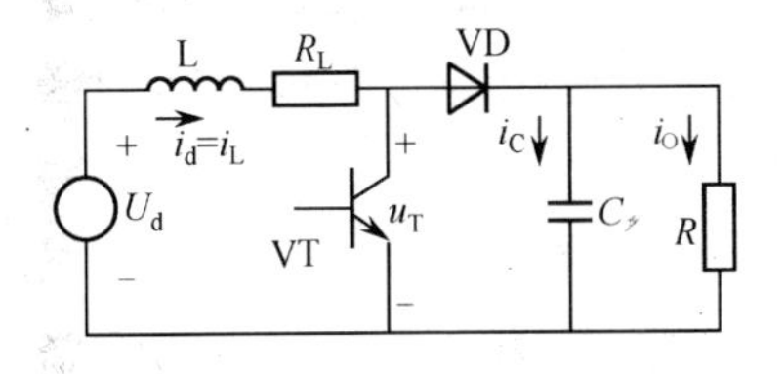

图 3-6　例 3-2 升压变换电路

解：(1)在题目电路中如果忽略损耗，输入功率等于输出功率，即

$$\eta I_iU_i=P_O$$

而

$$U_O=\frac{U_d}{1-K}=\frac{U_i-R_LI_i}{1-K}$$

因此
$$K=1-\frac{U_i-R_LI_i}{U_O}=\frac{U_O-U_i+R_L\dfrac{P_O}{\eta U_i}}{U_O}$$

当 U_i 取最小值时，K 为最大值

$$U_{imin}=27\ \text{V}-27\ \text{V}\times10\%=24.3\ \text{V}$$

$$K_{max}=\frac{45-24.3+0.05\times\dfrac{750}{0.95\times24.3}}{45}=0.50$$

（2）如果要求输出电压为 60 V，此时占空比为

$$K_{max}=\frac{U_O-U_i+R_L\dfrac{P_O}{\eta U_i}}{U_0}=\frac{60-24.3+0.05\times\dfrac{750}{0.95\times24.3}}{60}\approx0.62$$

显然 K 值满足 $0\leqslant K_{max}<1$ 的变化范围，因此从理论说该电路可以输出 60 V 的电压。

3.4 升降压变换电路

升降压变换电路（又称为 Buck-Boost 电路）的输出电压平均值可以大于或小于输入直流电压，输出电压与输入电压极性相反，其电路原理图如图 3-7(a)所示。它主要用于要求输出电压与输入电压反相，其值可大于或小于输入电压的直流稳压电源。

在升降压变换电路中，随着开关 T 的通断，能量首先存储在电感 L 中，然后再由电感向负载释放。在与前面相同的理想条件下，当电感电流 i_L 连续时，电路的工作波形如图 3-7(d)所示。在上述过程中，由于忽略损耗，流入电感电流 i_L 从 I_1 线性增大至 I_2，则

$$U_d=L\frac{I_2-I_1}{t_{on}}=L\frac{\Delta I_L}{t_{on}} \tag{3.4.1}$$

或

$$t_{on}=\frac{L}{U_d}\Delta I_L \tag{3.4.2}$$

在 t_{off} 期间，开关 T 关断。由于电感 L 中的电流不能突变，L 上产生上负下正的感应电动势，当感应电动势值超过输出电压 U_O 时，二极管 VD 导通，电感经 VD 向 C 和 R 反向放电，使输出电压的极性与输入电压相反，其等效电路如图 3-7(c)所示。若不考虑损耗，电感中的电流 i_L 从 I_2 线性增大至 I_1，则

$$U_O=-L\frac{\Delta I_L}{t_{off}} \tag{3.4.3}$$

或

$$t_{off}=-\frac{L}{U_O}\Delta I_L \tag{3.4.4}$$

根据上述分析可知，在 t_{on} 期间电感电流的增量应等于 t_{off} 期间的减少量，由式(3.4.1)、式(3.4.3)可得

$$\frac{U_d}{L}t_{on}=-\frac{U_O}{L}t_{off}$$

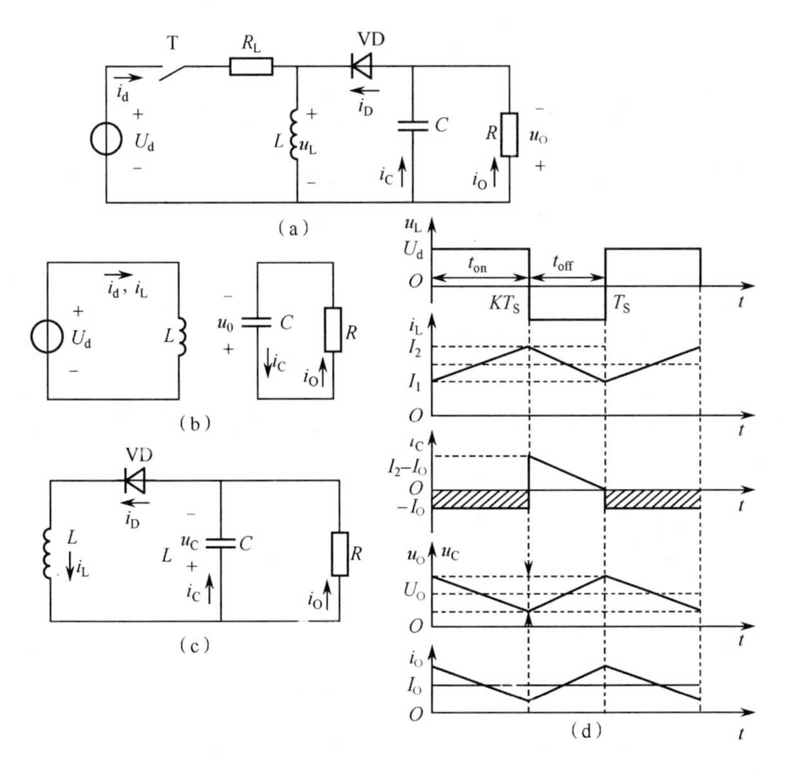

图 3-7　升降压变换电路及其工作波形

将 $t_{on}=KT_S$，$t_{off}=(1-K)T_S$ 代入上式，可求出输出电压平均值为

$$U_O=-\frac{K}{1-K}U_d \tag{3.4.5}$$

式中：负号表示输出电压与输入电压反向；当 $K=0.5$ 时，$U_O=U_d$；当 $0.5<K<1$ 时，$U_O>U_d$，为升压变换；当 $0\leqslant K<0.5$ 时，$U_0<U_d$，为降压变换。

采用前面几节同样的分析方法可得

$$I_d=\frac{K}{1-K}I_O \tag{3.4.6}$$

$$T=t_{on}+t_{off}=\frac{L(U_O-U_d)}{U_OU_d}\Delta I_L \tag{3.4.7}$$

$$\Delta I_L=\frac{U_OU_d}{fL(U_O-U_d)}=\frac{U_dK}{fL} \tag{3.4.8}$$

在电感中的电流临界连续的情况下，$I_1=0$，则

$$I_2=\Delta I_L=\frac{U_dK}{fL_0}=\frac{U_0(1-K)T_S}{L_0} \tag{3.4.9}$$

式中：L_0 为临界电感。根据电路内无损耗的假定，可认为在 VT 断开时原先存储在 L 中的磁能全部送给负载，即

$$\frac{1}{2}L_0I_2^2f=I_{0K}U_0 \tag{3.4.10}$$

将式(3.4.9)代入上式的临界电感值为

$$L_0=\frac{K(1-K)}{2fI_{0K}}U_d \tag{3.4.11}$$

式中：I_{0K}——电感电流临界连续时负载电流平均值。

临界负载电流 I_{0K} 与输入电压 U_d、开关频率 f 以及开关管 VT 的占空比 K 都有关，开关频率 f 越高、I_{0K} 越小，越容易实现电感电流连续工作情况。

当实际负载电流 $I_0>I_{0K}$ 时，电感电流连续。

当实际负载电流 $I_0=I_{0K}$ 时，电感电流处于临界连续(有电流临界点)。

当实际负载电流 $I_0<I_{0K}$ 时，电感电流断流(断流工作情况比较复杂，这里不作分析)。

Buck-Boost 电路中电容 C 的充、放电情况与 Boost 电路相同，在 $t_{on}=KT_S$ 期间，电容 C 以负载电流 I_O 放电。稳态工作时充电量等于放电量，通过电容的平均电流为零，图 3-5(a)中 i_C 波形的阴影部分面积反映了一个周期内电容 C 中电荷的泄放量。电容 C 上的脉动电压就是输出纹波电压，则

$$\Delta U_O=\Delta U_C=\frac{I_O}{C}t_{on}=\frac{I_OK}{fC} \tag{3.4.12}$$

考虑到 $I_O=U_O/R$，代入上式可得

$$\frac{\Delta U_O}{U_O}=\frac{KT_S}{RC}=K\frac{T_S}{\tau} \tag{3.4.13}$$

式中：τ 为时间常数，$\tau=RC$

Buck-Boost 电路的缺点是输入电流总是不连续的，流过二极管 VD 的电流也是断续的，这对供电电源和负载都是不利的。为零减少对电源和负载的影响即减少电磁干扰，要求在输入、输出端加低通滤波器。

3.5 库克变换电路

前面几种变换电路都具有直流电压变换功能，但输出与输入端都含有较大的纹波，尤其是在电流不能连续的情况下，电路出入端的电流是脉动的。因此，谐波会使电路的变换效率降低，大电流的高次谐波还会产生辐射而干扰周围的电子设备使他们不能正常工作。库克(Cuk)变换电路属于升降压型直流变换电路，如图 3-8(a)所示。图中 L_1 和 L_2 为储能电感，VD 是快恢复续流二极管，C_1 是传送能量的耦合电容，C_2 是滤波电容。这种电路的特点是，输出电压极性与输入电压相反，出入端电流纹波小，输出直流电压平稳，降低了对外部滤波电路器的要求。在忽略所有元器件的损耗前提下，电路的工作波形如图 3-8(d)所示。

在 t_{on} 期间，开关 VT 导通，由于电容 C_1 上的电压 u_{C1} 使二极管 VD 反偏而截止，输入直流电压 U_d 向电感 L_1 输送能量，电感 L_1 中的电流 i_{L_1} 线性增长。与此同时，原来存储在 C_1 中的能量通过开关 VT(电流 i_{L_2})向负载和 C_2、L_2 释放，负载获得反极性电压。在此期间流过开关管 VT 的电感 $i_{L_1}+i_{L_2}$，其等效电路如图 3-8(b)所示。

随后在 t_{off} 期间，开关 T 关断，L_1 的感应电动势 u_{L_1} 改变方向。这使二极管 VD 正偏而导通。电感 L_1 中的电流 i_{L_1} 经电容 C_1 和二极管 VD 续流，电源 U_d 与 L_1 的感应电动势 $u_{L_1}=-Ld\,i_{L_1}/dt$ 串联相加，对 C_1 充电存能并经二极管 VD 续流。与此同时 i_{L_2} 也经二极管 VD 续

流，L_2 的磁能转为电能向负载释放能量。其等效电路如图 3-8(c)所示。

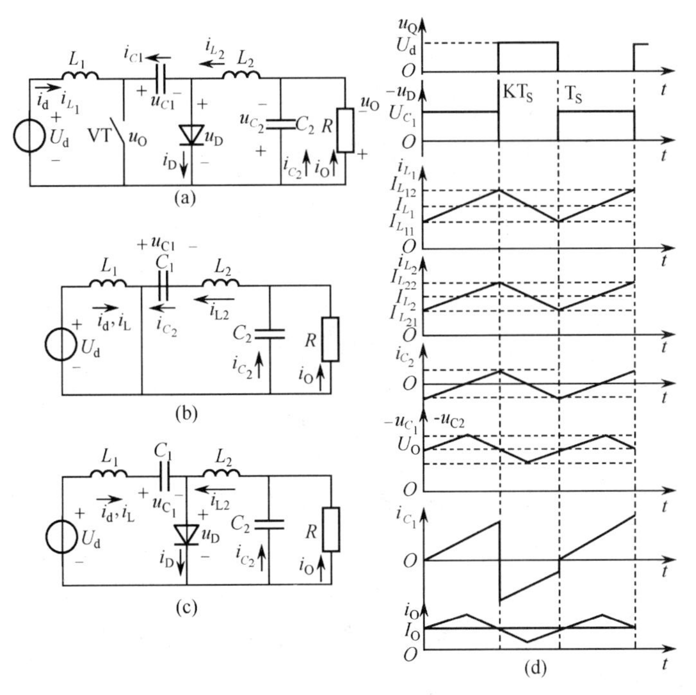

图 3-8 库克变换电路及其工作波形

在 i_{L_1}、i_{L_2} 经二极管 VD 续流期间 $i_{L_1}+i_{L_2}$ 逐渐减小；如果在开关管 VT 关断的 t_{off} 结束前二极管 VD 的电流已减为零，则从此时起到下一次开关管 VT 导通这一段时间里开关管 VT 和二极管 VD 都不导电，二极管 VD 电流断流。因此 Cuk 变换电路也有电流连续和断流两种工作情况，但这里不是指电感电流的断流，而是指流过二极管 VD 的电流连续或断流。在开关管 VT 的关断时间内，若二极管电流总是大于零，则称为电流连续；若二极管电流在一段时间内为零，则称为电流断流工作情况；若二极管电流经 t_{off} 后，在下一个开关周期 T_S 的导通时刻二极管电流正好降为零，则称为临界连续。图 3-8(d)所示为电流连续时的主要波形图。

通过以上分析可知，在整个周期 $T_S=t_{on}+t_{off}$ 中，电容 C_1 从输入端向输出端传递能量，只要 L_1、L_2 和 C_{12} 足够大，则可保证输入、输出电流是平稳的，即在忽略所有元件损耗时，C_1 上电压基本不变，而电感 L_1 和 L_2 上的电压在一个周期内都等于零。对于电感 L_1 有

$$U_dKT_S+(U_d-U_{C_1})(1-K)T_S=0$$

因此

$$U_{C_1}=\frac{1}{1-K}U_d \tag{3.5.1}$$

对于电感 L_2 有同样的结果。

根据图 3-8(b)、(c)可知，在 t_{on} 期间，$u_{L_2}=u_{C_1}-u_O$，在 t_{off} 期间 $u'_{L_2}=-U_O$，则有

$$(U_{C_1}-U_O)KT_S+(-U_O)(1-K)T_S=0$$

所以

$$U_{C_1}=\frac{1}{K}U_O \tag{3.5.2}$$

同时考虑式(3.5.1)和(3.5.2),并注意 U_d 和 U_O 的极性可得

$$U_O=-\frac{K}{1-K}U_d \tag{3.5.3}$$

式中:负号表示输出电压与输入电压反相;当 $K=0.5$ 时,$U_O=U_d$;当 $0.5<K<1$ 时,$U_O>U_d$,为升压变换;当 $0\leqslant K<0.5$ 时,$U_O<U_d$,为降压变换。

在不计器件损耗时,输出功率等于电路输入功率,即

$$P_d=P_O \tag{3.5.4}$$

则

$$I_dU_d=I_OU_O$$

很容易得出

$$I_O=-\frac{1-K}{K}I_d \tag{3.5.5}$$

式中:负号表示电流的方向与图 3-8 中标记的电压正方向相反。

式(3.5.3)与升降压型变换电路输出输入关系式完全相同,但本质上却有区别。升降压变换电路是在 VT 关断期间电感 L 给滤波电容 C 补充能量,输出电流脉动很大;而 Cuk 电路中,只要 C_1 足够大,输入输出电流都是连续平滑的,有效地降低了纹波,降低了对滤波电路的要求,使其得到了广泛的应用。

3.6 带隔离变压器的直流变换电路

在基本的直流变换器中引入隔离变压器,可以使变换器的输入电源与负载之间实现电气隔离,并提高变换运行的安全可靠性和电磁兼容性。同时,选择变压器的变比还可匹配电源电压 U_d 与负载所需的输出电压 U_O,即使 U_d 与 U_O 相差很大,也能使直流变换器的占空比 K 数值适中而不至于接近于零或接近于 1。此外引入变压器还可能设置多个二次绕组输出几个大小不同的直流电压。如果变换器只需一个开关管,变换器中变压器的磁通只在单方向变化,称为单端变换器,仅用于小功率电源变换电路。如正激变换器和反激变换器。采用两个或四个开关管的带隔离变压器的多管变换器中变压器的磁通可在正、反两个方向变化,铁心的利用率高,这使变换器铁心体积减小为等效单管变压器的一半,如半桥式变换电路和全桥式变换电路等。

1. 反激式变换器

反激式变换器原理电路如图 3-9 所示。

图 3-9 中反激式变换器用变压器代替了升降压变换器中的储能多管,因此,变压器除了起输入电隔离的作用外,还起着储能电感的作用。当开关管 VT 导通后,输入电压 U_d 加到变压器一次侧上,根据变压器同名端的极性,可得二次侧中的感应电动势极性为下正上负,二极管 VD 截止,二次侧中没有电流流过,变压器一次侧储存能量。当开关管 VT 截止时,变压器一次侧储能不能突变,变压器二次侧产生极性上正下负的感应电动势,二极管 VD 导通,变压器中储存的磁场能量便通过二极管 VD 向负载释放。

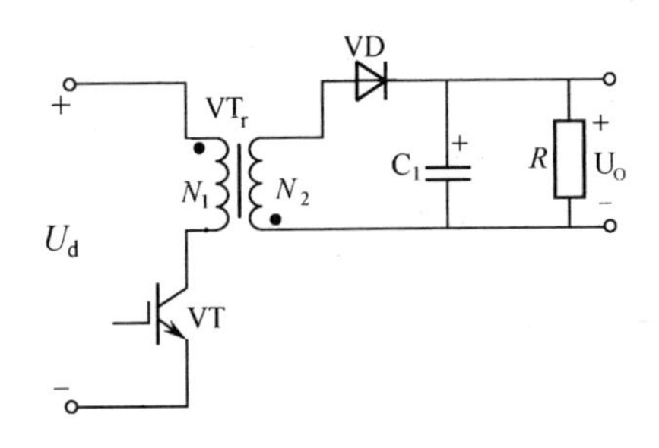

图 3-9　反激式变换器电路原理图

反激变换器可看着是具有隔离变压器的升降压变换器，因而具有升降压变换器的一些特性。

反激式变换器可以工作在电流连续和电流断续两种模式：

当开关管 VT 导通后，变压器二次侧中的电流尚未下降到零，则电路工作于电流连续模式，此时输出电压

$$U_O=\frac{N_2}{N_1}\times\frac{K}{1-K}U_d \tag{3.6.1}$$

一般情况下，反激式变换器工作的占空比 K 要小于 0.5。

当开关管 VT 截止后，变压器二次侧中的电流已经下降到零，则称电路工作于电流断续模式，此时输出电压高于上式的计算值，并随负载减小而升高，在负载电流为零的极限的情况下，$U_O\to\infty$，这将损坏电路中的器件，因此反激式变换器不应工作于开路状态。

理论上反激式变换器的输出无须电感，都是在实际应用中，往往需要在电容器 C 之前加一个电感量小的平波电感来降低开关噪声。反激式变换器已经广泛应用于几百瓦以下的计算机电源等小功率 DC/DC 变换电路。反激式变换器的缺点是磁心磁场直流成分大。为防止磁心饱和，磁心磁路气隙制做得较大，磁心体积也相对较大。

2. 正激式变换器

在降压变换器中引入隔离变压器 T_r 即得如图 3-10 所示的正激式变换器。图中，在开关信号驱动下，当开关管 VT 导通时，它在高频变压器一次绕组中储存能量，同时将能量传递到二次绕组，根据变压器对应端的感应电压极性，二极管 VD_1 导通，VD_2 截止，把能量储存到电感 L 中，同时提供防止电流 I_O；当开关管 VT 截止时，变压器二次绕组中的电压极性变反，使得续流二极管 VD_2 导通，VD_1 截止，存储在电感中的能量继续提供电流给负载。变换器的输出电压为

$$U_O=\frac{N_2}{N_1}KU_d \tag{3.6.2}$$

即输出电压仅决定与电源电压、变压器的变比和占空比，而和负载电阻无关。

变压器的第三个绕组称为钳位（或回馈）绕组，其匝数与一次绕组匝数相同，并与二极管 VD_3 串联。当 VT 导通时，钳位绕组的电感中也储存能量，当 VT 截止时，当钳位绕组上的感应电压超过电源电压时，二极管 VD_3 导通，存储在变压器中的能量经线圈 N_3 和二极管 VD_3 反送回电源。这样就可以把一次绕组的电压限制在电源电压上。为满足磁心复位的要求，使磁通建立和复位的时间相等，这种电路的占空比不能超过 0.5.

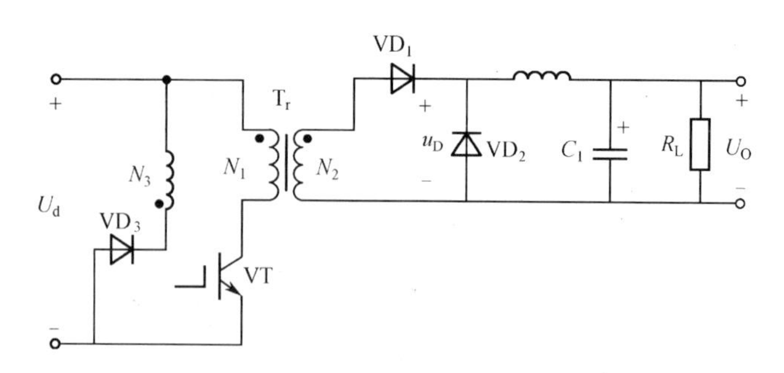

图 3-10 正激式变换器电路原理图

正激式变换器适用的输出功率范围较大(数瓦至数千瓦),广泛应用在通信电源等电路中。

3. 半桥式变换器

在反激式和正激式变换器中变压器原边通过的是单相脉动电流。为防止变压器磁场饱和,要求磁路上留有一定的气隙或加上必要的磁心复位电路,因而磁心材料未达到充分利用;另外,主开关器件承受的电压高于电源电压,所以对器件的耐压要求较高。半桥式和全桥式变换器你克服上述缺点。

图 3-11 所示电路为带隔离变压器的半桥式降压变换器。电容 C_1、C_2 的容量相同,中点 A 的电位 $U_d/2$,开关管 VT_1 导通、VT_2 关断时,电源及 C_1 上储能经变压器传递到二次侧,二极管 VD_3 导通,此时电源经 VT_1、变压器向 C_2 充电,C_2 储能增加;反之,开关管 VT_2 导通、VT_1 关断时,电源及 C_2 上储能经变压器传递到二次侧,二极管 VD_4 导通,此时电源经 VT_2、变压器向 C_1 充电,C_1 储能增加;VT_1 与 VT_2 关断时承受的峰值电压均为 U_d。VT_1 与 VT_2 交替导通与关断,使变压器一次侧形成幅值为 $U_d/2$ 的交流电压。变压器二次侧电压经 VD_3 与 VD_4 整流、LC 滤波后即得直流输出电压。改变开关的占空比,就可改变二次整流电压的平均值,也即改变了输出电压的大小。

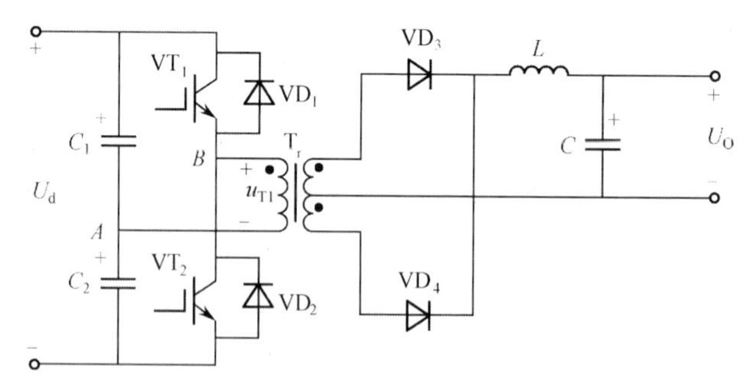

图 3-11 半桥式降压变换器电路原理图

在输出滤波电感电流连续的情况下,变换器的输出电压为

$$U_O = \frac{N_2}{N_1} K U_d \tag{3.6.3}$$

在输出电感电流不连续,输出电压 U_O 将高于上式的计算值,并随负载减小而升高,在负载为零的极限情况下

$$U_O = \frac{N_2}{N_1} \frac{U_d}{2} \tag{3.6.4}$$

VD_1 与 VD_2 的作用是当开关管截止时为流过变压器原边漏感及线路电感的电流提供续流通路，以防开关管截止时因电感电流变化太快导致感应电压过高而损坏。

由于电容 C_1、C_2 的隔直作用，会抑制由于两个开关管导通时间长短不同而造成的变压器一次电压的直流分量，因此不容易发生变压器的偏磁和直流磁饱和。

半桥变换电路适用于数百瓦至数千瓦的开关电源。

四、全桥式变换电路

将半桥电路中的两个电解电容 C_1 和 C_2 换成两只开关管，并配上适当的驱动器，即可组成图 3-12 所示的全桥电路。图中开关管 VT_1、VT_4 的驱动信号 u_{g1}、u_{g4} 同相，开关管 VT_2、VT_3 的驱动信号 u_{g2}、u_{g3} 同相，u_{g1}、u_{g4} 与 u_{g2}、u_{g3} 交替控制两组开关管导通与关断，即可利用变压器将电源能量传递到二次侧。变压器的二次侧电压经整流二极管整流，LC 滤波后即可得直流输出电压。控制开关的占空比即可控制输出电压的大小。其工作原理如下：

当 u_{g1} 和 u_{g4} 为高电平，u_{g2} 和 u_{g3} 为低电平，开关管 VT_1 和 VT_4 导通，VT_2 和 VT_3 关断时，变压器建立磁化电流并向负载传递能量；当 u_{g1} 和 u_{g4} 为低电平，u_{g2} 和 u_{g3} 为高电平，开关管 VT_2 和 VT_3 导通，VT_1 和 VT_4 关断，在此期间变压器建立反向磁化电流，也向负载传递能量，这时磁芯工作在 B-H 回线的另一侧。在 VT_1 和 VT_4 导通期间（或 VT_2 和 VT_3 导通期间），施加在一次绕组 N_P 上的电压约等于输入电压 U_d。与半桥电路相比，一次绕组上的电压增加了一倍，而每个开关管承受的电压仍为输入电压。

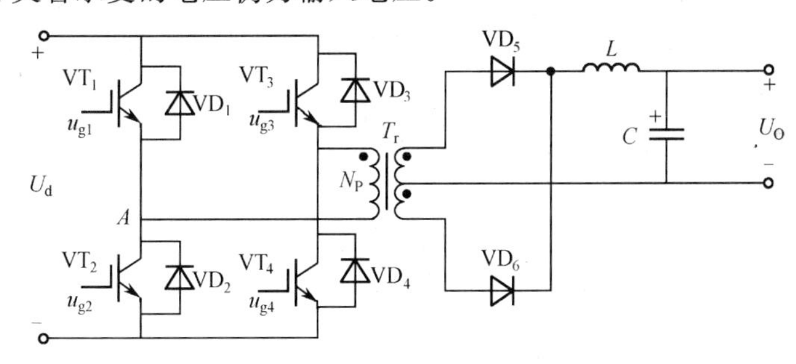

图 3-12　全桥式降压变换器电路原理图

显然，当一对开关管导通时，处于截止状态的另一对开关管上承受的电压为电源电压 U_d。开关管 VT_1、VT_2、VT_3 和 VT_4 的集电极与发射极之间反接有钳位二极管 VD_1、VD_2、VD_3 和 VD_4，由于这些钳位二极管的作用，当开关管从导通到截止时，变压器一次侧磁化电流的能量以及漏感储能引起的尖峰电压的最高值不会超过电源电压 U_d，同时还可将磁化电流的能量反馈给电源，从而提高整机的效率。

全桥变换电路适用于数百瓦至数千瓦的开关电源。

※3.7　直流变换电路的 PWM 控制

直流变换电路的用途极为广泛。对于相同的变换主电路，只要改变对开关元件的控制方式，电路的功能就不同。一般说来，它可以用于直流电机的驱动、不间断电源和变压器隔离式直流开关电源等。

1. 直流 PWM 控制的基本原理

在几种开关元件的控制方式中，直流脉宽调制（PWM）控制方式应用较为普遍。什么是直流脉宽调制（PWM）控制方式呢？

直流脉宽调制（PWM）控制方式就是用一系列如图 3-13 所示的等幅矩形脉冲 u_g 对 DC/DC 变换主电路的开关器件的通断进行控制，使主电路的输出端得到一系列幅值相等的脉冲，保持脉冲的频率不变而宽度变化就能得到大小可调的直流电压。图 3-13 所示的等幅矩形脉冲 u_g 即称为脉宽调制（PWM）信号。

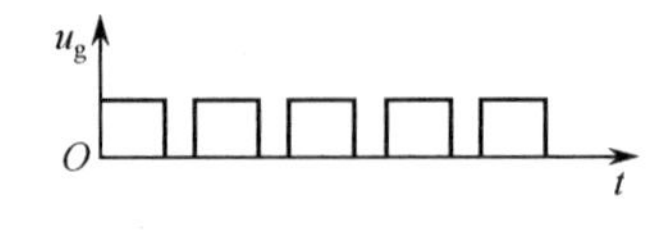

图 3-13　等幅矩形脉冲

脉宽调制（PWM）信号 u_g 是如何产生的呢？

图 3-14(a)是产生 PWM 信号的一种原理电路图。在比较器 A 的反向端加频率和幅值都固定的三角波（或锯齿波）信号 u_C，而在比较器 A 的同相端加上作为控制信号的直流电压 u_r，比较器将输出一个与三角波（或锯齿波）同频率的脉冲信号 u_g。u_g 的脉宽能随 u_r 变化而变化，如图 3-14(b)、(c)所示。输出信号 u_g 的脉冲宽度是控制信号经三角波信号调制而成的，此过程称为脉宽调制（PWM）。由图 3-14 可见，改变直流控制信号 u_r 的大小只改变 PWM 信号

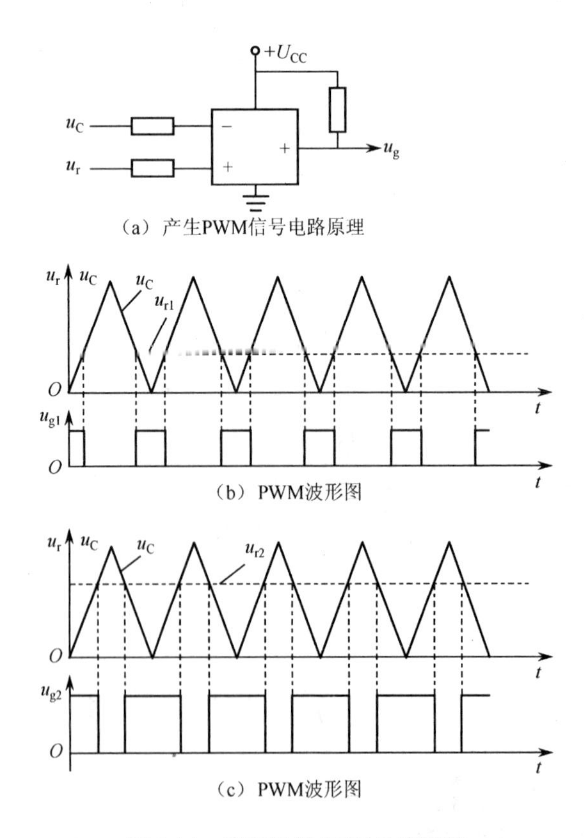

图 3-14　脉宽调制（PWM）波形图

u_g 的脉冲宽度而不改变其频率。三角波信号 u_C 称为载波，控制信号 u_r 称为调制波，输出信号 u_g 为 PWM 波。

当然三角载波 u_C 的频率越高，开关器件的通断的频率也越高，就越容易得到纹波小的直流电压。

2. 直流变换电路的 PWM 控制技术

对于图 3-15 所示应用实例的全桥变换电路，在输入直流电压 U_d 不变时，采用不同的控制方式，输出的直流电压 U_0 的幅度和极性均可变。该特点应用于直流电机的调速时，可以方便地实现直流电机四象限运行。根据输出电压波形的极性特点可分为双极性 PWM 控制方式和单极性 PWM 控制方式。

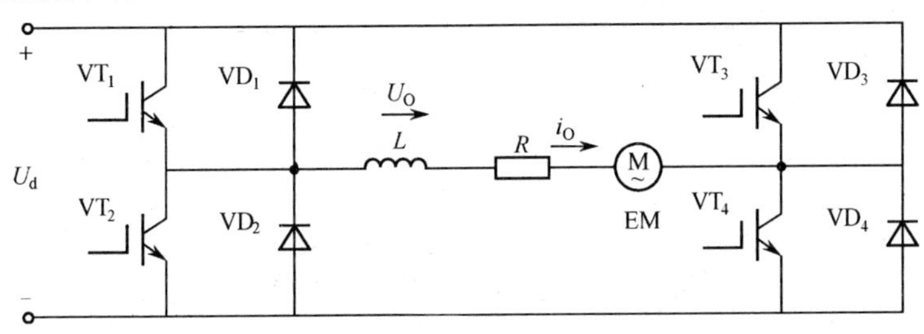

图 3-15　全桥可逆变换电路

(1) 双极性 PWM 控制方式。在这种控制方式中，将图 3-15 所示的全桥变换电路的开关管分为 VT_1、VT_4 和 VT_2、VT_3 两组，每组中的流过开关同时闭合与断开，正常情况下，只有其中的一对开关处于闭合状态。

直流控制电压 u_r 与三角波 u_C 比较产生两组开关的 PWM 控制信号。当 $u_r > u_C$ 时，VT_1、VT_4 导通，VT_2、VT_3 关断；当 $u_r < u_C$ 时，VT_2、VT_3 导通，VT_1、VT_4 关断，负载上电压、电流的波形图如图 3-16 所示。

输出电压平均值 U_O 为

$$U_O = \frac{t_{on}}{T_S} U_d - \frac{T_S - t_{on}}{T_S} U_d = \left(2\frac{t_{on}}{T_S} - 1\right) U_d = (2K_1 - 1) U_d$$

式中：$K_1 = t_{on}/T_S$，是第一组开关的占空比(第二组开关的占空比为 $K_2 = 1 - K_1$)。当 $t_{on} = T_S/2$ 时，变换器的输出电压 U_O 为零；当 $t_{on} < T_S/2$ 时，U_O 为负；$t_{on} > T_S/2$ 时，U_O 为正。可见这种变换电路的输出电压可在负 U_d 到正 U_d 之间变化，故该控制方式被称为双极性 PWM 控制方式。

在理想情况，U_O 的大小和极性只受占空比 K_1 控制，而与输出电流无关。输出电流平均值 I_O 可正可负。在 $I_O > 0$ 时，直流电源 U_d 向负载传送能量，在 $I_O < 0$ 时，U_O 向 U_d 传送能量。

$$U_O = \frac{U_d}{U_{Cm}} u_r = c u_r$$

式中：$c = U_d / U_{cm}$ 为一个常数；U_{cm} 是三角波的峰值。在这种控制方式中输出电压的平均值 U_O 随控制信号 u_r 线性变化。

在理想开关条件下，一般认为同一桥臂对的流过开关管互补导通，即不存在流过开关管同时断开、同时导通的形象。这时输出电流将是连续的。但是，实际中，同一桥臂对的流过开关

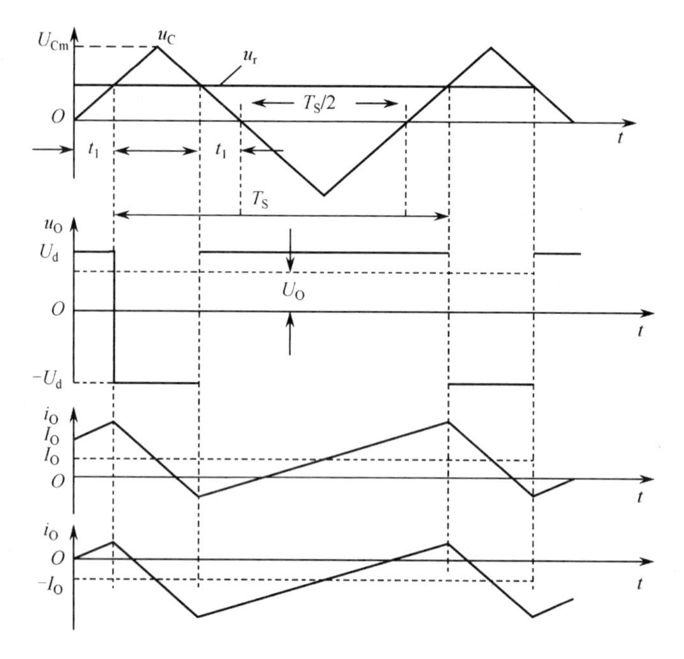

图 3-16　双极性 PWM 控制波形图

管应有短时间的同时关断期,以防止开关通断转换中两开关管同时导通而造成直流输出短路。

(2) 单极性 PWM 控制方式。对于图 3-15 所示的全桥变化短路,若改变控制方式,使开关管 VT_1 和 VT_3 同时接通,或者 VT_2 和 VT_4 同时接通,则不管输出电流 i_O 的方向如何,输出电压 $U_O=0$。针对该特点,可由三角波电压 u_C 与控制电压 u_r 和 $-u_r$ 作比较,以确定 VT_1、VT_2 和 VT_3、VT_4 的驱动信号,如图 3-17 所示。

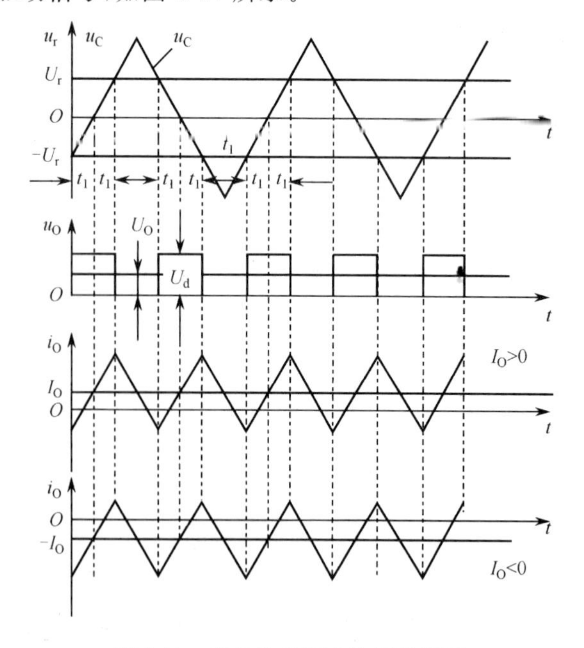

图 3-17　单极性 PWM 控制波形图

电路在工作过程中，保持 VT_4 导通，VT_3 关断。若 $|-u_r|>u_r$，则 VT_1 触发导通，VT_2 关断，$u_O=U_d$；若 $|-u_r|<u_r$，则 VT_2 触发导通，VT_1 关断，$u_O=0$。如图 3-17 所示，在这种 PWM 控制方案中，变换电路平均输出电压 U_O 与上述双极性 PWM 方案中完全相同，上述表达式在这里同样适用。

从图 3-17 可见，输出电压 u_O 的波形在 $+U_d$ 于 0 之间跳跃，故该控制方式被称为单极性 PWM 控制方式。

必须注意：在单、双极性 PWM 电压开关控制的两种方式中，若开关频率相同，则单极性控制方式中输出电压的谐波频率是开关频率两倍，因此其输出电压与频率响应更好，纹波幅度小。

实训6　锯齿波同步移相触发电路

1. 实训目标

(1) 加深理解锯齿波同步移相触发电路的工作原理和各元件的作用。

(2) 熟悉元器件的技术参数性能即元器件质量好坏的检测方法。

(3) 掌握锯齿波同步移相触发电路的调试步骤和方法。

(4) 掌握锯齿波触发电路双窄脉冲形成的工作原理及调试方法。

2. 实训仪器与设备(见表 3-1)

表 3-1　实训所需仪器设备

设备名称	数量	设备名称	数量
锯齿波触发电路板	一块	电烙铁	一把
双踪示波器	一台	相关电子元件	若干
万用表	一只		

3. 预备知识

(1) 锯齿波同步移相触发电路。实训电路如图 3-18 所示。其原理参看教材中相关内容。

(2) 锯齿波触发电路双窄脉冲的形成。双窄脉冲的形成如图 2-35 所示。其原理参看教材相关内容。

4. 实训内容与方法

1) 锯齿波同步移相触发电路的安装与制作

(1) 按元件明细表配齐元件。

(2) 元器件选择与测试。根据图 3-18 所示电路选择元器件并测量，重点对二极管、三极管等元件性能、管脚、极性及电阻的阻值、电容的好坏极性测试和区分。

(3) 焊接前准备工作。将元器件按布置图在电路底板焊接位置上做引线成形。弯脚时切忌从元器件根部直接弯曲，应使根部留有 5～10 mm 长度以免断裂。清除元器件引脚、连接导线端的氧化层后涂上助焊剂，上锡备用。

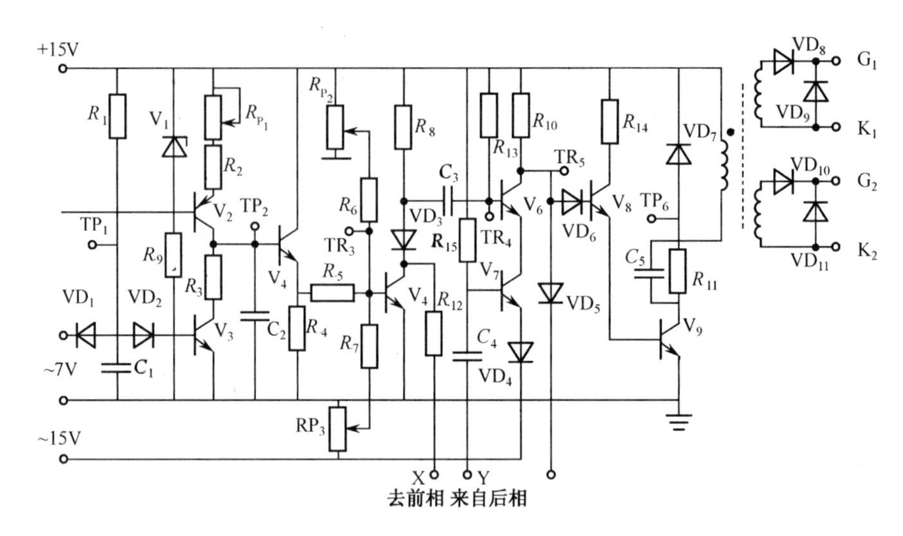

图 3-18　锯齿波同步移相触发电路原理图

(4) 元器件焊接安装。根据电路布置图和布线图将元器件进行焊接安装。焊接应无虚焊、错焊、漏焊,焊点应圆滑无毛刺。焊接时应重点注意二极管、三极管等元件的管脚。

2) 锯齿波同步移相触发电路的调试

(1) 通电前的检查。对已焊接安装完毕的电路根据图 3-18 所示电路进行详细检查。重点二极管、三极管等元件的管脚是否正确。

(2) 通电调试。合上交流电源观察电路有无异常现象。

① 利用示波器观察并记录电路中关键点的电压波形图。

② 调节 R_{P_1} 电位器,观察各点波形的变化。

③ 记录波形、进行分析,对错的波形找出其原因,将故障点找出,并修复。

(3) 将两块电路板组合,使两块电路板的脉冲输出都是双窄脉冲。两块板(1 号板,2 号板)的同步电压相位要相差 60°,1 号板的 X 点接 2 号板的 Y 点,1 号板的 Y 点接 2 号板的 X 点。

接好电源,利用示波器观察 1 号板和 2 号板的各点波形,体会双脉冲的形成原理。调节两块板的 R_{P_1} 电位器,使输出的双窄脉冲相位差 60°。

5. 实训注意事项

(1) 实训时应注意安全。出现故障时,应立即切除电源。

(2) 实训时应注意保持现场整洁。

(3) 爱护设备、工具与仪器仪表,并正确使用与妥善保管。

(4) 完成实训以后,切除电源,拆除电源线和连接导线,并整理好实训台。

6. 实训报告

(1) 根据实训内容,完成实训报告。

(2) 记录实训过程中的经验交流,实训收获,写出实训体会。

(3) 记录实训中常见故障点的电压波形及现场处理情况。

7. **实训评价**(见表 3-2)

表 3-2　评　分　表　　　　老师________得分________

考核内容	配分	评分标准	扣分	得分
按图装接	20 分	(1) 不按图装接,扣 5 分 (2) 不会用仪器、仪表的,扣 2 分 (3) 挂箱选择错误或损坏,每只扣 2 分 (4) 错装漏装,每只扣 2 分		
焊接安装和连接	40 分	(1) 焊接不合理、不美观、不整齐,扣 5 分 (2) 焊接安装错误的,每点扣 2 分 (3) 电路连接错误的,每点扣 2 分 (4) 连接双踪示波器错误的,每点扣 2 分		
测量与故障排除	40 分	(1) 不能正确使用各个挡位,扣 3 分 (2) 测量不成功,扣 2 分 (3) 故障排除不成功,扣 2 分		
安全文明生产	符合国家颁布安全文明生产规定。每违反一项规定,从总分中扣 3 分,发生重大事故取消考核资格			

实训 7　晶闸管调光电路的安装

1. **实训目标**

(1) 熟悉晶闸管调光电路的工作原理及电路中各元器件的作用。

(2) 掌握晶闸管调光电路的安装、调试步骤及方法。

(3) 对晶闸管调光电路中故障原因能加以分析并能排除故障。

(4) 熟悉示波器的使用方法。

2. **实训仪器与设备**

实训所需仪器设备如表 3-3 所示。

表 3-3　实训所需仪器设备

设 备 名 称	数　量	设 备 名 称	数　量
晶闸管调光电路的底板	一块	电烙铁	一把
示波器	一台	晶闸管调光电路元件	一套
万用表	一只		

3. **预备知识**

晶闸管调光实训线路如图 3-19 所示。该调光电路分主电路和触发电路两大部分,主电路是单相半波整流电路,触发电路是单结晶体管电路触发电路。其原理参看教材中相关内容。

4. **实训内容与方法**

1) 晶闸管调光电路的安装

(1) 按元件明细表配齐元件。

(2) 元器件选择与测试。根据图 3-19 所示电路图选择元器件并进行测量，重点对二极管、晶闸管、稳压管、单结晶体管等元件的性能、管脚进行测试和区分。

(3) 焊接前准备工作。将元器件按布置图在电路底板焊接位置上做引线成形。弯脚时切忌从元器件根部直接弯曲，应将根部留有 5～10 mm 长度以免断裂。清除元器件引脚、连接导线端的氧化层后涂上助焊剂，上锡备用。

(4) 元器件焊接安装。根据电路布置图和布线图将元器件进行焊接安装。焊接应无虚焊、错焊、漏焊，焊点应圆滑无毛刺。焊接时应重点注意元件的管脚。

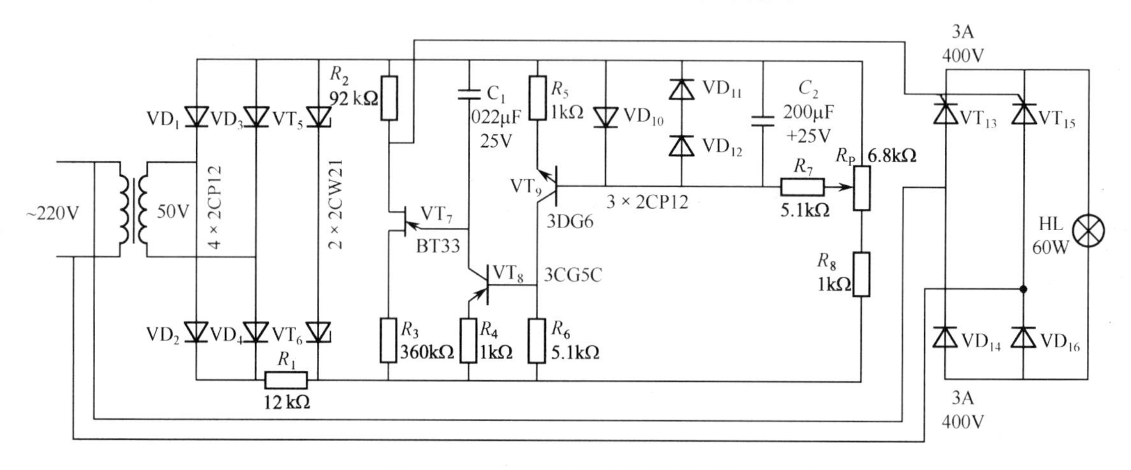

图 3-19　晶闸管调光电路原理图

2) 晶闸管调光电路的调试

(1) 通电前的检查。对已焊接安装完毕的电路根据图 3-19 所示电路进行详细检查。重点检查二极管、稳压管、单结晶体管、晶闸管等元件的管脚是否正确，输入、输出端有无短路现象。

(2) 通电调试。晶闸管调光电路分主电路和单结晶体管触发电路两大部分。因而通电调试亦分为两个步骤，首先调试单结晶体管触发电路，然后再将主电路和单结晶体管触发电路连接，进行整体综合调试。

(3) 晶闸管调光电路故障分析及处理。晶闸管调光电路在安装、调试及运行中，由元器件及焊接等原因产生的故障，可根据故障现象，使用万用表、示波器等仪器进行检查测量，根据电路原理进行分析，找出故障原因，进行处理。

5. 实训注意事项

(1) 注意元件布置要合理。

(2) 焊接应无虚焊、错焊、漏焊，焊点应圆滑无毛刺。

(3) 焊接时应注意二极管、稳压管、单结晶体管、晶闸管等元件的管脚。

6. 实训报告

(1) 画出单结晶体管触发电路各点的电压波形。

(2) 讨论并分析实验实训中出现的现象和故障。

(3) 写出本实训的心得体会。

7. **实训评价**(见表 3-4)

表 3-4 评 分 表 老师________得分________

考核内容	配分	评分标准	扣分	得分
按图装接	20 分	1. 不按图装接,扣 5 分; 2. 不会用仪器、仪表的,扣 2 分; 3. 元件选择错误或损坏,每只扣 2 分; 4. 错焊、漏装,每只扣 2 分		
焊接安装和连接	40 分	1. 焊接不合理、不美观、不整齐,扣 5 分; 2. 电路安装错误的,每点扣 2 分; 3. 焊接连接错误的,每点扣 2 分; 4. 连接示波器错误的,每点扣 2 分		
测量与故障排除	40 分	1. 不能正确使用各个挡位,扣 3 分; 2. 测量不成功,扣 2 分; 3. 故障排除不成功,扣 2 分		
安全文明生产	符合国家颁布安全文明生产规定。每违反一项规定,从总分中扣 3 分,发生重大事故取消考核资格			

习 题 3

3.1 开关器件的开关损耗大小同哪些因素有关?

3.2 试比较 Buck 电路和 Boost 电路的异同。

3.3 试说明直流斩波器主要有哪几种电路结构,它们各有什么特点。

3.4 试简述 Buck-Boost 电路同 Cuk 电路的异同。

3.5 试分析反激式变换器的工作原理。

3.6 试分析正激式变换器的工作原理,为什么正激式变换器需要磁场复位电路?

3.7 试分析正激式电路和反激式电路中的开关合整流二极管在工作时承受的最大电压。

3.8 试比较几种隔离型变换电路的优缺点。

3.9 对于升降压直流斩波器,当其输出电压小于其电源电压时,有(　　)(注:下列选项中的 K 为占空比)。

A. K 无法确定　B. $0.5<K<1$　C. $0<K<0.5$　D. 以上说法均是错误的

3.10 直流斩波电路是一种(　　)变换电路。

A. AC/AC　B. DC/AC　C. DC/DC　D. AC/DC

3.11 下面哪种功能不属于变流的功能(　　)。

A. 有源逆变　B. 交流调压　C. 变压器降压　D. 直流斩波

3.12 降压斩波电路中,已知电源电压 $U_d=16V$,负载电压 $U_L=16V$,斩波周期 $T=4$ ms,则开通是 $T_{on}=$(　　)。

A. 1 ms　B. 2 ms　C. 3 ms　D. 4 ms

3.13 有一开关频率为 50 kHz 的 Buck 变换电路工作在电感电流连续的情况下,$L=0.05$ mH,输入电压 $U_d=15$ V,输出电压 $U_O=10$ V,试进行以下计算。(1)求占空比 K 的大小。(2)当 $R_L=40\ \Omega$,求电感中电流的峰-峰值 ΔI。(3)若允许输出电压纹波 $\Delta U_O/U_O=5\%$,求滤波电容 C 的最小值。

第4章 无源逆变电路

学习目标

- 了解逆变电路的性能指标与分类；
- 掌握电压型逆变电路，理解电流型逆变电路；
- 了解负载换流式逆变电路和逆变电路的SPWM控制技术。

如果逆变器的交流侧不与电网连接，而是直接接到负载，即将直流电能逆变成某一频率或可变频率的交流电能供给负载，则称为无源逆变，它在交流电机变频调速、感应加热、不间断电源等方面应用十分广泛。本章主要讨论无源逆变电路（为了方便以下简称逆变电路或逆变器）的工作原理、性能指标和实际应用。

4.1 逆变器性能指标与分类

1. 逆变器的性能指标

无源逆变电路通常简称为逆变电路或逆变器。在逆变电路中要求输出基波功率大、谐波含量小、逆变效率高、性能稳定可靠，除此之外还要求逆变电路具有抗电磁干扰能力和电磁兼容性好。为此，在实际应用中，必须精心设计逆变电路和适当的控制方式，使之满足上述要求。一般来说，衡量逆变电路的性能指标如下：

（1）谐波系数HF(Harmonic factor)。定义为谐波分量有效值同基波分量有效值之比，即

$$\mathrm{HF}=\frac{U_n}{U_1} \tag{4.1.1}$$

式中，$n=1,2,3,\cdots$，表示谐波次数，$n=1$时为基波。

（2）总谐波系数THD(Total Harmonic Distortion)。THD表征了一个实际波形同其基波的接近程度。定义为

$$\mathrm{THD}=\frac{1}{U_1}\sqrt{\sum_{n=2}^{+\infty}U_n^2} \tag{4.1.2}$$

根据上述定义，若逆变电路输出为理想正弦波则THD=0。

（3）逆变效率。

（4）单位质量逆变电路输出功率。它是衡量逆变电路输出功率密度指标。

（5）电磁干扰干扰和电磁兼容性。

2. 逆变电路的分类

逆变电路应用广泛，类型很多，概括起来各种分类如下：

1）根据输入直流电源特点分类

（1）电压型。电压型逆变电路的输入端并接大电容，输入直流电源为恒压源，逆变电路将直流电压变换成交流电压。

（2）电流型。电流型逆变电路的输入端串接有大电感，输入直流电源为恒流源，逆变电路将直流电流变换成交流电流输出。

2）根据电路的结构特点分类

（1）半桥式逆变电路。

（2）全桥式逆变电路。

（3）推挽式逆变电路。

（4）其他形式。如单管晶体管逆变电路。

3）根据换流方式分类

（1）负载换流型逆变电路。

（2）脉冲换流型逆变电路。

（3）自换流型逆变电路。

4）根据负载特点分类

（1）非谐振式逆变电路。

（2）谐振式逆变电路。

逆变电路的用途十分广泛，可以做成变频变压电源（VVVF），主要用于交流电动机调速；也可以做成恒频恒压电源（CVCF），其典型代表为不间断电源（UPS）、航空机载电源、机车照明，通信等辅助电源也要用 CVCF 电源；还可以做成感应加热电源，主要用作中频电源，高频电源等。

逆变电路的输出可做成多相，实际应用中可以做成单相或三相。近年来，在一些要求的场合，为提高运行可靠性而提出制造多于三相的电动机，这类电动机就需要合适的多相逆变电路供电。中高功率逆变电路以往采用晶闸管开关器件，晶闸管是半控型器件，关断晶闸管要设置强迫关断（换流）电路，强迫关断电路增加了逆变电路的质量体积和成本，降低了可靠性，也限制了开关频率。现在，绝大多数逆变电路都采用全控型的电力电子器件。中功率逆变电路多用 IGBT，大功率逆变电路多用 GTO，小功率逆变电路则广泛应用 MOSFET。

4.2　逆变电路的工作原理

1. 电力器件的换流方式

电力半导体器件可以断开或接通电流开关表示。在图 4-1 中，S_1、S_2 表示由两个电力半导体器件组成的导电臂，当 S_1 截止，S_2 导通时，电流 i 流过 S_2；当 S_2 截止，S_1 导通时，电流 i 从 S_2 转移到 S_1。电流从一个臂向另一个臂转移的过程称为换流（或换相）。在换流的过程中，有的臂从接通到断开，有的臂从断开到接通。要使臂接通，只要给组成臂的器件的控制极施加适当的驱动信号即可，但要使臂断开，情况就复杂多了。全控型器件可以用适当的控制信号使其截止；而半控型的晶闸管必须利用外部条件或采取一定的措施才能使其截止；晶闸管要在电流过零以后加一定时间反向电压，才能使其截止。

一般来说，换流方式可分为以下几种：

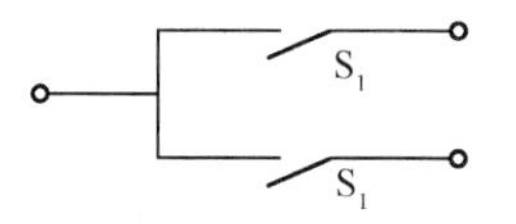

图 4-1　桥臂的换流

(1) 器件换流。利用电力电子器件自身的关断能力进行换流称为器件换流。

(2) 电网换流。由电网提供换流电压，使电力电子器件关断，实现电流从一个臂向另一个臂转移。

(3) 负载换流。由负载提供换流电压，使电力电子器件关断，实现电流从一个臂向另一个臂转移。凡是负载电流的相位超前电压的场合，都可以负载换流。

(4) 脉冲换流。设置附加的换流电路，由换流电路内的电容提供换流电压，控制电力电子器件实现电流从一个臂向另一个臂转移称为脉冲换流，有时又称为强迫换流或电容换流。

脉冲换流有脉冲电压换流和脉冲电流换流。

图 4-2 给出了脉冲电压换流(直接耦合式强迫换流)原理图，由换流电路内电容提供换流电压。在晶闸管 VT 处于导通状态时，预先给电容 C 按图中所示极性充电。如果合上开关 S，就可使晶闸管 VT 因施加反向电压而关断。

图 4-3 给出了脉冲电流换流(电感耦合式强迫换流)原理图，在晶闸管 VT 处于导通状态时，预先给电容 C 按图中所示极性充电。在图(a)中，如果闭合开关 S，LC 振荡电流流过晶闸管 VT，直到其正向电流为零后，再流过二极管 VD。在图(b)的情况下，接通开关 S 后，LC 振荡电流先负载电流叠加流过晶闸管 VT，经过半个振荡周期 $t=\pi\sqrt{LC}$后，振荡电流反向流过 VT，直到 VT 正向电流减至零以后再流过二极管 VD。这两种情况都是在晶闸管的正向电流为零和二极管开始流过电流时，晶闸管关断二极管上的管压降就是加在晶闸管上的反向电压。

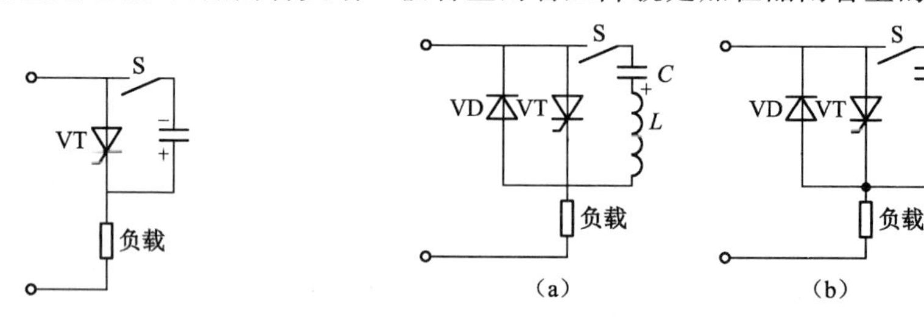

图 4-2　脉冲电压换流图

图 4-3　脉冲电流换流图

器件换流只适用于全控型器件，其他三种换流方式主要是针对晶闸管而言的。

2. 逆变电路的工作原理

逆变电路的主要功能是将直流电逆变成某一频率或可变频率的交流电供给负载。最基本的逆变电路是单相桥式逆变电路，它可以很好地说明逆变电路的工作原理，其电路结构如图 4-4(a)所示。

U_d 为输入直流电压，R 为逆变器的输出负载。当开关管 S_1、S_4 导通，S_2、S_3 截止时，逆变器输出电压 $u_0=U_d$；当开关管 S_1、S_4 截止，S_2、S_3 导通时，输出电压 $u_O=-U_d$。当以频率 f_S 交替切换 S_1、S_4 和 S_2、S_3 时，则在电阻 R 上获得如图 4-4(b)所示的交流电压波形，其早期 T_S

$=1/f_S$，这样，就将直流电压 U_d 变成了交流电压 u_O。u_O 含有各次谐波，如果想得到正弦波电压，则可通过滤波器滤波获得。

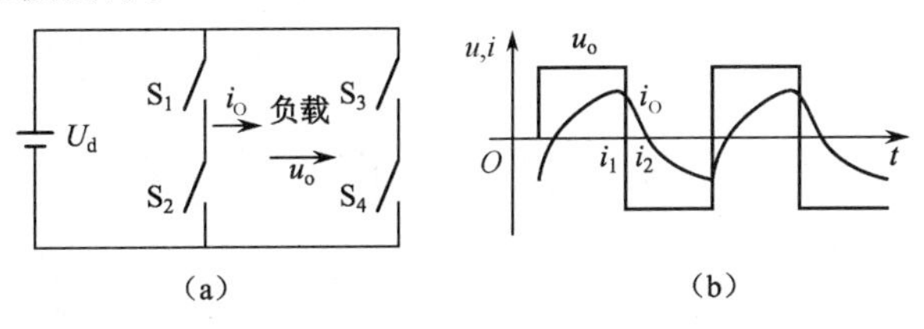

图 4-4　单相桥式逆变电路工作原理

图 4-4(a)电路中开关管 $S_1 \sim S_4$，他实际是各种半导体开关器件的一种理想模型。逆变电路中常用的开关器件有快速晶闸管、可关断晶闸管(GTO)、功率晶体管(GTR)、功率场效应管(MOSFET)和绝缘栅晶体管(IGBT)。

4.3　电压型逆变电路

直流侧为电压源的逆变电路称为电压型逆变电路，本节主要介绍各种电压型逆变电路的基本构成、工作原理及特点。

1. 电压型单相半桥逆变电路

电压型单相半桥逆变电路结构如图 4-5(a)所示。它由两个导电臂构成，每个导电臂由一个全控器件和一个反向并联的二极管组成。在直流侧接有两个相互串联且足够大的电容 C_1 和 C_2，满足 $C_1=C_2$。设感性负载连接在 A、O 两点间。下面分析其工作原理。

在一个周期内，电力晶体管 VT_1 和 VT_2 的基极信号各有半周正偏，半周反偏，且互补。

若负载为阻感负载，设以前，VT_1 有驱动信号导通，VT_2 截止，则 $u_0=+U_d/2$。

t_2 时刻关断的 VT_1，同时给 VT_2 发出导通信号。由于感性负载中的电流 i。不能立即改变方向，于是 VD_2 导通续流，$u_O=-U_d/2$。

t_3 时刻，i_O 降至零，VD_2 截止，VT_2 导通，i_O 开始反向增大，此时仍然有 $u_O=-U_d/2$。

在 t_3 时刻，关断 VT_2，同时给 VT_1 发出导通信号，由于感性负载中的电流 i_O 不能立即改变方向，VD_1 先导通续流，此时仍然有 $u_O=U_d/2$。

t_5 时刻，i_0 降至零，VT_1 导通，$u_O=U_d/2$。

由以上分析可知，输出电压 u_O 是周期为 T_S 的矩形波，其幅值为 $U_d/2$。输出电流 i_O 波形随负载阻抗角而异。当 VT_1 或 VT_2 导通时，负载电流与电压同方向，直流侧向负载提供能量；而当 VD_1 或 VD_2 导通时，负载电流和电压反方向，负载中电感的能量向直流侧反馈，即负载将其吸收的无功能量反馈回直流侧，返回的能量暂时存储在直流侧的电容器中，直流侧电容器起着缓冲这种无功能量的作用。逆变器在带电阻负载、电感负载和阻感负载时输出电压波形和电流波形如图 4-5(b)～(e)所示。

从波形图可知，输出电压有效值为

$$U_O=U_d/2 \tag{4.3.1}$$

输出电压瞬时值为

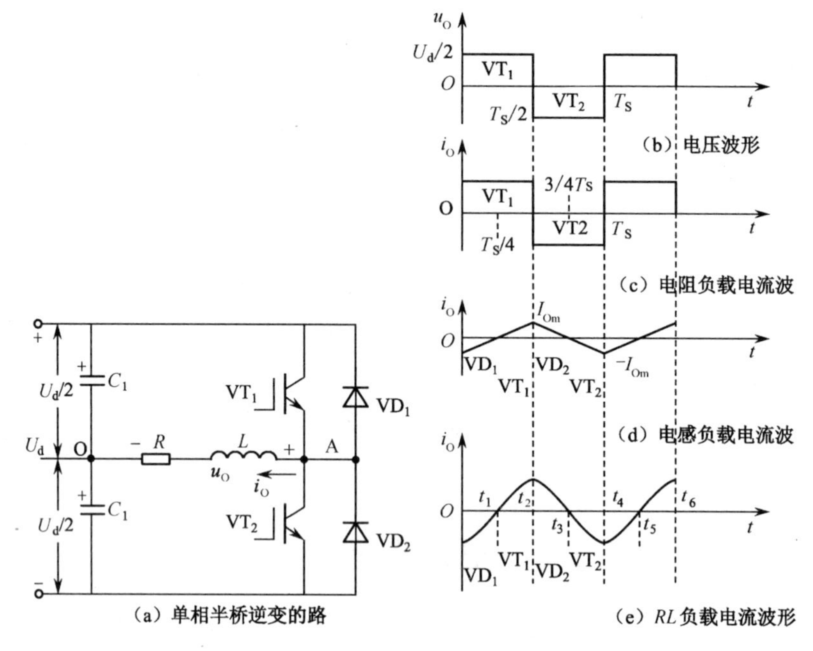

图 4-5　电压型半桥逆变电路及电压、电流波形

$$u_O = \sum \frac{2U_d}{n\pi} \sin n\omega t \quad (n=1,3,5,\cdots) \tag{4.3.2}$$

式中，$\omega = 2\pi f_S$ 为输出电压角频率。当 $n=1$ 时其基波分量的有效值为

$$U_{01} = 0.45U_d \tag{4.3.3}$$

改变开关管的驱动信号的频率，输出电压的频率随之改变。为保证的路正常工作，VT_1 和 VT_2 两个开关管不能同时导通，否则将出现直流短路。实际应用中为避免上下开关管直通，每个开关管的开通信号应略为滞后于另一个开关管的关断信号，即“先断后通”。该关断信号与开通信号之间的间隔称为死区时间，在死区时间中 VT_1 和 VT_2 均无驱动信号。

当负载为电阻 R 时，电流 $i_O = u_O/R$，与 u_O 一样，也是 180°宽的方波。输出电流波形如图 4-5(c)所示。

当负载为纯电感 L 时，输出电流波形如图 4-5(d)所示。

电压型半桥逆变电路使用器件少，其缺点是输出交流电压的幅度仅为 $U_d/2$，且需要分压电容器。另外，为了使负载电压接近正弦波通常在输出端要接 LC 滤波器，输出滤波器 LC 滤除逆变器输出电压中的高次谐波。

2. 电压型单相全桥逆变电路

图 4-6(a)所示为电压型单相全桥逆变电路，其中全控型开关器件 VT_1 和 VT_4 构成一对桥臂，VT_2 和 VT_3 构成另一对桥臂，VT_1 和 VT_4 同时通、断，VT_2 和 VT_3 同时通、断。VT_1 和 VT_4 与 VT_2 和 VT_3 驱动信号互补，即 VT_1 和 VT_4 有驱动信号时，VT_2 和 VT_3 无驱动信号，反之亦然，两对桥臂各交替导通 180°。

如果负载为纯电阻，在 $0 \leqslant t < T_S/2$ 期间，VT_1 和 VT_4 有驱动信号导通时，VT_2 和 VT_3 无驱动信号截止，$u_O = +U_d$。在 $T_S/2 \leqslant t < T_S$ 期间，VT_2 和 VT_3 有驱动信号导通 VT_1 和 VT_4

无驱动信号截止，$u_O = -U_d$。因此输出电压是 180°宽的方波电压，幅值为 U_d。其输出电压、电流波形如图 4-6(b)、(c)所示。

输出电压瞬时值为

$$u_O = \sum \frac{4U_d}{n\pi} \sin n\omega t \quad (n=1,3,5,\cdots) \tag{4.3.4}$$

输出方波电压有效值为

$$U_O = U_d \tag{4.3.5}$$

基波分量的有效值为

$$U_{O1} = 0.9U_d \tag{4.3.6}$$

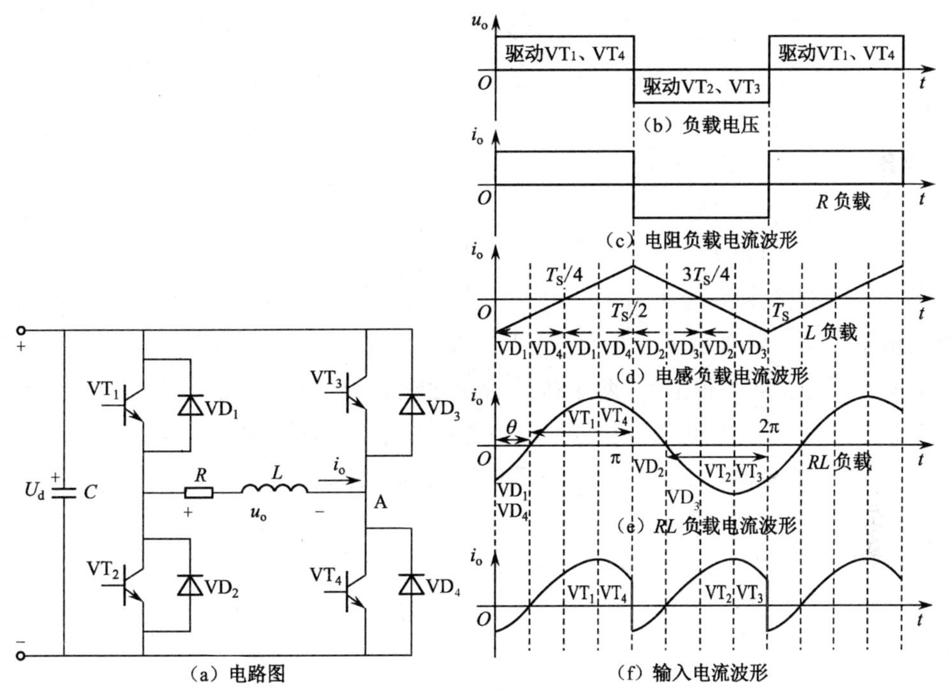

图 4-6　电压型单相全桥逆变电路及电压、电流波形

同单相半桥逆变电路相比，幅值不相同。在相同负载的情况下，其输出电压和输出电流的幅值为单相半桥逆变电路的两倍。

如果负载是纯电感，在 $0 \leqslant t < T_S/2$ 期间，VT_1 和 VT_4 有驱动信号导通，VT_2 和 VT_3 无驱动信号截止，$u_O = L\dfrac{di_O}{dt} = +U_d$，负载电流 i_O 线性上升。在 $T_S/2 \leqslant t < T_S$ 期间，VT_2 和 VT_3 有驱动信号导通，VT_1 和 VT_4 无驱动信号截止，$u_O = -U_d$，负载电流 i_O 线性下降。

必须注意，在 $0 \leqslant t < T_S/4$ 期间，尽管 VT_1 和 VT_4 有驱动信号，VT_2 和 VT_3 无驱动信号截止，但电流 i_O 为负值，VD_1、VD_4 导通起负载电流续流作用，$u_O = +U_d$。只有 $T_S/4 \leqslant t \leqslant T_S/2$ 期间，i_O 为正值，VT_1 和 VT_4 才导通。同理，在 $T_S/2 \leqslant t \leqslant 3T_S/4$ 期间，VD_2、VD_3 导通时，$u_O = -U_d$，VT_2 和 VT_3 仅在 $3T_S/4 \leqslant t \leqslant T_S$ 期间导通。

由上面的分析可知流过负载的电流是三角波，如图 4-6(d)所示。

所以负载电流峰值为

$$I_{\mathrm{Om}}=\frac{T_{\mathrm{S}}}{4L}U_{d} \tag{4.3.7}$$

如果负载是阻感负载 RL，$0\leqslant\theta\leqslant\omega t$ 期间，VT_1 和 VT_4 有驱动信号，由于电流 i_O 为负值，VT_1 和 VT_4 不导通，VD_1、VD_4 导通起负载电流续流作用，$u_O=+U_d$。在 $\theta\leqslant\omega t\leqslant\pi$ 期间，i_O 为正值，VT_1 和 VT_4 才导通。在 $\pi\leqslant\omega t\leqslant\pi+\theta$ 期间，VT_2 和 VT_3 有驱动信号，由于电流 i_O 为负值，VT_2 和 VT_3 不导通，VD_2、VD_3 导通起负载电流续流作用，$u_O=-U_d$。直到 $\pi+\theta\leqslant\omega t\leqslant 2\pi$ 期间，VT_2 和 VT_3 才导通。图 4-6(e)所示是 RL 负载时直流电源输入电流 i_O 波形。图 4-6(f)所示是 RL 负载时直流电源输入电流 i_d 波形。

无论是半桥式逆变电路还是全桥式逆变电路，若逆变电路输出频率比较低，电路中开关器件可以采用 GTO，若逆变电路输出频率比较高，则应采用双极结型晶体管 GTR、MOSFET 或 IGBT 等高频自关断器件。

3. 电压型三相桥式逆变电路

电压型三相桥式逆变电路如图 4-7 所示。电路由三个半桥电路组成，开关管可以采用全控型电力电子器件 GTR 组成的电压型三相桥式逆变电路。电路的基本工作方式是 180°导电方式，每个桥臂的主控管导通角为 180°，同一相上、下两个桥臂主控管轮流导通，各相导通的时间依次相差 120°。导通顺序为 $VT_1\rightarrow VT_2\rightarrow VT_3\rightarrow VT_4\rightarrow VT_5\rightarrow VT_6$，每隔 60°换相一次，由于每次换相总是在同一相上、下两个桥臂管子之间进行，因而称之为纵向换相。这种 180°导电的工作方式，在任一瞬间电路总有三个桥臂同时导通工作。顺序为第①区间 VT1、VT_2、VT_3 同时导通，第②区间 VT_2、VT_3、VT_4 同时导通，第③区间 VT_3、VT_4、VT_5 同时导通等，依次类推。在第①区间 VT1、VT_2、VT_3 导通时，电动机端线电压 $U_{UV}=0$，$U_{VW}=U_d$，$U_{WU}=-U_d$。在第②区间 VT_2、VT_3、VT_4 同时导通，电动机端线电压 $U_{UV}=-U_d$，$U_{VW}=U_d$，$U_{WU}=0$。依次类推。若是上面的一个桥臂管子与下面的两个桥臂管子配合工作，这时上面桥臂负载的相电压为 $2U_d/3$，而下面并联桥臂的每相负载相电压为 $-U_d/3$。若是上面两个桥臂管子与下面一个桥臂管子配合工作，则此时三相负载的相电压极性和数值刚好相反，其电压、电流波形如图 4-8 所示。

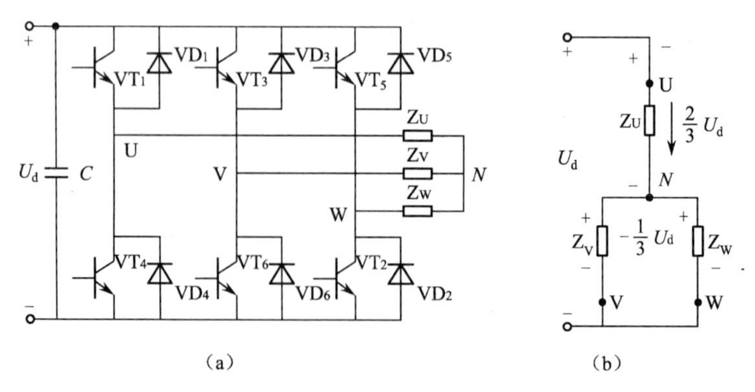

图 4-7　电压型三相桥式逆变电路

对 GTR 的控制要求是：为防止同一相上、下桥臂管子同时导通而造成电源短路，对 GTR

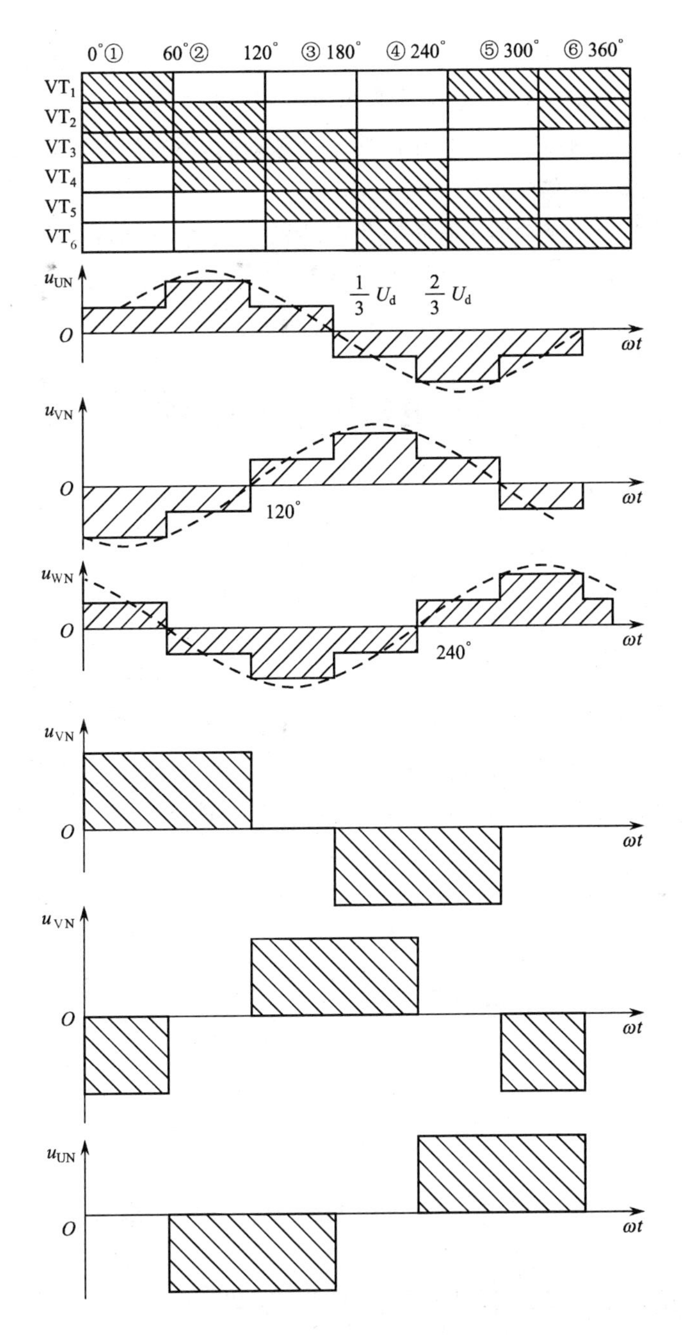

图 4-8　电压型三相桥式逆变电路工作波形

的基极控制采用“先断后通”的方法，即先给应关断的 GTR 基极关断信号，待且关断后再延时给应导通的 GTR 基极信号两者之间留有一个短暂的死区。

4. 电压型逆变电路特点

电压型逆变电路主要有以下特点：

(1) 直流侧接有大电容，相当于电压源，直流电压基本无脉动，整流回路呈现低阻抗。

(2) 由于整流电压源的钳位作用，交流侧电压波形为矩形波，与负载阻抗无关，而交流侧电流波形和相位因负载阻抗角的不同而那天，其波形接近于三角波或接近正弦波。

(3) 当交流侧为电感性负载时须提供无功功率，直流侧电容起缓冲无功能量的作用。为了给交流侧向直流侧反馈能量提供通道，各臂都并联了反馈二极管。

(4) 逆变电路从直流侧向交流侧传送的功率是脉动的，因直流电压无脉动，故传输功率的脉动是由直流电流的脉动来体现的。

(5) 当用于交一直一交变频器中且负载为电动机时，如果电动机工作在再生制动状态，就必须向交流电源反馈能量。因直流侧电压方向不能改变，所以只能改变直流电流的方向来实现，这就需要给交一直整流桥再反向并联一套逆变桥。

4.4 电流型逆变电路

1. 电流型单相桥式逆变电路

电流侧为电流源的逆变电路称为电流型逆变电路。电流型单相桥式逆变电路如图 4-9(a)所示。其特点是在直流电源侧接有大电感 L_d，以维持电流的恒定。

当 VT_1、VT_4 导通，VT_2、VT_3 关断时，$I_O=I_d$；反之 $I_O=-I_d$。当以频率 f 交替切换开关管 VT_1、VT_4 和 VT_2、VT_3 导通时，则在负载上获得如图 4-9(b)所示电流波形。不论电路负载性质如何，其输出电流波形不变，为矩形波，而输出电压由负载性质决定。主电路开关管采用自关断器件时，如果其反向不能承受高电压，则需要在各开关器件支路串入二极管 VD。

下面对其电流波形做定量分析，将图 4-9(b)所示电流波形 i_0 展开成傅里叶级数，有

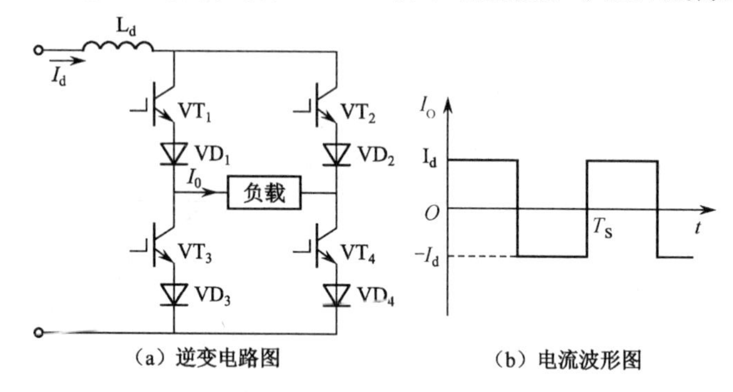

(a) 逆变电路图　(b) 电流波形图

图 4-9　电流型单相桥式逆变电路及电流波形

$$i_O=\frac{4I_d}{\pi}\left(\sin\omega t+\frac{1}{3}\sin 3\omega t+\frac{1}{5}\sin 5\omega t+\cdots\right) \tag{4.4.1}$$

式中，基波幅值 I_{O1m} 和基波有效值 I_{O1} 分别为

$$I_{O1m}=\frac{4I_d}{\pi}=1.27I_d \tag{4.4.2}$$

$$I_{O1}=\frac{4I_d}{\sqrt{2}\pi}=0.9I_d \tag{4.4.3}$$

2. 电流型三相桥式逆变电路

图 4-10(a)所示给出了电流型三相桥式逆变电路原理图。在直流电源侧接有大电感，以完成电流恒定。逆变桥采用 IGBT 作为可控元件。

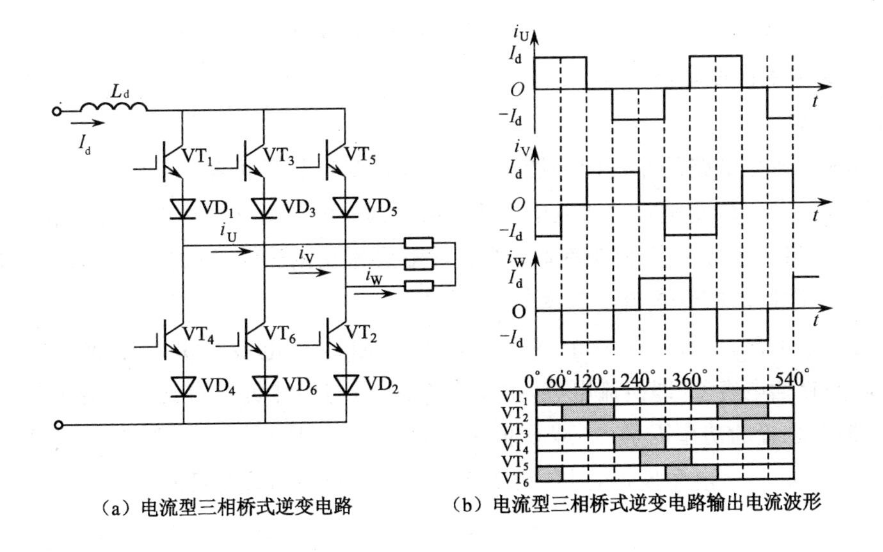

（a）电流型三相桥式逆变电路　　（b）电流型三相桥式逆变电路输出电流波形

图 4-10　电流型三相桥式逆变电路及输出电流波形

电流型三相桥式逆变电路的基本工作方式是 120°导通方式，任意瞬间只有两个桥臂导通。导通顺序为 $VT_1 \rightarrow VT_2 \rightarrow VT_3 \rightarrow VT_4 \rightarrow VT_5 \rightarrow VT_6$，依次间隔 60°，每个桥臂导通 120°。这样，每个时刻上桥臂组和下桥臂组都各有一个臂导通，换流时，是在上桥臂组或下桥臂组内依次换流，属横向换流。

图 4-10(b)所示为电流型三相桥式逆变电路的输出电流波形，它与负载性质无关。输出电压波形由负载的性质决定。

输出电流的基波有效值 I_{O1} 和直流电流 I_d 的关系式为

$$I_{O1}=\frac{\sqrt{6}}{\pi}I_d=0.78I_d \tag{4.4.4}$$

3. 电流型逆变电路特点

(1) 直流侧接有大电感，相当于电流源，直流电流基本无脉动，直流回路呈现高阻抗。

(2) 因为各开关器件主要起改变直流电流流通路径的作用，故交流侧电流为矩形波，与负载性质无关，而交流侧电压波形和相位因负载阻抗角的不同而不同。

(3) 直流侧电感起缓冲无功能量的作用，因电流不能反向，故控制器件不必反向并联二极管。

(4) 当用于交—直—交变频器且负载为电动机时，若交—直变换为相控整流，则可很方便地实现再生制动。

4.5　负载换流式逆变电路

负载谐振式逆变电路是利用负载电路的谐振来实现负载换流的。如果换流电容与负载并联，换流是基于并联谐振的原理，则称为并联谐振逆变电路，简称并联逆变器，此类逆变器广泛应用于金属冶炼、透热、中频电炉等场合。如果换流电容与负载串联，换流是基于串联谐振原理，则称为串联谐振逆变电路，简称串联逆变器，适用于高频电炉、弯管等场合。

1. 并联谐振式逆变电路

1）电路结构

并联谐振式逆变电路的原理图如图 4-11 所示其直流电源通常由工频交流电源经三相可控整流后得到。在直流侧串有大滤波电感 L_d，从而构成电流型逆变电路。逆变桥由四个晶闸管桥臂 $VT_1 \sim VT_4$ 组成，因工作频率高，通常采用快速晶闸管，$L_1 \sim L_4$ 为四只电感量较小的桥臂电感，由于限制晶闸管电流上升率 di/dt。

负载为中频电炉，实际上是一个感应线圈 L，电阻 R 和电容 C 并联组成负载谐振电路。与负载并联的补偿电容 C（即换流电容）主要作用：一是与感性负载构成并联谐振，为负载提供无功功率，提高装置的功率因素；二是 C 值一般都要求过补偿一些，使等效负载呈现容性，这样 i_O 就会超前 u_O 一定电角度，达到自然换流及可靠关断晶闸管的目的。

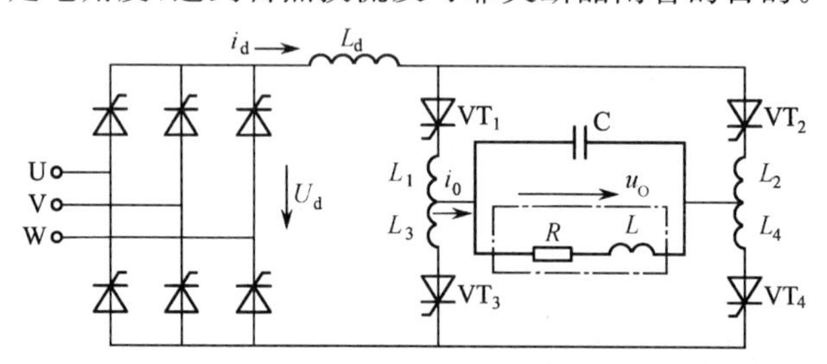

图 4-11　并联谐振逆变电路的原理图

2）工作原理

因为并联谐振逆变电路属电流型，故其交流输出电流波形接近于矩形波，其中包含基波和各次谐波。工作时晶闸管交替触发的频率应接近负载电路谐振频率，故负载对基波呈现高阻抗，而对谐波呈现低阻抗，谐波在负载电路上几乎不产生压降，因此，负载电压波形为正弦波。又因基波频率稍大于负载谐振频率，负载电路呈容性，i_O 超前电压 u_O 一定角度，达到自然换流及可靠关断晶闸管的目的。

图 4-12 所示为逆变电路换流的工作过程，图 4-13 所示为逆变电路的工作波形，其中 i_O、u_O 的参考方向同图 4-11 中相同。当 VT_1、VT_4 稳定导通时，电流流动方向如图 4-12(a)所示。电容 C 上的电压为左正右负。当在图 4-13 所示的 t_2 时刻触发 VT_2、VT_3，电路开始换流。由于 VT_2、VT_3 导通时，负载两端电压施加到 VT_1、VT_4 两端，使 VT_1、VT_4 承受负压关断。由于每个晶闸管都串联有换相电抗器 L_T，故 VT_1 和 VT_4 在 t_2 时刻不能立刻关断，VT_2、VT_3 中的电流也不能立刻增大到稳定值。在换流期间，4 个晶闸管都导通，由于施加短和大电感的恒流作用，电源不会短路。当 $t=t_4$ 时刻，VT_1、VT_4 电流减至零而关断，直流侧电流 I_d 全部从 VT_1、VT_4 转移到 VT_2、VT_3，换流过程结束。$t_4-t_2=t_r$ 称为换流时间。VT_1、VT_4 中的电流下降到零以后，还需一段时间后才能恢复正向阻断能力，因此换流结束以后，还要使 VT_1、VT_4 承受一段反压时间 t_β 才能保证可靠关断。$t_\beta=t_5-t_4$ 应大于晶闸管关断时间 t_q。

从上面分析的分析可知，为了保证短路可靠换流，必须在输出电压 u_O 过零前 t_f 时刻触发 VT_2、VT_3，t_f 称为触发引前时间。为了安全起见，必须使

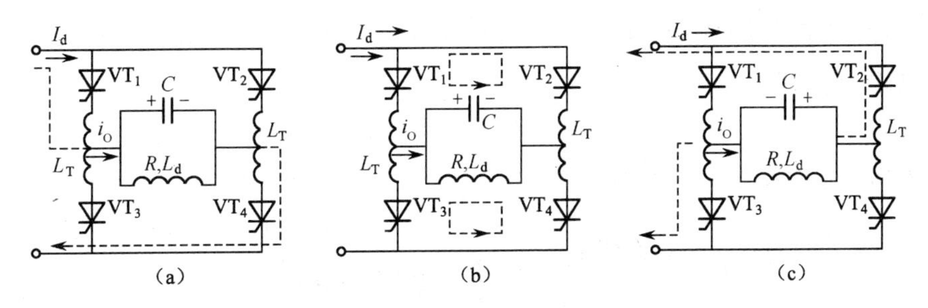

图 4-12　并联谐振逆变电路换流的工作过程

$$t_f = t_r + kt_q \tag{4.5.1}$$

式中,k 为大于 1 的安全系数,一般取为 2～3。

负载的功率因素角 φ 由负载电流与电压的相位差决定,从图 4-13 可知

$$\varphi = \omega\left(\frac{t_r}{2} + t_\beta\right) \tag{4.5.2}$$

式中:ω——短路的工作频率。

3) 电路参数计算

(1) 负载电流 i_O 和直流侧电流 I_d 的关系:

如果忽略换流过程,为矩形波。展开成傅里叶级数得

$$i_0 = \frac{4I_d}{\pi}\left(\sin\omega t + \frac{1}{3}\sin 3\omega t + \frac{1}{5}\sin 5\omega t + \cdots\right) \tag{4.5.3}$$

其基波电流有效值为

$$I_{O1} = \frac{4I_d}{\sqrt{2}\pi} = 0.9I_d \tag{4.5.4}$$

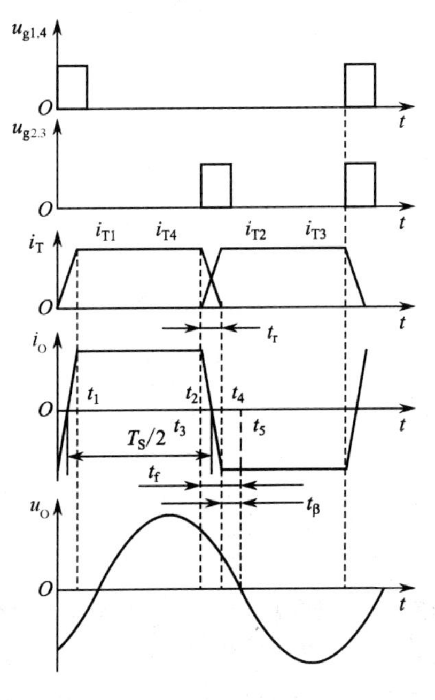

图 4-13　并联谐振逆变电路的工作波形

(2) 负载电压有效值 U_O 和直流电压 U_d 的关系：

逆变电路的输入功率

$$P_I = U_d I_d \tag{4.5.5}$$

逆变电路的输出功率 P_0 为

$$P_O = U_O I_{O1} \cos\varphi \tag{4.5.6}$$

因为 $P_O = P_I$，于是可求得

$$U_O = \frac{\pi U_d}{2\sqrt{2}\cos\varphi} = 1.11\frac{U_d}{\cos\varphi} \tag{4.5.7}$$

2. 串联谐振式逆变电路

1）电路结构

图 4-14 所示为串联谐振逆变电路的电路结构，其直流采用负载不可控三相整流桥整流后经大电容 C_d 滤波获得直流电压 U_d，从而构成电压型逆变电路。电路为了续流设置了反馈二极管 $VD_1 \sim VD_4$，补偿电容 C 和负载电感线圈构成串联谐振电路。为了实现负载换流，要求补偿以后的总负载呈容性。

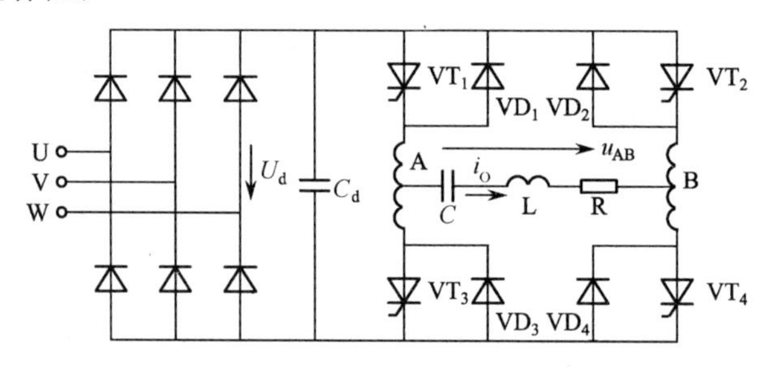

图 4-14　串联谐振逆变电路的原理图

2）工作原理

图 4-15 所示为串联谐振式逆变电路的工作波形图。因为是电压型逆变电路，其输出电压为矩形波，除基波外还包含各次谐波。工作时，逆变电路频率接近谐振频率，故负载对基波电压呈现低阻抗，基波电流很大，而对谐波分量呈现高阻抗，谐波电流很小，所以负载电流基本为正弦波。另外，还要求电路工作频率略低于电路谐振频率，以使负载呈容性，负载电流超前电压，实现负载换流。

设晶闸管 VT_1、VT_4 导通，电流从 U 流向 V，u_0 左正右负。由于电流超前电压，当 $t=t_1$ 时，电流为零。当 $t>t_1$ 时，电流反向。由于 VT_2、VT_3 未导通，反向电流通过二极管 VD_1、VD_4 续流，VT_1、VT_4 承受反压关断。当 $t=t_2$ 时，触发 VT_2、VT_3，负载两端电压极性反向，即左负右正，VD_1、VD_4 截止，电流从 VT_2、VT_3 中流过。当 $t>t_3$ 时，电流再次反向，电流通过 VD_2、VD_3 续流，VT_2、VT_3 承受反压关断。当 $t=t_4$ 时，再触发 VT_2、VT_3。二极管导通时间 t_f 即为晶闸管反压时间，要使晶闸管可靠关断，t_f 应大于晶闸管关断时间 t_q。

串联谐振逆变电路启动关断容易，但对负载的适应性差。当负载参数变化较大且配合不当时，会影响功率输出，因此，串联谐振式逆变电路适用于电炉热加工等需要频繁启动、负载参数变化较小和工作频率较高的场合。

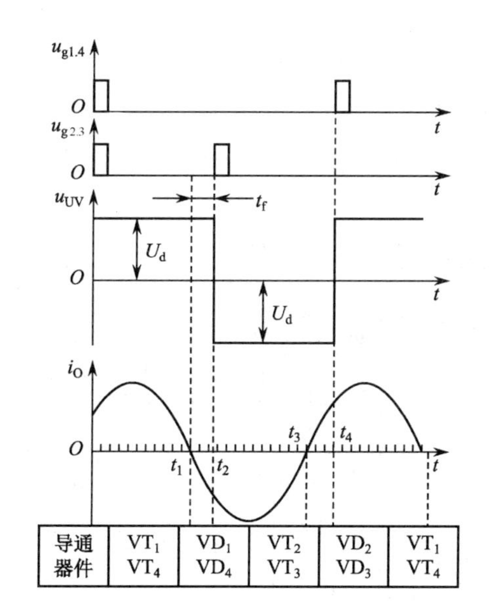

图 4-15　串联谐振式逆变电路的工作波形图

4.6　逆变电路的 SPWM 控制技术

电压型逆变电路的输出电压都是 180°宽的方波交流电压,输出电压中除基波外含有大量的高次谐波,若采用 LC 滤波器消除谐波,在电路开关频率较低时,要求 L、C 的数值大,则它的体积也大,这会降低装置的功率密度。

在实际应用中,很多负载都希望输出电压和输出频率能得到控制。输出频率的控制相对较容易,逆变电路电压和波形的控制就比较复杂。逆变器通常由一个相控整流电路(或直流变换电路)和一个逆变电路组成,控制相控整流电路可以改变输出电压,控制逆变电路可以改变输出频率。这种控制方式有以下缺点:

(1) 输出电压为矩形波,其中含有较多谐波,对负载不利。

(2) 采用相控方式调压,输入电流谐波含量大,输入功率因数偏低。

(3) 由于中间环节有大容量存在,因此调压惯性较大,响应较慢。

逆变电路脉宽调制(PWM)技术能较好地克服以上缺点,是一种较理想的控制方案。

1. SPWM 的基本原理

逆变电路理想的输出电压是图 4-16 所示的正弦波。而电压型逆变电路的输出电压是方波,如果将一个正弦波半波电压分成 N 等份,并把正弦曲线每一等份所包围的面积都用一个与其面积相等的等幅矩形脉冲来代替,且矩形脉冲的中点与相应正弦等份的中点重合,得到如图 4-16(b)所示的脉冲列,这就是 PWM 波形。正弦波的另外一个半波可以用相同的办法来等效。可以看出,该 PWM 波形的脉冲宽度是按正弦规律变化,称为 SPWM 波形。

根据采样控制理论,脉冲量相等而形状不同的窄脉冲加在具有惯性的环节上时,其效果基本相同。脉冲频率越高,SPWM 波形越接近正弦波。逆变电路的输出电压为 SPWM 波形时,其低次谐波得到很好的抑制和消除,高次谐波又能很容易滤除,从而可获得畸变率极低的正弦波输出电压。

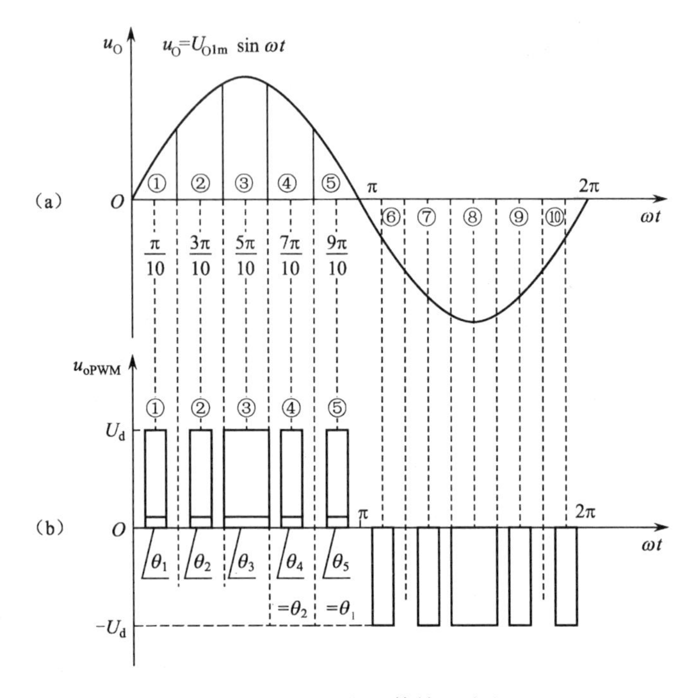

图 4-16　SPWM 电压等效正弦电压

SPWM 控制方式就是对逆变电路开关器件的通断进行控制，使输出端得到一系列幅值相等而宽度不相等的脉冲，用这些脉冲来代替正弦波或者其他所需要的波形。

从理论来讲，在 SPWM 控制方式中给出了正弦波频率、幅值和半个周期内的脉冲数后，脉冲波形的宽度和间隔便可以准确计算出来。然后按照计划的结果控制电路中各开关器件的通断，就可以得到所需要的波形。这种方法称为计算法。计算法很烦琐，当输出正弦波的频率、幅值或相位变化时，结果都要变化，实际中很少应用。

在大多数情况下，常采用正弦波与等腰三角波相交的办法来确定各矩形脉冲的宽度。等腰三角波上下宽度与高度成线性关系且左右对称，当它与任何一个光滑曲线相交时，即得到一组等幅而脉冲宽度正比该曲线函数值的矩形脉冲。这种方法称为调制方法。希望输出的信号为调制信号不是正弦波时，也能得到与调制信号等效的 PWM 波形。

2. 单极性 SPWM 控制

电压型单相桥式 PWM 控制逆变电路如图 4-17 所示。图中采用 GTR 作为逆变电路的自关断开关器件。设负载为电感性，控制方式有单极性与双极性两种。

按照 PWM 控制的基本原理，如果给定了正弦波频率、幅值和半个周期内的脉冲个数，PWM 波形各脉冲的宽度和间隔就可以准确地计算出来。依据计算结果来控制逆变电路中各开关器件的通断，就可以得到所需要的 PWM 波形，但是这种计算很烦琐。较为实用的方法是采用调制控制，如图 4-18 所示，把所希望输出的正弦波作为调制信号 u_r，把接受调制的等腰三角形作为载波信号 u_c。对逆变桥 VT_1～VT_4 的控制规律如下：

当 u_r 处在正半周时，让 VT_1 保持导通，VT_2 保持断开，在 u_r 与 u_c 正极性三角波交点处控

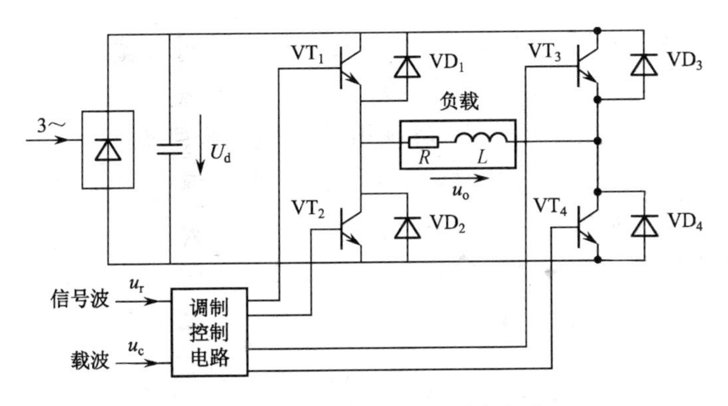

图 4-17　单相桥式 PWM 逆变电路

制 VT_4 的通断，在 $u_r>u_c$ 各区间控制 VT_4 为通态，输出负载电压 $u_O=U_d$。在 $u_r<u_c$ 各区间，控制 VT_4 为断态，输出电压 $u_O=0$，此时负载电流可以经过 VD_3 与 VT_1 续流。

当 u_r 处在负半周时，让 VT_2 保持导通，VT_1 保持断开，在 u_r 与 u_c 负极性三角波交点处控制 VT_3 的通断，在 $u_r<u_c$ 各区间控制 VT_3 为通态，输出负载电压 $u_O=-U_d$。在 $u_r>u_c$ 各区间控制 VT_3 为断态，输出负载电压 $u_O=0$，此时负载电流可以经过 VD_4 与 VT_2 续流。

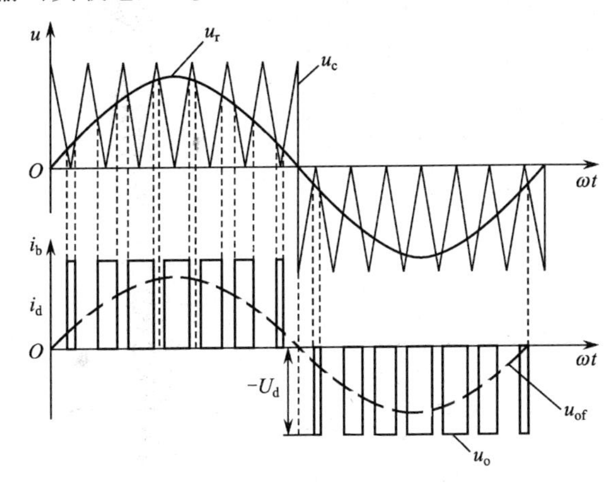

图 4-18　单极性 PWM 控制方式

逆变电路输出的 u_O 为 PWM 波形，如图 4-18 所示，u_{Of} 为基波分量。由于在这种控制方式中 PWM 波形只能在一个方向变化，故称为单极性 PWM 控制方式。

调节调制信号 u_r 的幅值可以使输出调制脉冲宽度作相应的变化，这能改变逆变器输出电压的基波幅值，从而实现对输出电压的平滑调节；改变调制信号 u_r 的频率则可以改变输出电压的频率。所以，从调节的角度来看，SPWM 逆变器非常适合于交流变频调速系统。

3. 双极性 SPWM 控制

与单极性 SPWM 控制方式对应，另外一种 SPWM 控制方式称为双极性 SPWM 控制方式。单相桥式逆变电路采用双极性控制方式时的 SPWM 波形如图 4-19 所示。这种控制规律如下：

在 u_r 的正负半周内，对各晶体管控制规律系统，同样在调制信号 u_r 和载波信号 u_c 的交点时刻控制各开关器件的通断。当 $u_r>u_c$ 各区间，给 VT_1 和 VT_4 导通信号，而给 VT_2 和 VT_3 关断信号，输出负载电压 $u_O=U_d$。；在在 $u_r<u_c$ 各区间，给 VT_2 和 VT_3 导通信号，而给 VT_1

和 VT_4 关断信号，输出负载电压 $u_O=-U_d$。

在双极性控制方式中，三角载波是正负两个方向变化，所得到的 SPWM 波形也是在正负两个方向变化。在 u_r 的一个周期内，PWM 输出只有 $\pm U_d$ 两种电平。逆变电路同一相上下两臂的驱动信号是互补的。在实际应用时，为了防止上下两个桥臂同时导通而造成短路，在给一个臂施加关断信号后，在延迟 Δt 时间，然后给另一臂施加导通信号。延迟时间的长短取决于功率开关器件的关断时间。需要指出的是，这个延迟时间将会给输出的 PWM 波形带来不利影响，使其偏离正弦波。

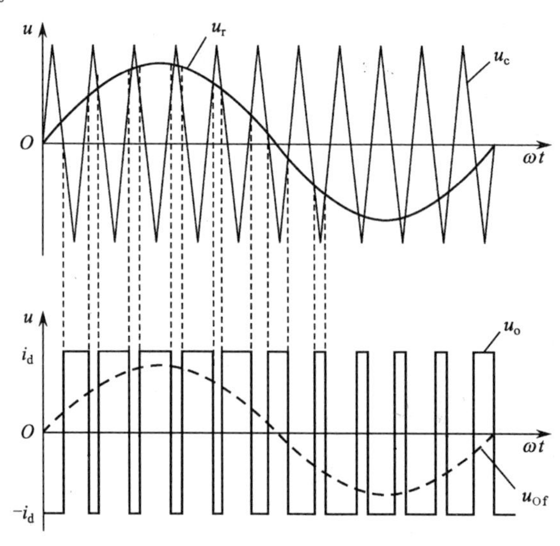

图 4-19　双极性 PWM 控制方式

4. 三相桥式逆变电路的 SPWM 控制

图 4-20 所示为电压型三相桥式 PWM 控制的逆变电路。其控制方式为双极性方式。其工作原理如下：

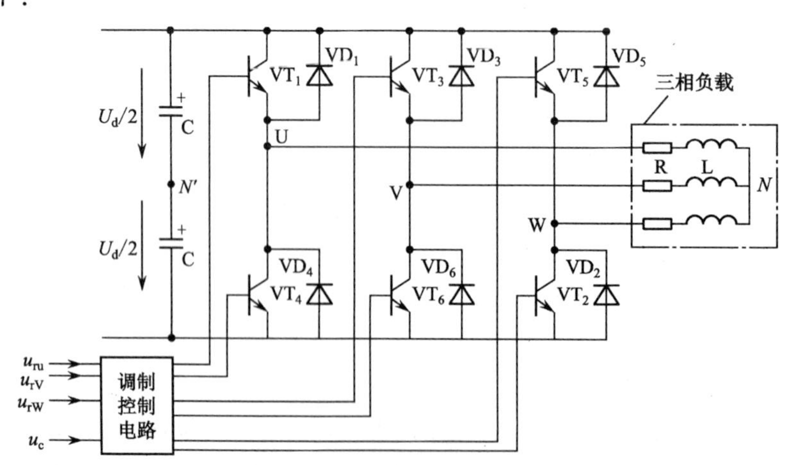

图 4-20　电压型三相桥式逆变电路的 PWM 控制方式

三相调制信号 u_{rU}、u_{rV} 和 u_{rW} 分别为三相正弦信号，其幅值和频率均相等，相位依次相差 120°。U、V、W 三相 PWM 控制公用一个三角载波信号 u_c，三相 PWM 控制规律相同。现以

U 相为例，当 $u_{rU}>u_c$ 时，使 VT_1 导通，VT_4 关断，则 U 相相对于直流电源假想中性点 N' 的输出电压为 $u_{UN'}=U_d/2$；当 $u_{rU}<u_c$ 时，使 VT_1 关断，使 VT_4 导通，则 $u_{UN'}=-U_d/2$。VT_1、VT_4 驱动信号始终互补。其余两相控制规律相同。当给 VT_1（VT_4）加导通信号时，可能是 VT_1（VT_4）导通，也可能是 VD_1（VD_4）续流导通，这取决于阻感负载中电流的方向。输出相电压和线电压的波形如图 4-21 所示。

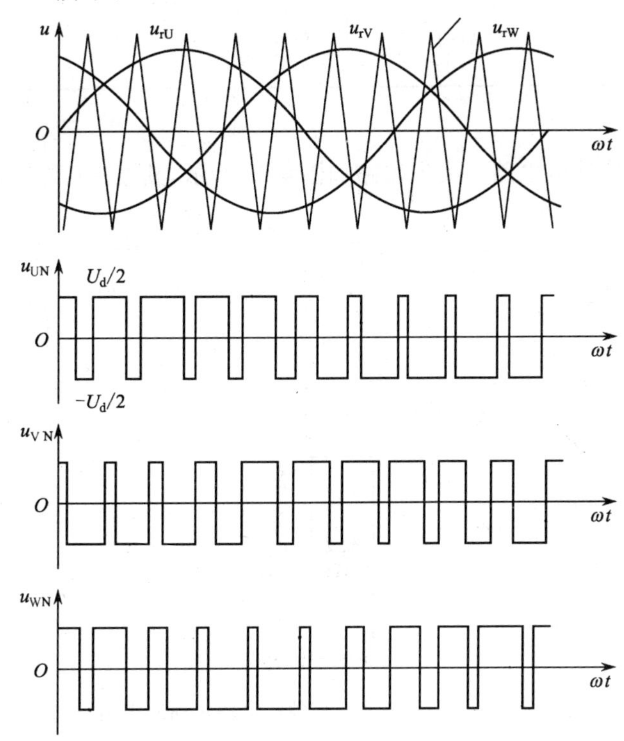

图 4-21　电压型三相桥式 PWM 逆变电路输出波形

5. SPWM 控制的逆变电路的优点

SPWM 控制的逆变电路的优点可以归纳如下：

(1) 可以得到接近于正弦波的输出电压，满足负载需要。

(2) 整流电路采用二极管整流，可获得较高的功率因数。

(3) 只用一级可控的功率调节环节，电路结构简单。

(4) 通过对输出脉冲宽度控制就可改变 输出电压的大小，大大加快了逆变电路的动态响应速度。

实训 8　三相桥式全控整流电路及有源逆变电路

1. 实训目标

(1) 加深理解三相桥式全控整流电路和三相有源逆变电路的工作原理；

(2) 了解 KC 系列集成触发器的调试方法和各点的波形；

(3) 理解 KC 系列触发器与 KC41，KC42 的连接方式。

2. 实训仪器与设备

实训所需仪器设备如表 4-1 所示。

表 4-1 实训所需仪器设备

设备名称	数量	设备名称	数量
DJK01 电源控制屏	1 块	DJK10 变压器实验挂件	1 件
DJK02 三相变流桥路	1 块	D42 三相可调电阻箱	1 套
DJK02-1 三相交流触发电路	1 件	双踪示波器	1 台
DJK06 给定、负载及吸收电路	1 块	万用表	1 只

3. 预备知识

(1) 三相桥式全控整流电路。实训线路如图 4-22 所示,其原理可参考任务 2 的相关内容。

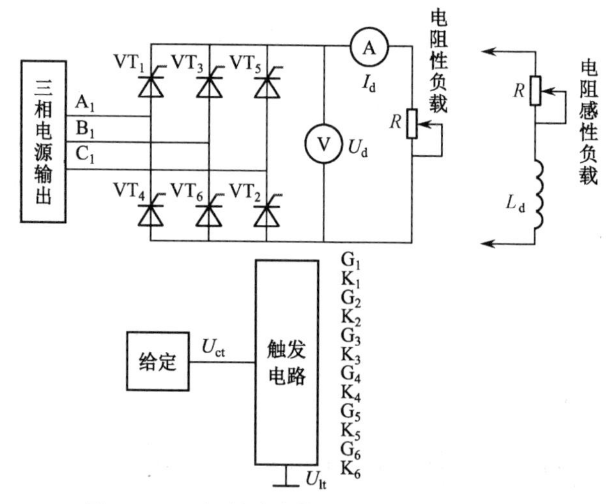

图 4-22 三相桥式全控整流电路实训原理图

(2) 三相桥式有源逆变电路。实训线路如图 4-23 所示,其原理可参考任务 2 的相关内容。

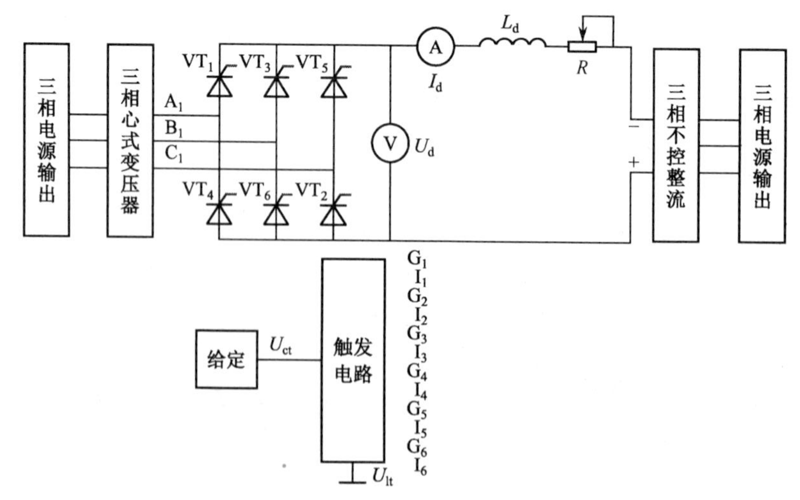

图 4-23 三相桥式有源逆变电路实训原理图

4. 实训内容与方法

(1) 将 DJK01“电源控制屏”上“调速电源选择开关”拨至“直流调速”侧。

(2) 打开 DJK02 电源开关,拨动“触发脉冲指示”开关至“窄”处。

(3) 将 DJK06 上的“给定”输出直接与 DJK02 上的偏移控制电压 U_{ct} 相接,将 DJK02 面板上的 U_{1f} 端接地,将“正桥触发脉冲”的六个开关拨至“通”,适当增加给定的正输出,观察正桥 $VT_1 \sim VT_6$ 晶闸管门极和阴极之间的触发脉冲是否正常。

(4) 三相桥式全控整流电路按图 4-22 接线,将 DJK06 上的“给定”输出调至零,使变阻器放在最大阻值处,按下启动按钮,调节给定电位器,增加移相电压,使 α 在 30°～150°范围内调节,同时,根据需要不断调整电阻 R,使得负载电流 I_d 保持在 0.6 A 左右,用示波器观察并记录 α=30°,60°,90°时的整流电压 U_d 和晶闸管两端电压 U_{VT} 的波形,并记录相应的 U_d 数值于表 4-2 中。

表 4-2　α=30°,60°,90°时的整流电压 U_d 数值

α	30°	60°	90°
U_2			
U_d(记录值)			
U_d(计算值)			
U_d/U_2			

计算公式:

$$U_d = 2.34U_2\cos\alpha \qquad (\alpha = 0° \sim 60°)$$

$$U_d = 2.34U_2\left[1+\cos\left(\alpha+\frac{\pi}{3}\right)\right] \qquad (\alpha = 60° \sim 120°)$$

(5) 三相桥式有源逆变电路按图 4-23 接线,将 DJK06 上的“给定”输出调至零,使变阻器放在最大阻值处,按下启动按钮,调节给定电位器,增加移相电压,使 α 在 30°～90°范围内调节,同时,根据需要不断调整放在电阻 R,使得负载电流 I_d 保持在 0.6 A 左右,用示波器观察并记录 β=30°,60°,90°时的整流电压 U_d 和晶闸管两端电压 U_{VT} 的波形,并记录相应的 U_d 数值于表 4-3 中。

表 4-3　β=30°,60°,90°时的整流电压 U_d 数值

β	30°	60°	90°
U_2			
U_d(记录值)			
U_d(计算值)			
U_d/U_2			

计算公式为

$$U_d = 2.34U_2\cos(180° - \beta)$$

5. 实训注意事项

(1) 整流电路与三相电压连接时,一定要注意相序。

(2) 电压表是双极性的,晶闸管的阳极接电压表正极,阴极接电压表负极,当整流时指针正偏,逆变时反偏。

6. 实训报告

(1) 画出电路的移相特性 $U_d = f(\alpha)$

(2) 画出触发电路的传输特性 $\alpha = f(U_{ct})$

(3) 画出 $\alpha=30°,60°,90°,120°,150°$时的整流电压 U_d 和晶闸管两端电压 U_{VT} 的波形。

(4) 写出本次实训的心得体会。

7. **实训评价**(见表 4-4)

表 4-4 评 分 表 老师________得分________

考核内容	配分	评分标准	扣分	得分
按图装接	20 分	(1) 不按图装接,扣 5 分 (2) 不会用仪器、仪表选择挂箱的,扣 2 分 (3) 挂箱选择错误或损坏,每只扣 2 分 (4) 错装漏装,每只扣 2 分		
挂箱的安装和连接	40 分	(1) 不合理、不美观、不整齐,扣 5 分 (2) 挂箱的安装错误的,每点扣 2 分 (3) 挂箱连接错误的,每点扣 2 分 (4) 连接双踪示波器错误的,每点扣 2 分		
测量与故障排除	40 分	(1) 不能正确使用各个挡位,扣 3 分 (2) 测量不成功,扣 2 分 (3) 故障排除不成功,扣 2 分		
安全文明生产	符合国家颁布安全文明生产规定。每违反一项规定,从总分中扣 3 分,发生重大事故取消考核资格			

实训 9 直流调速控制电路的触发回路的安装

1. **实训目标**

(1) 熟悉控制电路触发回路的工作原理及电路中各元件的作用;

(2) 熟悉元器件的计算参数性能及元器件的质量好坏的检测方法;

(3) 掌握控制电路触发回路的安装、调试步骤及方法;

(4) 对控制电路触发回路中故障原因能加以分析并能排除故障;

(5) 熟悉双踪示波器的使用方法。

2. **实训仪器与设备**

实训所需仪器设备如表 4-5 所示。

表 4-5 实训所需仪器设备

设备名称	数量	设备名称	数量
控制电路触发回路底板	1 块	万用表	1 只
控制电路触发回路元件	1 套	电烙铁	1 把
双踪示波器	1 台		

3. **预备知识**

控制电路触发回路实训线路如图 4-24 所示。该电路分主电路和触发电路两大部分。主电路是担心半控桥式整流电路,触发电路是单结晶体管触发电路。

4. **实训内容与方法**

1) 控制电路触发回路的安装

(1) 按元件明细表配齐元件。

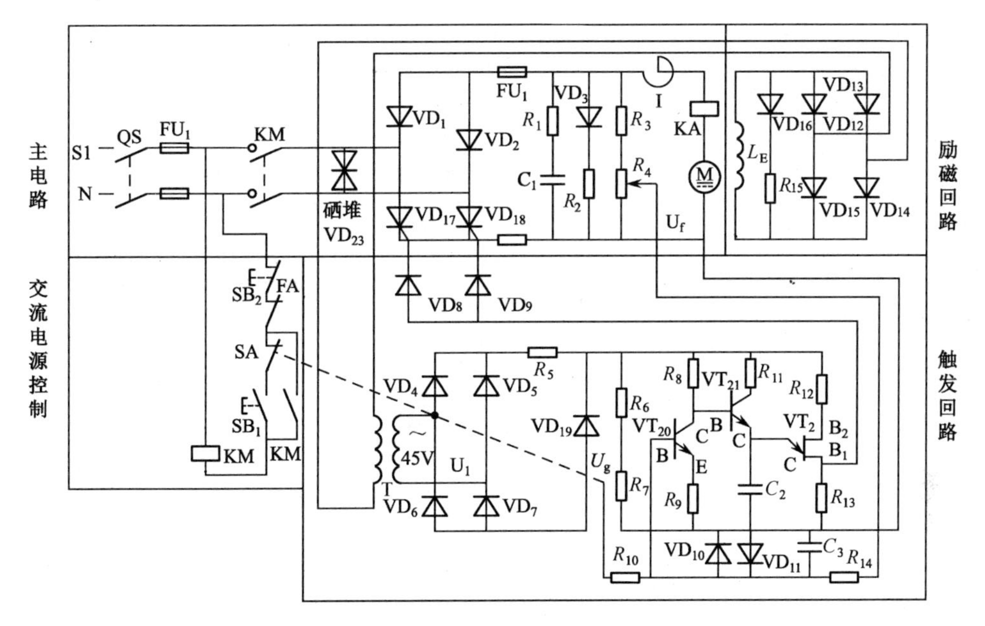

图 4-24　图励直流电动机调速控制电路

(2) 元器件的选择与测试。根据图 4-24 所示电路选择元器件并进行测量，重点对二极管、晶闸管、稳压管、单结晶体管等元器件的性能、管脚进行测试和区分。

(3) 焊接前准备工作。将元器件按布置图在电路底板焊接位置上做引线成形。弯脚时，切忌从元件根部直接弯曲，应将根部留有 5～10 mm 长度以免断裂。清除元件引脚、连接导线端的氧化层后涂上助焊剂，上锡备用。

(4) 元器件焊接安装。根据电路布置图和布线图将元器件进行焊接安装。

2) 控制电路触发回路的调试

(1) 通电前的检查。对于以焊接安装完毕的电路根据图 4-24 所示电路进行详细检查。重点检查二极管、稳压管、单结晶体管、晶闸管等元件的管脚是否正确。输入、输出端有无短路现象。

(2) 通电检查。控制电路分主电路和单结晶体管触发电路两大部分。因而通电调试亦分成两个步骤，首先调试单结晶体管触发电路，然后再将主电路和单结晶体管触发电路连接，进行整体综合调试。

3) 控制电路触发回路故障分析及处理

控制电路触发回路在安装、调试及运行中，由元器件及焊接等原因产生故障，可根据故障现象，用万用表、示波器等仪器进行检查测量并根据电路原理进行分析，找出故障原因并排除。

5. 实训注意事项

(1) 注意元件布置要合理。

(2) 焊接应无虚焊、错焊、漏焊、焊点应圆滑无毛刺。

(3) 焊接时应重点注意二极管、稳压管、单结晶体管、晶闸管等元件的管脚。

6. **实训报告**

(1)画出触发回路各点的电压波形。

(2)讨论分析实训中出现的现象和故障。

(3)写出本实训的心得与体会。

7. **实训评价**(见表4-6)

表4-6 评 分 表 老师________得分________

考核内容	配分	评分标准	扣分	得分
按图装接	20分	1. 不按图装接,扣5分; 2. 不会用仪器、仪表的,扣2分; 3. 挂箱选择错误或损坏,每只扣2分; 4. 错装漏装,每只扣2分		
焊接安装和连接	40分	1. 焊接不合理、不美观、不整齐,扣5分; 2. 焊接安装错误的,每点扣2分; 3. 电路连接错误的,每点扣2分; 4. 连接双踪示波器错误的,每点扣2分		
测量与故障排除	40分	1. 不能正确使用各个挡位,扣3分; 2. 测量不成功,扣2分; 3. 故障排除不成功,扣2分		
安全文明生产	符合国家颁布安全文明生产规定。每违反一项规定,从总分中扣3分,发生重大事故取消考核资格			

习 题 4

选择题

4.1 SPWM逆变器有两种调制方法:双极性和(   )

A. 单极性 B. 多极性 C. 二极性 D. 四极性。

4.2 若增大SPWM逆变器的输出电压基波频率,可采用的控制方法是(   )

A. 增大三角波幅度 B. 增大三角波频率

C. 增大正弦调制波频率 D. 增大正弦调制波幅度

判断题

4.3 电压型逆变电路,为了反馈感性负载上的无功能量,波形在电力开关器件上反向并联反馈二极管。(   )

4.4 无源逆变电路,是把直流电能逆变成交流电能送给电网。(   )

4.5 无源逆变指的是不需要逆变电源的逆变电路。(   )

4.6 并联谐振逆变电路采用负载换流方式时,谐振回路不一定要呈电容性。(   )

4.7 电压型并联谐振逆变电路,负载电压波形是很好的正弦波。(   )

简答题

4.8 什么是电压型和电流型逆变电路,各有何特点?

4.9 电压型逆变电路中的反馈二极管的作用是什么?

4.10　为什么在电流型逆变电路的可控器件上要串联二极管？

4.11　全控型器件组成的电压型三相桥式逆变电路能否构成 120°导电型，为什么？

4.12　并联谐振型逆变电路利用负载电压进行换流，为了保证换流成功应满足什么条件？

4.13　试说明 PWM 控制的工作原理。

4.14　单极性 PWM 调制和双极性 PWM 调制有什么区别？

4.15　三相桥式电压型逆变电路采用 180°导电方式，当其直流侧电压 $U_{d}=100$ V 时。(1)求输出电压基波幅值和有效值，(2)求输出线电压基波幅值和有效值。

第5章 交流变换电路与软开关技术

学习目标

- 通过学习掌握单相交流调压电路(电阻负载和电感性负载)分析及应用。
- 通过学习掌握三相四线制交流调压与三相三线制交流调压电路的分析。
- 熟悉交流调功电路与交—交变频电路及工作过程,优缺点。
- 熟悉软开关的概念和基本电路。掌握典型软开关几种变换电路。

交流变换电路是把交流电的幅值、频率、相等参数加以变换的电路。根据变换参数不同,交流变换电路可以分为交流电力控制电路和交一交变频电路。

交流电力控制电路的功能是维持频率不变,仅改变输出电压的幅值,晶闸管交流开关、单相交流调压和三相交流调压电路的应用。

交一交变频电路又称直接变频电路,它的的功能是不通过中间直流环节而把电网频率的交流电直接变换成较低频率的交流电的电路。变换效率高,常用于大功率交流电动机调速系统中。

5.1 交流调压电路

交流调压电路是用来变换交流电压幅值(或有效值)的电路,它广泛应用于电炉的温度控制、灯光调节、异步电动机软启动和调速场合,也可以用来调节整流变压器一次电压。采用晶闸管组成的交流电压控制电路可以很方便地调节输出电压幅值(或有效值)。

1. 单相交流调压电路

单相交流调压电路可以用两只普通晶闸管反向并联,也可以用一只双向晶闸管构成,后一种因其线路简单,成本低,故用得越来越多。下面分别从电阻性负载和电感性负载进行分析。

1) 电阻性负载

电路如图5-1所示,用两只普通晶闸管反向并联或一只正向晶闸管组成主电路,接电阻性负载。

在普通晶闸管反向并联电路中,当电源电压为正半波时,在 $\omega t=\alpha$ 时触发 VT_1 导通。于是有电流 i 流过负载,电阻通电,有电压 u_R。当 $\omega t=\pi$ 时,电源电压过零,$i=0$,VT_1 自行关断,$u_R=0$。在电源的负半波 $\omega t=\pi+\alpha$ 时,触发 VT_2 导通,负载电阻得电,u_R 变为负值。在 $\omega t=2\pi$ 时,$i=0$,VT_2 自行关断,$u_R=0$。下个周期重复上述过程,在负载电阻上就得到缺角的交流电压波形。u_R、u_{T1}、u_{T2}的波形如图 5-1 所示。通过改变 α 可得到不同的输出电压的有效值,从而达到交流调压的目的。由于双向晶闸管组成的电路,只要在正、负半周的对称的相应时刻($\omega t=\alpha$,$\omega t=\pi+\alpha$)给出触发脉冲,则和反向并联电路一样可得到同样的可调交流电压。

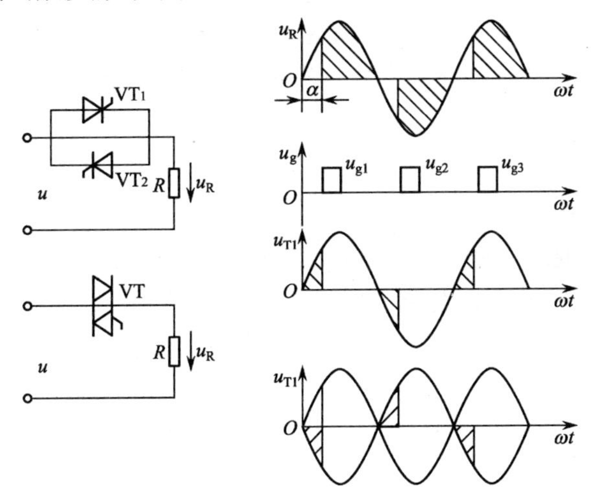

图 5-1 单相交流调压电路及波形

单相电阻负载交流调压的数量关系如下:

负载电压的有效值为

$$U=U_2\sqrt{\frac{1}{2\pi}\sin\alpha+\frac{\pi-\alpha}{\pi}} \tag{5.1.1}$$

负载电流的有效值为

$$I=\frac{U}{R}=\frac{U_2}{R}\sqrt{\frac{1}{2\pi}\sin2\alpha+\frac{\pi-\alpha}{\pi}} \tag{5.1.2}$$

功率因素 $\cos\varphi$ 为

$$\cos\varphi=\frac{P}{S}=\frac{U_RI}{UI}=\frac{U_R}{U}=\sqrt{\frac{2(\pi-\alpha)+\sin2\alpha}{2\pi}} \tag{5.1.3}$$

式中,U_2 为输入交流电压的有效值。

从式(5.1.1)可以看出,随着 α 角的增大,U 逐渐减小。当 $\alpha=\pi$ 时,$U=0$。因此,单相交流调压电路对于电阻性负载,其电压可调范围为 $0\sim U_2$,控制角的移相范围为 $0\sim\pi$。

单相交流调压电路带电阻负载时,输出电压波形正负半波对称,所以不含直流分量和偶次谐波。交流调压电路的触发电路完全可以套用整流移相触发电路,但是脉冲的输出必须通过脉冲变压器,其两个二次线圈之间要有足够的绝缘。

图 5-2(a)所示为常见的小功率调光台灯外形图,其调光电路通常采用由双向晶闸管(或普通晶闸管)和触发二极管组成的交流调压电路,如图 5-2(b)所示。该电路中采用了双向晶闸管 VS 作为主控元件,触发电路的特点是使用了双向二极管 SB,这种元件为 PNP 三层结构,两个 PN 结有对称的电压击穿特性,击穿电压一般在 30V 左右,SB 与可调电阻 R_P、电阻 R、电容 C_1、C_2 共同组成了 VS 的移相调节触发电路。分析调光电路时,可以先省略 R 和 C_2,并将 R_P 直接与 SB、C_1 连接,此时如果交流电源电压超过零点,电源就会通过 R_P 给 C_1 充电,当 C_1

两端电压超过触发二极管的击穿电压与双向晶闸管的门极触发电压之和时，SB 被击穿，VS 触发导通。另外，通过调节 R_P 的阻值可以改变 C_1 的充电时间常数，即相当于改变了控制角。

由于 SB 能够双向击穿，因此 VS 在正、负半周均可被触发，属 I^+、III^- 触发方式，在负载上得到的是缺角的受控正弦波。如果在上述电路的基础上接入 R 和 C_2。就构成了改进型调光电路，它克服了在大控制角触发时，由于电源电压已超过峰值并下降到较低的程度，此时如果 R_P 阻值过大，则会造成 C_1 充电电压不足而 SB 无法击穿。改进的原理是，在电源电压很低时利用电路中增加的电容 C_2。通过电阻 R 放电，为 C_1 增加一个充电电路，以保证可靠地触发，增大交流调压的范围。

图 5-2(c)是一种低成本小功率白炽灯调光实用电路，它除了采用普通晶闸管 VT 和二极管整流器替代双向晶闸管 VS 外，其他工作原理完全相同。

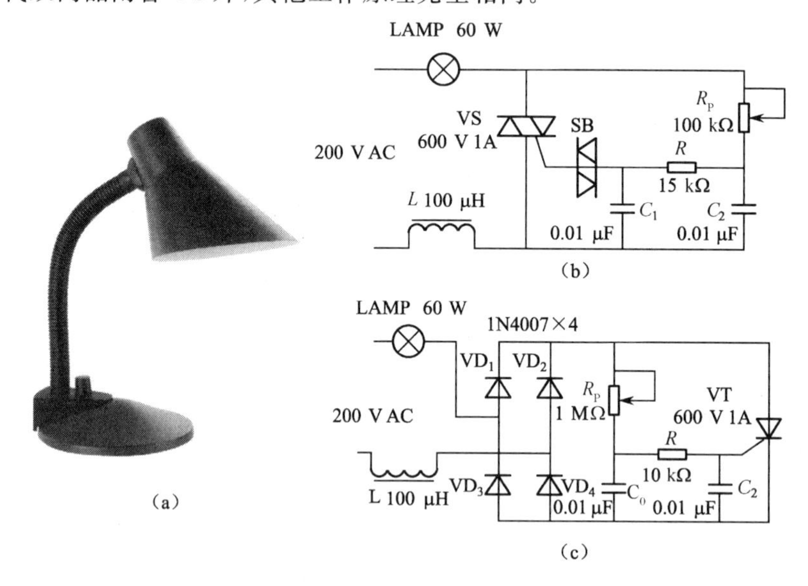

图 5-2 双向晶闸管(或普通晶闸管)与触发二极管构成的小功率调光台灯

2）电感性负载

单相交流调压器带阻性加感性负载时的电路如图 5-3 所示。由于电感性负载电路中电流的变化要滞后电压的变化。因而和电阻负载相比有它的特点。当电源电压由正半周过零反向时，由于负载电感中产生感应电动势阻止电流变化，电流还未到零，即电压过零时晶闸管不能关断，故还要继续导通到负半周。晶闸管导通角 θ 的大小不但与控制角 α 有关而且与负载功率因数角 φ($\varphi=\arctan(\omega L/R)$]有关。图 5-4 所示为导通角 θ、控制角 α 及功率因数角 φ 的关系。从图中明显可见，控制角越小则导通角越大。负载功率因数角 φ 越大，表明负载感抗大，自感电势电流过零的时间越长，因而导通角 θ 越大。

下面分三种情况进行讨论。

(1) $\alpha>\varphi$。由图 5-3 可见，$\alpha>\varphi$，$\theta<180°$，正、负半波电流断续。α 越大，θ 越小。即 α 的相位在($180°-\varphi$)范围内，可以得到连续可调的交流电压。电流电压波形如图 5-3(a)所示。

(2) $\alpha=\varphi$。由图 5-3 可见，当 $\alpha=\varphi$ 时，$\theta=180°$，即正、负半波电流临界连续，相当于晶闸管失去控制，如图 5-3(b)所示。

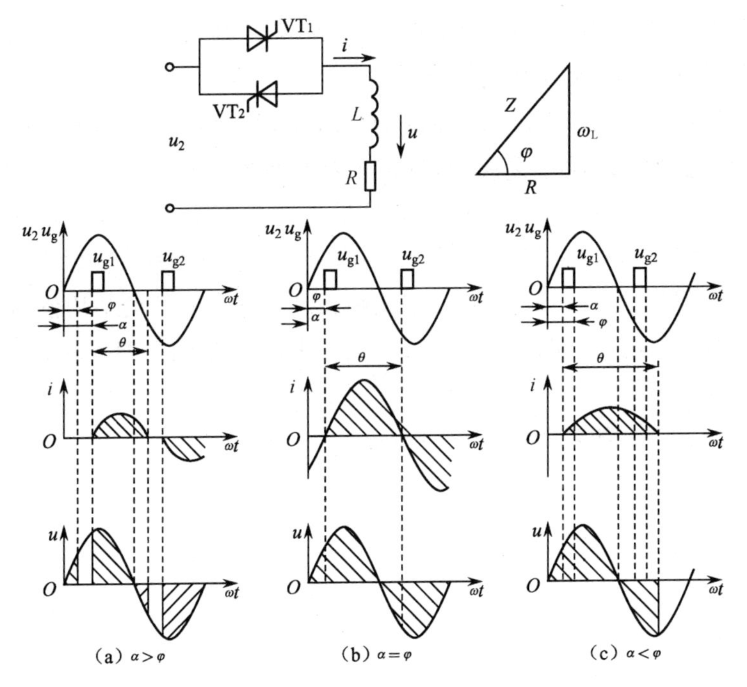

图 5-3　带阻感负载单相交流调压电路及输出波形

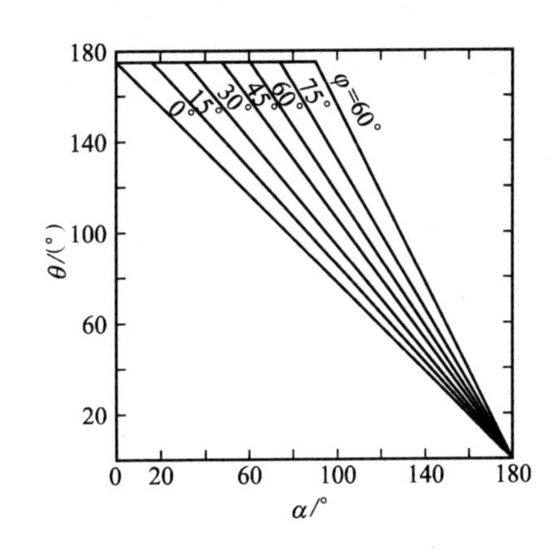

图 5-4　导通角 θ 控制角 α 及功率因数角 φ 的关系

(3) $\alpha<\varphi$。此种情况，若开始给 VT_1 加触发脉冲，VT_1 导通，而且 $\theta>180°$。如果触发脉冲为窄脉冲，当 u_{g2} 出现时，VT_1 管的电流还未到零，VT_1 管不能关断。VT_2 管不能导通。当 VT_1 管的电流到零关断时，u_{g2} 的脉冲已消失，此时 VT_2 管虽已受正压，但也无法导通。到第三个半波时，u_{g1} 又触发 VT_1 导通。这样负载电流只有正半周部分，出现很大直流分量，电路不能正常工作。因而电感性负载时，晶闸管不能用窄脉冲触发，可采用宽脉冲或脉冲列触发。这样即使 $\alpha<\varphi$，电流仍能得到对称连续的正弦波，电流滞后电压 φ 角度，如图 5-3(c)所示。

综上所述，单相交流调压有如下特点：

(1) 电阻负载时，负载电流波形与单相桥式可控整流交流侧电流波形一致。改变控制角 α 可以连续改变负载电压有效值，达到交流调压的目的。单相交流调压的触发电路完全可以套用整流触发电路。

(2) 电感性负载时，不能用窄脉冲触发。否则当 $\alpha<\varphi$ 时，会出现一个晶闸管无法导通，产生很大直流分量，烧毁熔断器或晶闸管。

(3) 电感性负载时，最小控制角 $\alpha_{\min}=\varphi$(功率因数角)。所以 α 的移相范围为 $\varphi\sim180°$。电阻负载时移相范围为 $0°\sim180°$。

例 5-1 由晶闸管反向并联组成的单相交流调压器如图 5-3 所示，电源电压 $U_2=2\ 300$ V。(1)当负载为电阻时阻值在 1.15～2.30 Ω 间变化，预期最大的输出功率为 2300 kW。(1)计算晶闸管所承受的电压最大值，以及输出最大功率时晶闸管的平均值和有效值。(2)当负载为阻性加感性负载时，$R=2.3\ \Omega$，$\omega L=2.3\ \Omega$。求控制角范围、最大输出电流的有效值。

解:(1)负载为电阻:

① 当电阻 $R=2.3\Omega$，如果触发角 $\alpha=0$ 则有

$$I_O=U_2/R=(2\ 300/2.3)\text{A}=1\ 000\ \text{A}$$

此时，最大输出功率 $P_O=I_O^2R=2\ 300$ kW，满足要求。

流过晶闸管电流有效值 I_T 为

$$I_T=\frac{I_O}{\sqrt{2}}=707\ \text{A}$$

输出最大功率时，$\alpha=0$，$\theta=\pi$，负载电流连续，关系式为

$$i_O=\frac{\sqrt{2}U_2}{R}\sin\omega t \qquad (\alpha\leqslant\omega t\leqslant\pi)$$

此时晶闸管电流平均值为

$$I_{dT}=\frac{1}{2\pi}\int_0^\pi\frac{\sqrt{2}U_2}{R}\sin\omega t(\text{d}t)=\frac{\sqrt{2}U_2}{\pi R}=450\ \text{A}$$

② 当 $R=1.15\Omega$ 时，如果调压电路向负载送出规定的最大功率，则 $\alpha>0$。设此时负载电流为 I_O，由 $P_O=I_O^2R=2\ 300$ kW，得 $I_O=1\ 414$ A

晶闸管电流的有效值为

$$I_T=\frac{I_O}{\sqrt{2}}=1\ 000\ \text{A}$$

③ 加到晶闸管的正、反向最大电压为$\sqrt{2}\times2\ 300$ V$=3\ 253$ V。

(2) 负载功率因数角为

$$\varphi=\arctan\frac{\omega L}{R}=\frac{\pi}{4}$$

最小控制角为

$$\alpha_{\min}=\varphi=\frac{\pi}{4}$$

故控制角范围为$\frac{\pi}{4}\leqslant\alpha\leqslant\pi$，最大电流发生在 $\alpha_{\min}=\varphi=\frac{\pi}{4}$，负载电流为正弦波，其有效值为

$$I_O=\frac{U_2}{\sqrt{R^2+(\omega t)^2}}=707\ \text{A}$$

2. 三相交流调压电路

单相交流调压适用于单相负载。如果单相负载容量过大，就会造成三相不平衡，影响电网供电质量，因而容量较大的负载大都采用三相。要适应三相负载的要求，就需要用三相交流调压。三相交流调压的电路有各种各样形式，各有其特点。下面介绍两种接线方式。

图 5-5(a)所示为三个独立的的单相交流调压电路组成的三相交流调压电路。其特点是带中性线，因此称为三相四线制调压电路。电路中晶闸管承受的电压、电流就是单相调压器时的数值。由于有中性线，故不一定非要有宽脉冲或双窄脉冲触发。在三相正弦交流电路中，由于各相电流 i_U、i_V、i_W 相位互差 120°，故中性线电流为零。该电路的缺陷是三次谐波在中性线中的电流大，所以中性线的导线截面积要求与相线一致。

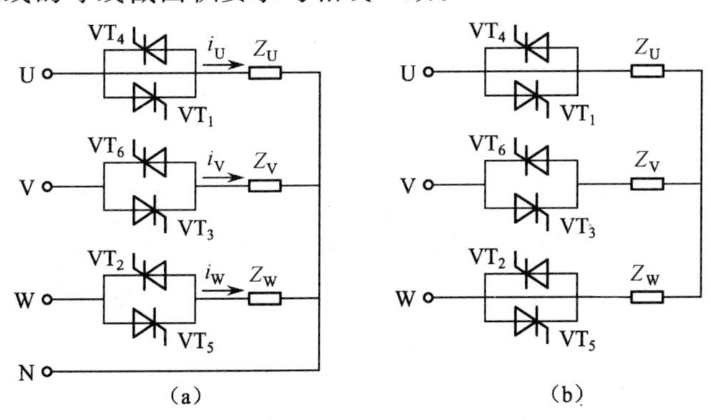

图 5-5　三相交流调压电路

图 5-5(b)所示为三相三线制交流调压电路，三相负载既可以是星形联结也可以是三角形联结。该电路的特点是每相电路通过另一相形成回路，因此该电路的晶闸管的触发脉冲必须是双脉冲，或者是宽度大于 60°的单脉冲。由于该型电路中负载接线灵活，且不用中性线，是一种较好的三相交流调压电路。

上述两种形式的三相交流调压电路，其输出电流与触发控制角的关系，以及在负载电流中所引起的谐波含量的关系都是各不相同的。选择哪一种具体的电路形式取决于负载的性质和要求的控制范围。

1) 三相四线制调压电路

图 5-5(a)所示为三相四线制交流调压电路。实际上是三个单相交流调压电路的组合。晶闸管的门极触发脉冲信号同相间两管的触发脉冲要互差 180°。各晶闸管导通顺序为 VT_1～VT_6，依次滞后间隔 60°。由于存在中性线，只需要一个晶闸管导通，负载就有电流流进，故可采用窄脉冲触发。该电路工作时，中性线上谐波电流较大，含有三次谐波，控制角 $\alpha=90°$时中性线电流甚至和各相电流的有效值接近。若变压器采用三柱式结构，则三次谐波磁通不能在铁芯中形成通路，承受较大漏磁通，引起发热和噪声。该电路中晶闸管上承受的峰值电压为 $\sqrt{\frac{2}{3}}U_L$（U_L 为线电压）。

2) 三相三线制交流调压电路

图 5-5(b)所示为三相三线制交流调压电路，负载可以接成星形，也可以接成三角形，由于没有中性线，必须保证两相晶闸管同时导通负载中才有电流流过。与三相全控桥一样，必须采

用宽脉冲或者双窄脉冲触发，六只晶闸管门极触发顺序为 $VT_1 \sim VT_6$，依次间隔 60°相位控制时，电源相电压过零处是对应的晶闸管控制角的起点（$\alpha=0°$）。α 角移相范围是 0°～150°。应当注意的是，随着 α 的改变电路中晶闸管导通模式也不同。

（1）$0° \leqslant \alpha < 60°$时，三个晶闸管导通与两个晶闸管导通交替，每管导通 $180°-\alpha$。当 $\alpha=0°$ 时，三管同时导通，相当于一般的三相交流电路。当每相的负载电阻为 R 时，各相的电流为：$i_\varphi = u_{2\varphi}/R$。

（2）$60° \leqslant \alpha < 90°$时，两管导通，每管导通 120°，当控制角 $\alpha=60°$时 U 相晶闸管导通情况与电流波形如图 5-6(a)所示。ωt_1 时刻触发 VT_1 管导通，与导通的 VT_6 管构成电流回路，此时在线电压 u_{UV}的作用下有

$$i_U = u_{UV}/2R$$

ωt_2 时刻，VT_2 管被触发导通，承受线电压 u_{UV}，此时 U 相电流为

$$i_U = u_{UW}/2R$$

ωt_3 时刻，VT_1 管关断，VT_4 管还未导通，所以 $i_U=0$。ωt_4 时刻，VT_4 管被触发，i_U 在 u_{UV}电压的作用下，经 VT_3、VT_4 构成回路。同理在 $\omega t_5 \sim \omega t_6$ 期间，u_{UW}电压经 VT_4，VT_5 构成回路。i_U 波形如图 5-6(a)剖面线所示。同样分析可得 i_V，i_W 波形，其形状与 i_U 相同，只是相位互差 120°。

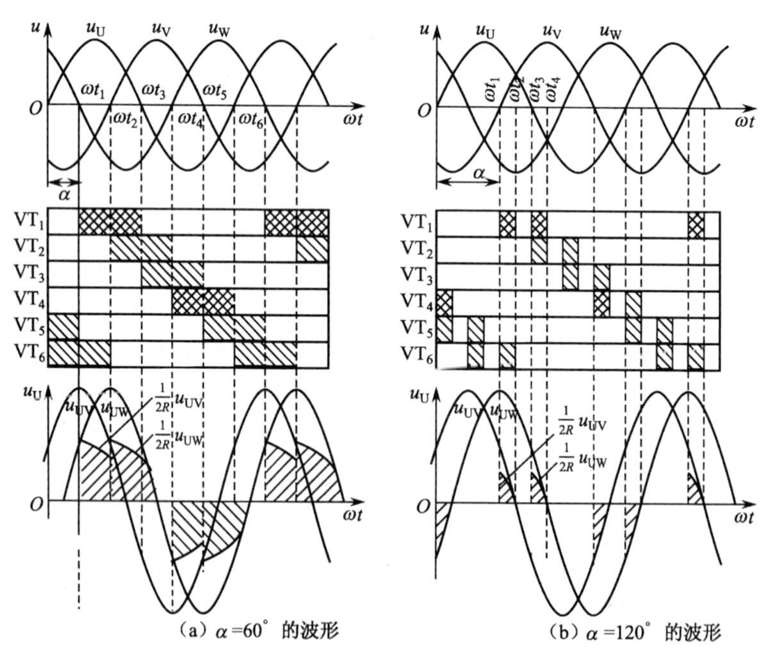

图 5-6 不同 α 角时负载相电压波形

（3）$90° \leqslant \alpha < 150°$时，两管导通与无晶闸管导通交替，导通角度为 $300°-2\alpha$，图 5-6(b)所示为 120°时的负载电压波形。注意，当 ωt_1 时刻触发 VT_1 管时，与 VT_6 管构成电流回路，导通到 ωt_2 时，由于 u_{UV}过零反向[即 $\varphi_U(\varphi_V)$，强迫 VT_1 管关断（VT_1 管先导通了 30°）。当 ωt_3 时，VT_2 管触发导通，此时由于采用了脉宽大于 60°的脉冲或双窄脉冲触发方式，故 VT_1 管仍有脉冲触发，此时在线电压 u_{UW} 作用下。经 VT_1，VT_2 管构成回路，使 VT_1 管又重新导通 30°。从

图 5-6(b)可见，当 α 增大至 150°时，$i_U=0$，故电阻负载时电路的移相范围为 0～150°，导通角 $\theta=180°-\alpha$。

5.2　交流调功电路

交流调功电路以交流电源周波数为控制单位，对电路通断进行控制。

通断控制调压时，电路形式与交流调压电路完全相同，把晶闸管作为开关，使负载与电源在 M 个周期中，接通 N 个电源周期后关断 $M-N$ 个电源周期，改变通断周波数的比值来调节负载所消耗的平均功率。改变 M 与 N 的比值，就改变了开关通断一个周期输出电压的有效值。这种控制方式简单、功率因数高，适用于有较大时间常数的负载，缺点是输出电压调节不平滑。

交流调功电路直接调节对象是电路的平均输出功率，常用于电炉的温度控制。交流调功电路控制对象时间常数很大，以周波数为单位控制即可。通常晶闸管导通时刻为电源电压过零的时刻，负载电压电流都是正弦波，不对电网电压电流造成通常意义的谐波污染。

当负载为电阻时，控制周期为 M 倍电源周期，晶闸管在前 N 个周期导通，后 $M-N$ 个周期关断。负载电压和负载电流（即电源电流）的重复周期为 M 倍电源周期。$M=3$，$N=2$ 时的电路波形如图 5-7 所示。

图 5-8 所示为交流调功电路的频谱图（以控制周期为基准）。I_n 为 n 次谐波有效值，I_O 为导通时电路电流幅值。从图可知电流中不含整数倍频率的谐波，但含有非整数倍频率的谐波，而且在电源频率附近，非整数倍频率谐波的含量较大。

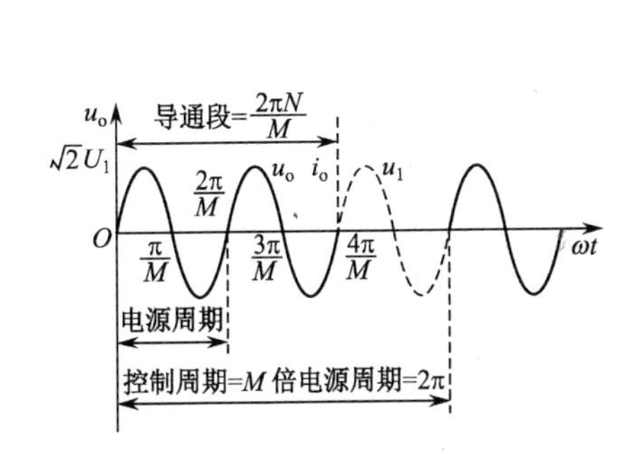

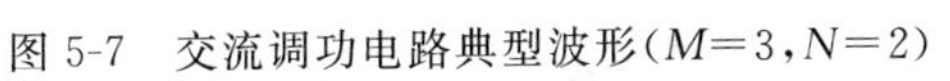

图 5-7　交流调功电路典型波形（$M=3$，$N=2$）

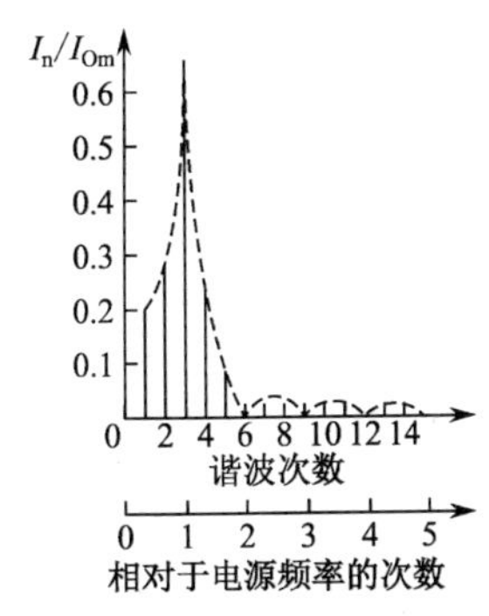

图 5-8　交流调功电路的电流频谱图（$M=3$，$N=2$）

5.3　交流电力电子开关

交流电力电子开关是将晶闸管反向并联后串入交流电路代替机械开关，起接通和断开电路的作用。由于晶闸管作为开关使用时响应速度快、无触点、寿命长、可频繁控制通断，因此与机械开关相比具有明显的优点。另外，如果控制晶闸管总是在电流过零时关断，在关断时不会因负载或线路电感存储能量而造成过电压和电磁干扰，特别适合于操作频繁、有易燃气体及多粉尘的场合。

交流电力电子开关只控制电路的通断，并不控制电路的平均输出功率，通常没有明确的控制周期，只是根据需要控制电路的接通和断开，控制频率通常比交流调功电路低得多。

由于电网中大多数用电设备是感性负载，它们工作时要消耗无功功率，因此造成电力负荷的功率因数较低。负荷的功率因数低对供电系统和电力系统的经济运行不利，如果电力系统的无功功率不平衡还会造成电网电压降低（当需求＞供给时）或升高（当需求＜供给时）。所以要对电网进行无功补偿，传统的补偿方式是采用机械开关的电容器投切补偿装置。但它有个比较严重的缺点，技术反应速度比较慢，即从控制器测量电路决定需要补偿的电容器，再到相应的电容器投入补偿，这个过程需要一定的时间。特别是某个或几个电容器从电路中切除后，须隔一定的时间间隔（在这个时间内电容器放电，让电容器两端电压降下来），才可以再次投入电路。而有的负载变化比较快，这时电容切除、投入的速度跟不上负载的变化。这种补偿方式称为静态补偿。而用反应速度很快的晶闸管代替静态补偿装置中交流接触器，它可以很快跟踪负载变化，快速进行补偿。这种补偿方式称为动态补偿。

晶闸管交流电力电子开关常用于交流电网中代替机械开关投切电容器，对电网无功进行控制，这种装置称为晶闸管投切电容器（TSC）。它可以提高功率因数、稳定电网电压、改善用电质量，是一种很好的无功补偿方式。TSC 实际上为断续可调的动态无功功率补偿器。

1. 电力电子开关电路结构及基本原理

图 5-9(a)所示的是单相晶闸管投切电容器基本原理图，两个反向并联的晶闸管起着把电容器 C 并入电网或从电网断开的作用，串联电感很小，用来抑制电容器投入电网时的冲击电流。工程中，为避免电容器组投入造成较大电流冲击，一般把电容器分成几组，如图 5-9(b)所示。可根据电网对无功功率的需求而改变投入电容器的容量。

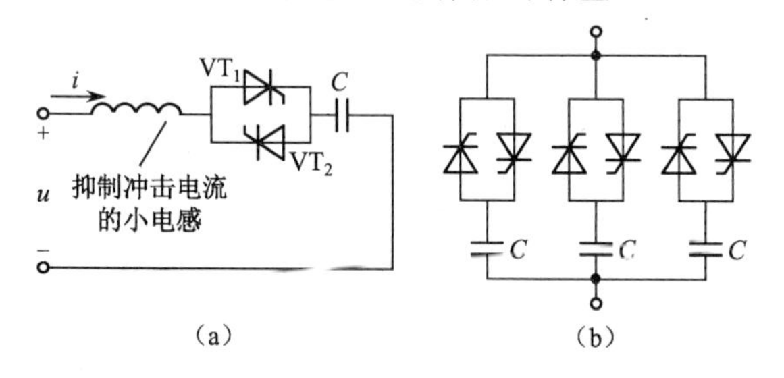

图 5-9　TSC 电路和基本原理图

2. 晶闸管投切时间的选择

TSC 中晶闸管投切时间的选择是个关键问题，投入时刻的选择原则是该时刻交流电源电压和电容器预充电电压相等，这样电容器电压不会承受突变，就不会产生冲击电流。理想情况下，希望电容器预充电电压为电源电压峰值，这时电源电压的变化率为零，电容投入过程没有冲击电流，电流也没有阶跃变化。

图 5-10 所示为 TSC 理想投切时刻原理。在本次导通开始前，如果电容器的端电压 u_C 已由上次最后导通的晶闸管 VT_1 充电至电源电压 u_S 的正峰值。本次导通开始时刻取为 $u_C = u_S$ 的时刻 t_1，给 VT_2 触发脉冲使之导通。以后每半个周波轮流触发 VT_1 和 VT_2，电路继续导通。需要切除这条电容支路时，例如在 t_2 时刻 i_C 已降为零，VT_2 关断，这时切除触发脉冲，VT_1 就不会导通，u_C 保持在 VT_2 导通结束时的电源电压负峰值，为下一次投入电容器做准备。

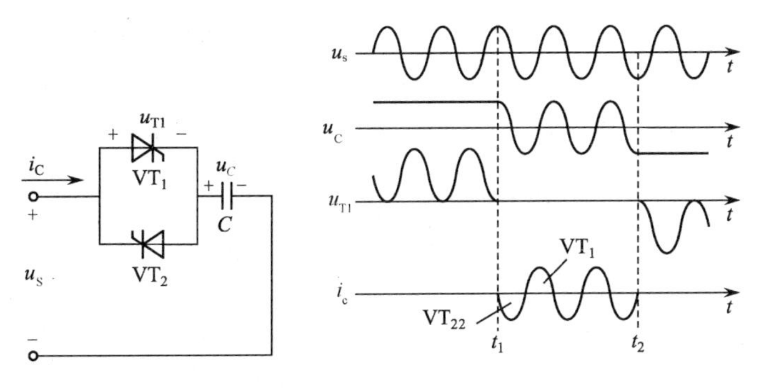

图 5-10　TSC 理想投切时刻原理说明

TSC 电路也可采用晶闸管和二极管反向并联的方式，如图 5-11 所示。由于二极管的作用，在电路不导通时 u_C 总会维持在电源电压峰值，但因为二极管不可控，响应速度要慢一些，投切电容器的最大时间滞后为一个周波。

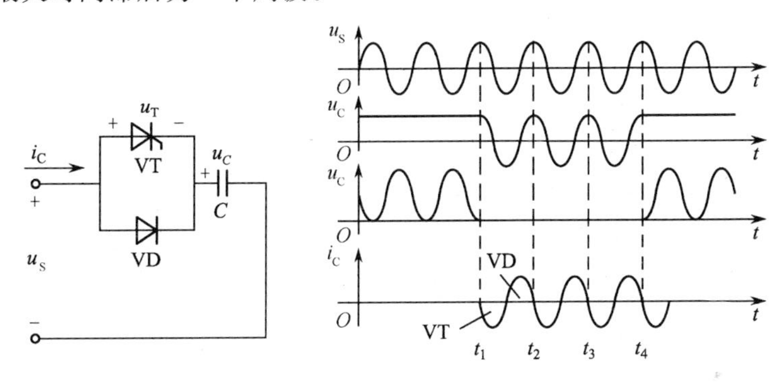

图 5-11　晶闸管和二极管反向并联方式的 TSC

5.4　交—交变频电路

交—交变频电路是不通过中间直流环节而把电网频率的交流电直接变换成不同频率（低于交流电源频率）交流电的变流电路，又称周波变流器。因为没有中间直流环节，仅用一次变换就实现了变频，所以效率较高。交—交变频器主要用于大功率交流电动机调速系统。

1. 单相输出交－交变频电路

单相输出交—交变频电路组成如图 5-12 所示。它由具有系统特征的两组反向并联的晶闸管整流电路构成，将其中一组整流器称为正组整流器，另外一组称为反组整流器。如果正组整流器工作，反组整流器被封锁，负载端输出电压上正下负；如果反组整流器工作，正组整流器被封锁，则负载端得到输出电压上负下正。这样，只要让两组整流电路按一定的频率交替工作，就可以给负载输出该频率的交流电。改变两组整流电路的切换频率，就可以改变输出频率改变整流电路工作时的控制角 α，就可以改变交流输出电压的幅值。

如果一个周期内控制角 α 是固定不变的，则输出电压波形为矩形波，如图 5-13 所示。矩形波中含有大量的谐波，对于电机工作很不利。如果控制角 α 不固定，在正组工作的半个周期内让控制角按正弦规律从 90°逐渐减小到 0°，然后再由 0°逐渐增加到 90°，那么正组整流电路

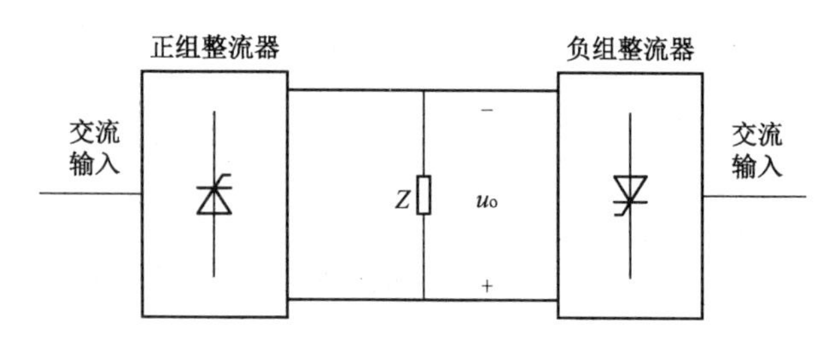

图 5-12 单相输出交一交变频电路

的输出电压的平均值就按正弦规律变化，从零增大到最大，然后从最大减小到零，如图 5-14 中虚线所示。在另半个周期内，对反组整流器进行同样的控制，就可以得到接近正弦波的输出电压。与可控整流电路一样，交一交变频电路的换相属电网换相。

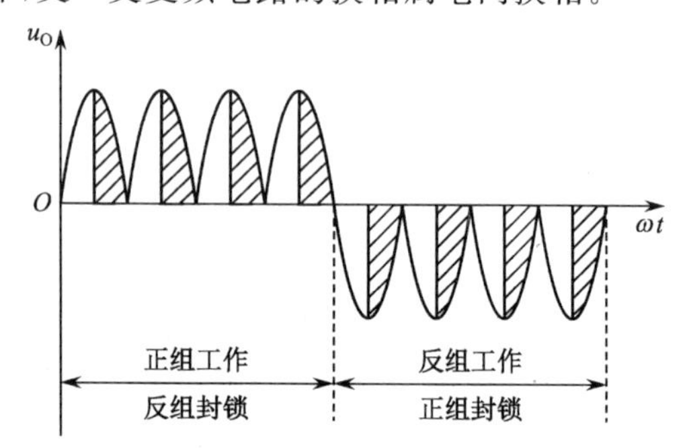

图 5-13 单相交流输入时交一交变频电路输出波形(α 固定不变)

从图 5-14 所示的波形可以看出，交一交变频电路的输出电压并不是平滑的正弦波，而是由若干段电网电压拼接而成的。在输出电压的一个周期内，所包含的电网电压段数越多，其波形就越接近正弦波，所以图 5-12 中的正、反两组整流器通常采用三相桥式电路。此外，当输出频率升高时，输出电压一个周期内电网电压段数就减少，所含的谐波分量就要增加。这种输出电压波形的畸变是限制输出频率提高的主要因素之一。

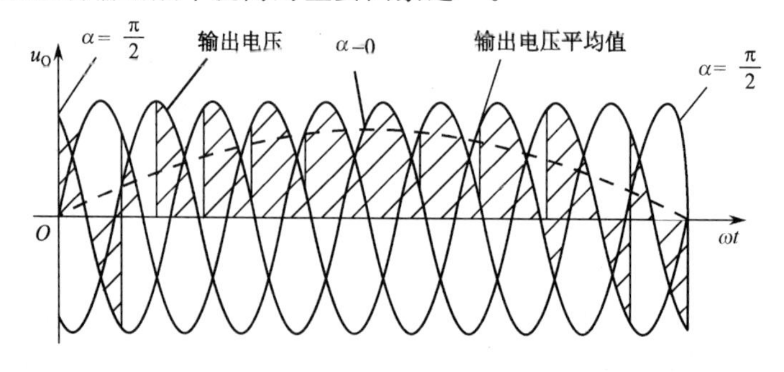

图 5-14 交一交变频电路的输出波形(α 变化)

2. 三相输出交一交变频电路

交一交变频电路实际使用的主要是三相交一交变频器。三相交一交变频电路是由三组输出电压相位各差 120°的单相交一交变频电路组成的，根据接线形式主要有以下两种方式。

1) 公共交流母线进线方式

图 5-15 所示为公共交流母线进线方式的三相交一交变频电路原理图，它由三组彼此独立

的、输出电压相位相互错开 120°的单相交一交变频电路组成，它们的电源进线通过进线电抗器接在公共的交流母线上。因为电源进线端公用，所以三组单相变频电路的输出端必须隔离，为此，交流电动机的三个绕组必须拆开，同时引出六根线。公共交流母线进线三相交一交变频电路主要用于中等容量的交流调速系统。

2）输出星形联结方式

图 5-16 所示是输出星形联结方式的三相交一交变频电路原理图。三相交一交变频电路的输出端星形联结，电动机的三个绕组也是星形联结，电动机中点接在一起，电动机只引三根线即可。因为三组单相变频器连接在一起，其电源进线就必须隔离，所以三组单相变频器分别用三个变压器供电。

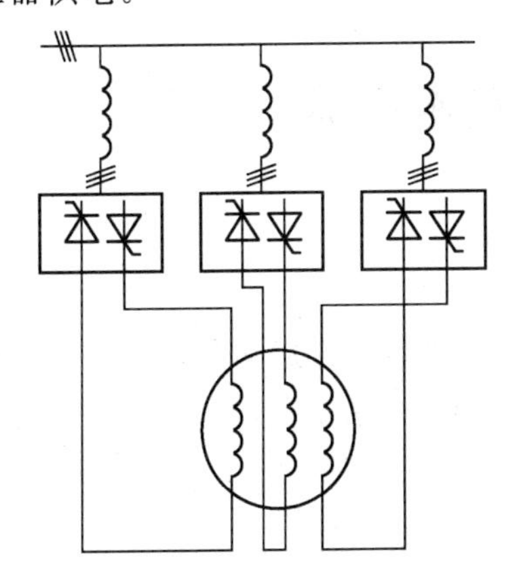

图 5-15　公共交流母线进线方式三相交一交变频电路

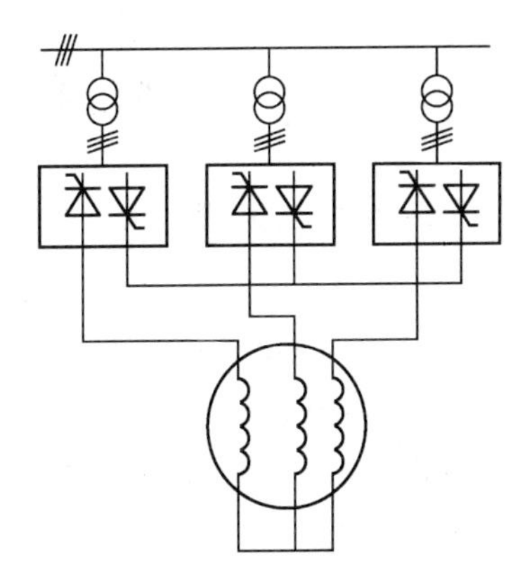

图 5-16　输出星形连接三相交一交变频电路

由于变频器输出中点不和负载中点相连接，所以在构成三相变频器的六组桥式电路中，至少要有不同相的两组桥中的四个晶闸管同时导通才能构成回路，形成电流。同一组桥内的两个晶闸管靠双脉冲保证同时导通。两组桥之间依靠足够的脉冲宽度来保证同时有触发脉冲。每组桥内触发脉冲的间隔约为 60°，如果每个脉冲宽度大于 30°，那么无脉冲的间隙时间一定小于 30°。如图 5-17 所示，尽管两组桥脉冲之间的相对位置是任意变化的，但在每个脉冲持续的时间里，总会在其前部或后部与另一组桥的脉冲重合，使四个晶闸管同时有脉冲，形成导通回路。

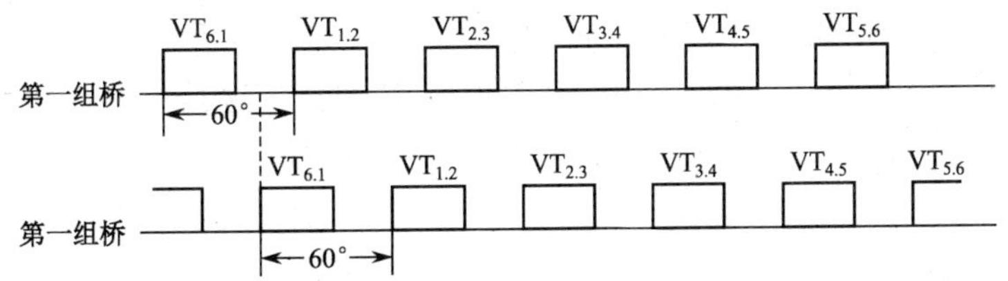

图 5-17　两组桥触发脉冲的相对位置

3. 交－交变频电路的优缺点

同交一直一交变频电路相比，有以下优缺点。

1）优点

（1）只有一次变流，且使用电网换相，提高了变流效率。

（2）可以很方便地实现四个象限工作。

(3) 低频时输出波形接近正弦波。

2) 缺点

(1) 接线复杂,使用晶闸管数目较多。

(2) 受电网频率和交流电路各脉冲数的限制,输出频率低。

(3) 采用相控方式,功率因数较低。

由于以上优缺点,交—交变频电路主要用于 500 kW 或 1000 kW 以上,转速在 600 r/min 以下的大功率低转速的交流调速装置中。目前已在矿石碎机、水泥球磨机、卷扬机、鼓风机及轧钢机主传动装置中获得了较多的应用。它既可以用于异步电动机传动,也可以用于同步电动机的传动。

5.5 软开关技术基础

5.5.1 软开关的基本概念

1. 软开关及其特点

图 5-18(a)所示为 Buck 直流变换电路,其中开关管 VT 开通和关断时存在电压与电流的交叠,即开通时 VT 两端电压 u_T 很大,关断时 VT 中的电流 i_T 很大,从而产生较大的开关损耗和开关噪声,如图 5-18(b)所示。

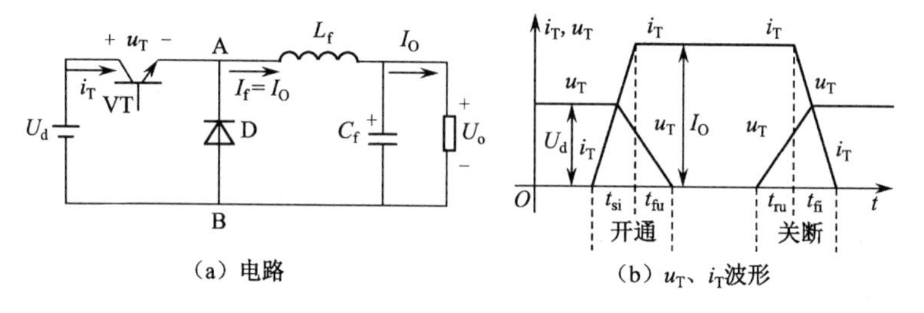

(a) 电路 (b) u_T、i_T波形

图 5-18 降压直流变换电路的硬开关特性

如果通过某种控制方式使图 5-18(a)所示电路中 开关器件开通时,器件两端电压 u_T 首先下降为零,然后施加驱动信号 u_g,器件电流 i_T 才开始上升;器件关断时,过程正好相反,即通过某种控制方式使器件中电流 i_T 下降到零后,去除驱动信号 u_g,电压 u_T 才开始上升,如图 5-19(a)所示。由于不存在电压和电流的交叠,开关损耗 P_T 为零,这是一种理想的软开关。实际中要实现理想的软开关是极为困难的。如果像图 5-19(b)所示的波形图,对开关管施加驱动信号 u_g 后,在电流 i_T 上升的开通过程中,电压 u_T 不大且迅速下降为零,这种开通过程的损耗 P_T 不大,称为软开通。切除驱动信号 u_g 后,电流 i_T 下降的关断过程中,电压 u_T 不大且上升很缓慢,这种关断过程的损耗 P_T 不大,称为软关断。

20 世纪 80 年代迅速发展起来的谐振开关技术实现了上述软开关,降低了器件的开关损耗并且提高了开关频率,找到了有效的解决办法,引起了电力电子技术领域和工业界同行极大兴趣和普遍关注。在开关状态变换过程中,适时地引发一个 LC 谐振过程,LC 谐振特性使变换器中开关器件的端电压 u_T 或电流 i_T 的谐振过零。从理论上说,这种谐振开关技术可以使器件的开关损耗降到零,原则上开关频率的提高不受限制。但是,实际中磁性材料的性能成为

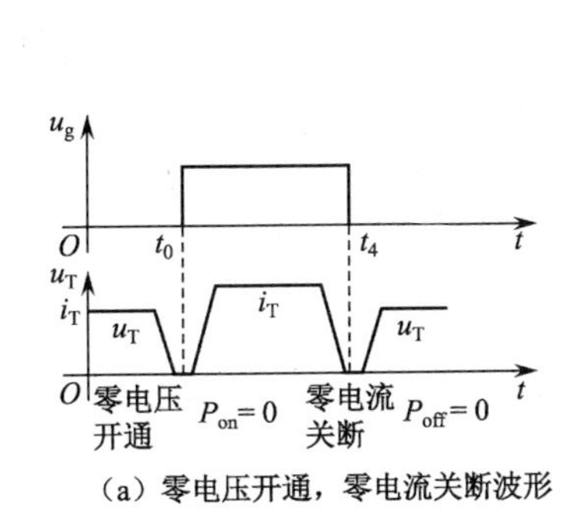

（a）零电压开通，零电流关断波形

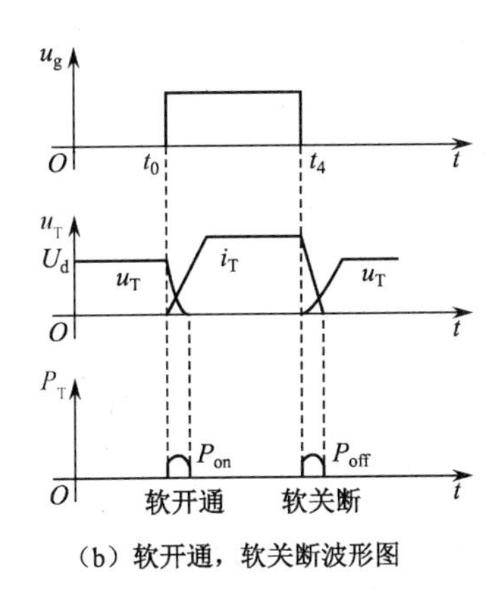

（b）软开通，软关断波形图

图 5-19　软开关特性

提高开关频率的一个主要障碍。单从兆赫级的限制开关电源投入实用化角度来看，需要解决诸如兆赫级高频变压器的制造技术、电路的封装技术、印制电路板的设计与制造工艺以及提高高频电力电子专用的磁性材料系列、电容系列、电感系列甚至电阻系列等问题。

2. 零电压开关和零电流开关

软开关是应用谐振原理，使开关变换器的开关器件中的电流（或电压）按正弦规律变换，当电流过零点时，使器件关断；或电压过零点时，使器件开通，实现开关损耗为零。从而极大地提高了开关频率。

所谓"软开关"是指零电压开关和零电流开关。器件导通前两端电压就已为零的开通方式为零电压开通；器件关断前流过的电流就已为零的关断方式为零电流关断，这都是靠电路开关过程前后引入限制来实现的，一般无须具体区分开通或关断过程，仅称零电压开关和零电流开关。

5.5.2　基本的软开关电路

1. 准谐振电路

准谐振电路中电压或电流波形为正弦波，故称准谐振，这是最早出现的软开关电路。它又可分为：

（1）零电压开关准谐振电路（ZVSQRC）。

（2）零电流开关准谐振电路（ZCSQRC）。

（3）零电压开关多谐振电路（ZVSMRC）。

（4）谐波直流环节电路（Resonant DC link）。

图 5-20 给出了上述三种准谐振电路的基本开关单元电路。

由于开关过程引入了谐振，使准谐振电路开关损耗和开关噪声大为降低，但谐振过程会使谐振电压峰值增大，造成开关器件耐压要求提高；谐振电流有效值增大，导致电路通导损耗增加。谐振周期还会随输入电压、输出负载变化，电路不能采取定频调宽的 PWM 控制而只能采用调频控制，变化的频率会造成电路设计困难。这是准谐振电路的缺陷。

2. 零开关 PWM 电路

这类电路引入辅助开关来控制谐振开始时刻，使谐振仅发生在开关状态改变的前后。这

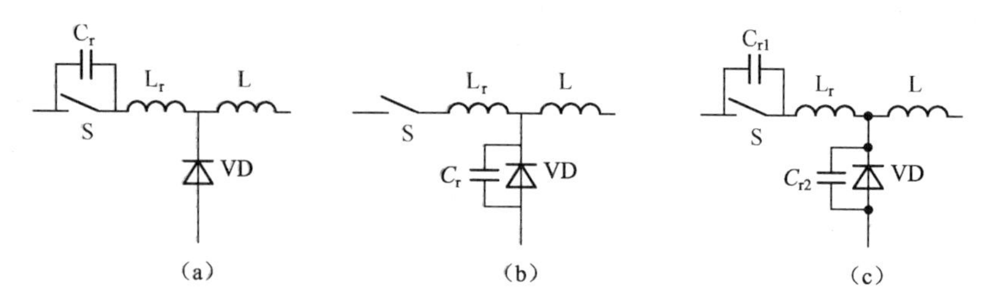

图 5-20 准谐振电路的三种基本开关电路

样开关器件上的电压和电流基本上是方波，仅上升、下降沿变缓，也无过冲，故器件承受电压低，电路可采用定频的 PWM 控制方式。图 5-21 所示为两种基本开关单元电路：零电压开关 PWM 电路，如图 5-21(a)所示。零电流开关 PWM 电路，如图 5-21(b)所示。

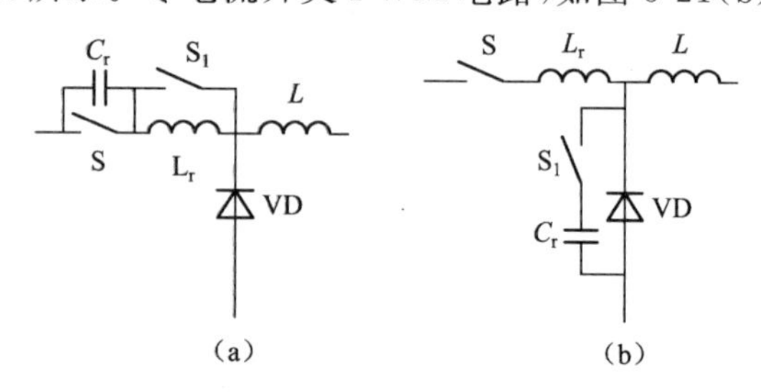

图 5-21 零开关 PWM 电路基本开关单元

3. **零转换 PWM 电路**

这类电路也是采用辅助开关来控制谐振开始时刻，但谐振电路与主开关元件并联，使得电路的输入电压和输出负载电流对谐振过程影响很小，因此电路在很宽的输入电压范围和大幅变化的负载下都能实现软开关工作。电路工作效率因无功功率的减小而进一步提高。图 5-22 所示为两种基本开关单元电路：零电压转换 PWM 电路，如图 5-22(a)所示。零电流转换 PWM 电路，如图 5-22(b)所示。

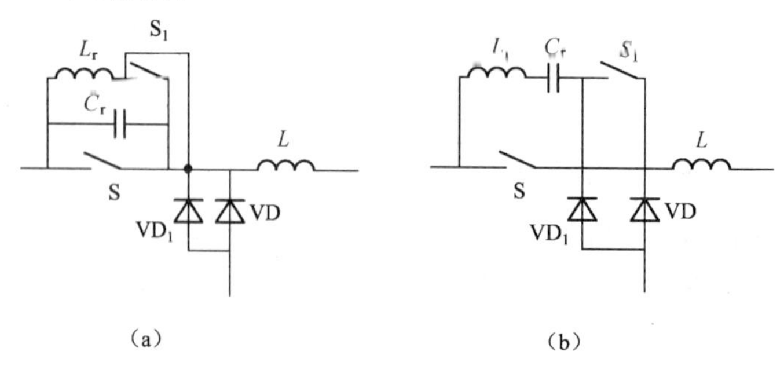

图 5-22 零转换 PWM 电路基本开关单元

下面分别详细分析零电压和零电流开关准谐振电路，谐振整流环节电路，零电压开关 PWM 电路和零电压转换 PWM 电路等四种电路。

5.5.3 典型的软开关电路

1. **零电压开关准谐振电路**(ZVS QRC)

图 5-23(a)所示为降压型零电压开关准谐振电路结构。其中开关管 VT 与谐振电容 C_r 并

联，与谐振电感 L_r 串联，它们可以由变压器漏感和开关元件结电容来承担。二极管 VD 荣誉功率开关元件 VT 反向并联。在高频谐振周期的短时间内，如果滤波电感 L 足够大则输出负载电流 $i_O=I_O$ 为恒定值。假定 $t<0$ 时，$u_g>0$，开关管 VT 处于通态，$i_T=i_L=I_0$，$u_T=u_{cr}=0$，续流二极管 VD 截止，在 $t=0$ 时撤除 VT 的驱动信号 u_g，通过分析可画出一个开关周期 T_S 内电路中电压、电流波形，如图 5-23(b)～(e)所示。

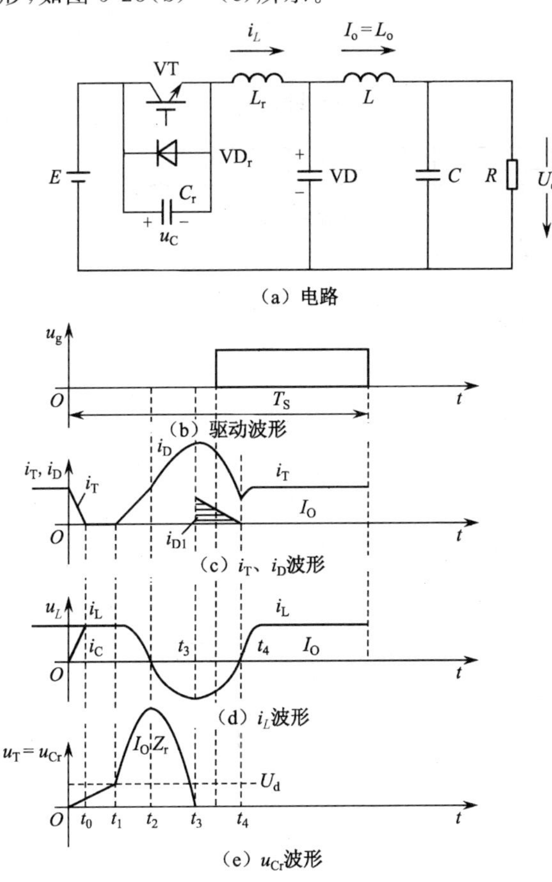

图 5-23　零电压开关准谐振电路及波形

从波形图可以看出：在 $t_0\sim t_1$ 阶段开关管 VT 在电流 i_T 从大电流迅速下降到零，而此时开关管两端的电压 u_T 从零开始缓慢上升，避免了 i_T 和 u_T 同时为较大值的情形，实现了开关管 VT 的软关断；在 $t_3\sim t_4$ 阶段，二极管 VD$_r$ 导电使 $u_T=0$、$i_T=0$，这时给 VT 施加驱动信号，就可以使开关管 VT 在零电压下开通。

需要说明的是，零电压开通准谐振变换电路只适合于改变变换电路的开关频率 f_S 来调控输出电压和输出功率。

2. 零电流开关准谐振电路(ZCS QRC)

图 5-24(a)所示是零电流开关准谐振电路结构。其中开关管 VT 与谐振电感 L_r 串联，谐振电容 C_r 与续流二极管 VD 并联。滤波电容 C_f 足够大，在一个开关周期 T_S 中输出负载电流 I_O 和输出电压 U_O 都恒定不变。滤波电感 L_f 足够大，在一个开关周期 T_S 中 $I_f=I_0$ 恒定不变。假定 $t<0$ 时，$u_g=0$，开关管 VT 处于断态，VD 续流，$i_T=i_L=0$，$i_D=I_f=I_0$，$u_T=U_d$，$u_{cr}=0$。

在 $t=0$ 时对 VT 施加驱动信号 u_g，通过分析可画出一个开关周期 T_S 内电路中电压、电流波形，如图 5-24(b)～(e)所示。

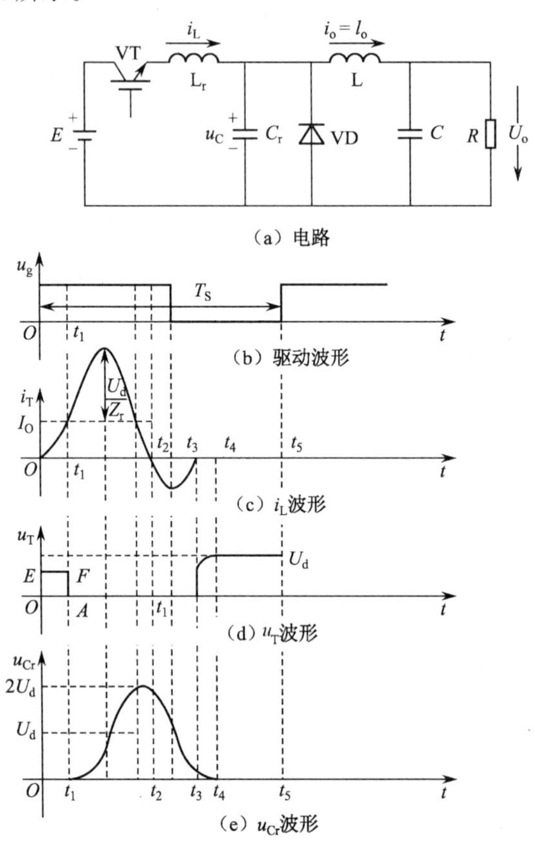

图 5-24　零电流关断准谐振变换电路及波形

从波形图可以看出：在 $t=0$ 时对 VT 施加驱动信号 u_g 而导通，$i_T=i_L$ 从零上升，由于电感 L_r 上的感应电动势为左正右负，所以使 VT 上的电压 u_T 减小。如果电感 L_r 足够大，则有可能使 $u_T=0$，实现软开通；在 $t_2\leqslant t\leqslant t_3$ 阶段，二极管 VD_r 导通，$u_T=0$，若此时撤除驱动信号 u_g，VT 可以在零电流下关断，实现软关断。

需要说明的是，零电压关断准谐振变换电路只适合于改变变换电路的开关频率 f_S 来调控输出电压和输出功率。

3. **零电压**(开通)**开关 PWM 变换电路**(ZVC　PWM)

图 5-25(a)、(b)所示为 Buck ZVC PWM 变换电路的原理图和主要电量波形图。它由输入电源 U_d、主开关 VT_1(包括其反向并联的二极管 VD_1)、续流二极管 VD、滤波电感 L_f、滤波电容 C_f、负载电阻 R、谐振电感 L_r 和谐振电容 C_r 构成。VD_2 是辅助开关管 VT_2 的串联二极管。从图可知，ZVS PWM 变换电路是在 ZVS QRC 电路的谐振电感 L_r 上并联一个辅助可控硅 VD_2 和 VT_2 组成的。

从电路分析过程和波形图可知，ZVS PWM 变换电路既有主开关零电压导通的优点，同时，当输入电压和负载在一个很大的范围内变化时，又可像常规 PWM 那样通过恒频 PWM 调

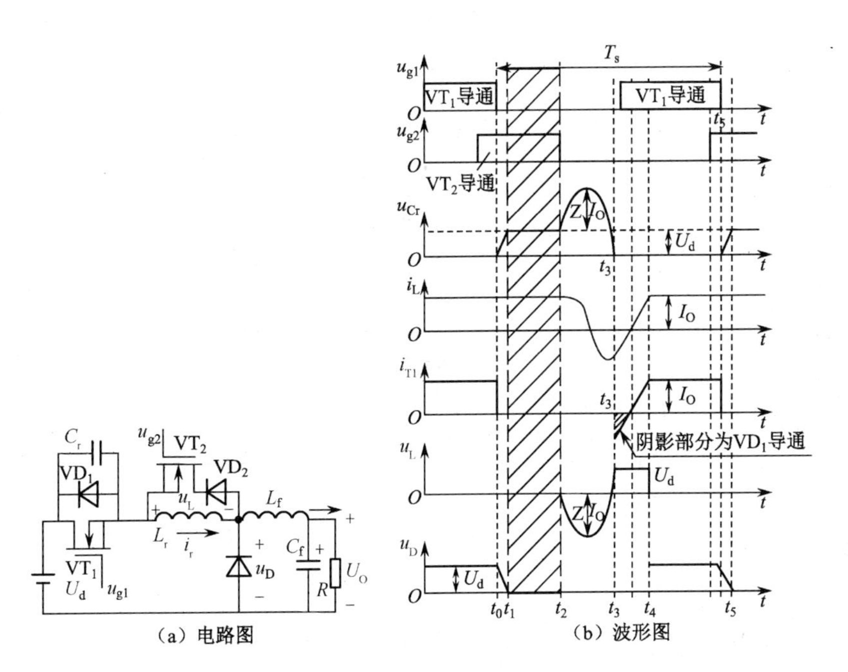

图 5-25　Buck ZVC PWM 变换电路及波形图

节输出电压，从而给变压器、电感器和滤波器的最优化设计创造了良好的条件，克服了 QRC 变换电路中变频控制带来的诸多问题，但是它保持了原 QRC 变换电路中固有的电压应力较大且与负载变化有关的缺陷，另外，谐振电感串联在主电路中，因此主开关管的 ZVS 条件与电源电压及负载有关。

4. 零电流（关断）开关 PWM 变换电路（ZCS PWM）

图 5-26 所示为 Buck ZCS PWM 变换电路及主要电量波形图。它由输入电源 U_d、主开关管 VT_1（包括其反向并联的二极管 VD_1）、续流二极管 VD、滤波电容 C_f、负载电阻 R、谐振电感 L_r 和谐振电容 C_r 构成。VD_2 是辅助开关管 VT_2 和其并联的 VD_2 组成的。

从电路分析过程和波形图可知，ZCS PWM 变换电路保持了 ZCS QRC 电路中主开关管另电流关断的优点。同时，当输入电压和负载在通过很大范围内变化时，又可像常规 PWM 变换电路那样通过恒频 PWM 控制调节输出电压，且主开关管电压应力小。其主要特点与 ZCS QRS 电路一样的，即主开关管电流应力大，续流二极管电压应力大。由于谐振电感仍保持在主功率能量的传递通路上，因此实现 ZCS 的条件与电网电压、负载变化有很大的关系。

5. 零电流转换开关 PWM 变换电路（ZCT PWM）

图 5-27 所示为基本零电流转换开关。其中辅助谐振电路由辅助开关管 VT_1、谐振电感 L_r、谐振电容 C_r 及辅助二极管 VD_1 构成。将此开关应用到其他 PWM 变换电路中，可以得到不同的零电流转换开关 PWM 变换电路。

与前面介绍的多种软开关功率变换器电路相比，ZCT PWM 电路具有明显的优点。首先，它可以使主功率开关管在零电流条件下关断，从而极大地降低了类似 IGBT 这种具有很大电

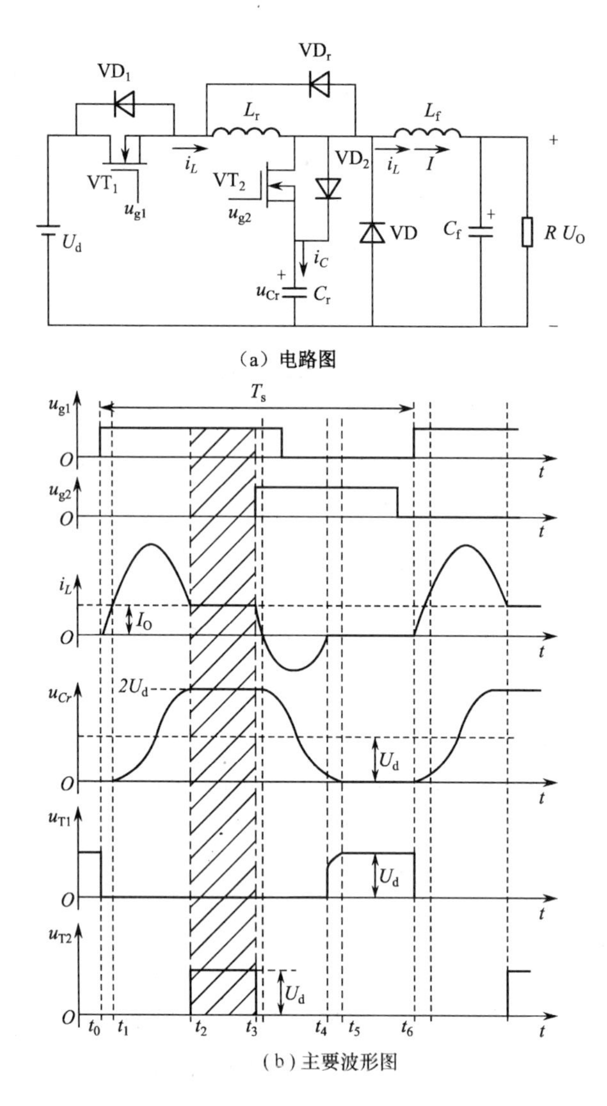

图 5-26 Buck ZCS PWM 变换电路和主要波形

流拖尾的大功率半导体器件的关断损耗，与此同时，几乎没有明显增加主功率开关管及二极管的电压、电流应力。虽然在 VT 的倒退电流波形上叠加了一个明显的呈正弦型脉冲，但由于谐振周期远小于开关周期，因此通过主功率开关管的电流平均值与常规 PWM 电路基本上是想太多，对主功率开关管的通态损耗影响是微乎其微。其次，谐振电路可以自适应地根据输入电压和输出负载调整自己的环境能量。再次，它的软开关条件与输入和输出无关，这使得它可以在一个很宽的输入电压和输出负载变化范围内实现软开关操作。另外，ZCT PWM 电路可以像常规 PWM 硬开关电路一样以恒频方式工作。

虽然 ZCT PWM 电路具有上述一系列明显的优点，但它不是完美的，尽管电路中主功率开关管是在零电流条件下关断的，但它的开通却是典型的硬开关过程。在其开通瞬间，由于二极管的反向恢复特性，在主功率开关管中产生一个很大的电流尖峰，这一尖峰既危害了功率开关管和二极管的安全运行，又增加了开关损耗。另外，ZCT PWM 电路的辅助开关管在零电流条件下导通，但其关断却是硬开关过程。如果对其控制方式的改进和拓扑结构的改进能解决 ZCT PWM 电路的不足，将会使的 ZCT PWM 电路在工程实际中具有更大的应用价值。

6. **零电压转换开关** PWM **变换电路**（ZVT PWM）

图 5-28 所示为基本零电压转换开关。其中辅助谐振电路由辅助开关管 VT_1、谐振电感 L_r、谐振电容 C_r 及负整流二极管 VD_1 构成。从图可知，它与基本 ZVT PWM 电路的区别是谐振电容 C_r 的位置变了，将此开关应用到其他 PWM 变换电路中，可以得到不同的零电压转换开关 PWM 变换电路。

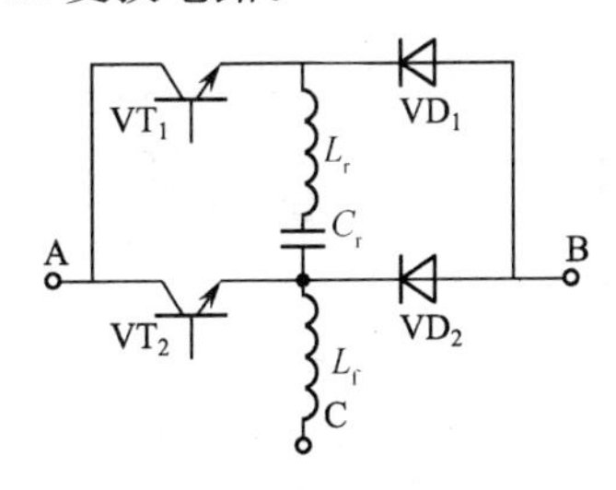

图 5-27　基本零电流转换开关

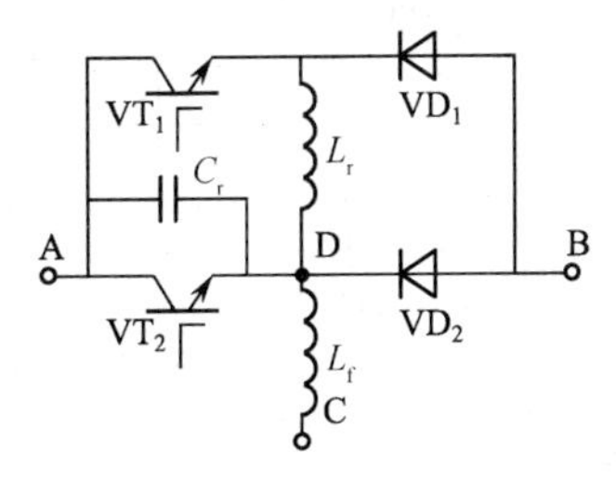

图 5-28　基本零电压转换开关

分析表明 ZVT PWM 电路主功率管在零电压型完成导通与关断，有效地消除了主功率二极管的反向恢复特性的影响，同时又不过多地增加主功率开关管与主功率二极管的电压和电流应力。

实训 10　电风扇无极调速器安装

1. 实训目标

(1) 熟悉电风扇无级调速器的工作原理及电路中各元器件的注意。

(2) 熟悉元器件的技术参数及元器件质量好坏的检测方法。

(3) 掌握电风扇无级调速器的安装、调试步骤及方法。

(4) 对电风扇无级调速器中故障原因能加以分析并能排除故障。

(5) 熟悉双踪示波器的使用方法。

2. 实训仪器与设备

实训所需仪器设备如表 5-1 所示。

表 5-1　实训所需仪器设备

设备名称	数　量	设备名称	数　量
电风扇无级调速器电路底板	1 块	万用表	1 只
电风扇无级调速器电路元件	1 套	电烙铁	1 把
双踪示波器	1 台		

3. 预备知识

图 5-29 所示为一种实用的自然风电扇无级调速电路，图中 NC555 组成周期固定、脉冲占空比连续可调的振荡器，用它的低电平输出脉冲去控制双向可控硅的倒退，使电风扇产生周期

为 10 s 的阵风。占空比为 0.5 左右时，有强烈的自然风的感觉。调节占空比可以使风扇产生微微的自然风，也可以使风扇全速运转产生大风。因为不是通过调节交流电压每半周的导通角来调整交流电压的有效值，故该调速器的故障电流为正弦波，无高次谐波，电机涡流损失小，也不干扰无线电广播。由于采用非降压式调速，因此转矩大（电机转矩与其端电压平方成正比），在微风状态下绝不“堵转”。而降压式调速器在微风状态下运行时极易发生“堵转”。该调速器成本低廉，有实用价值。

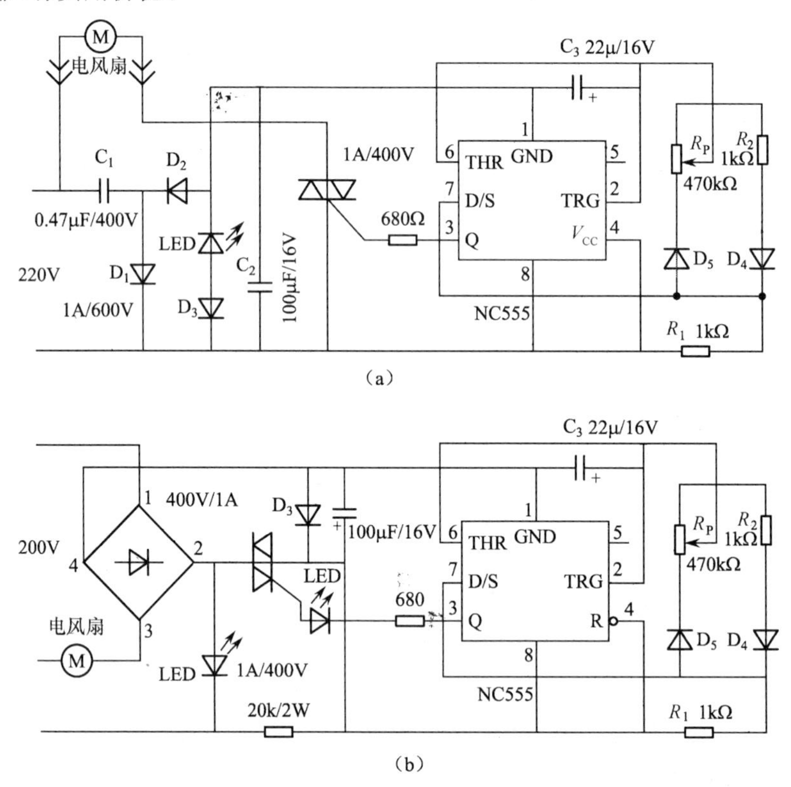

图 5-29　电风扇无级调速器项目实训线路图

4. 实训内容与方法

1）电风扇无级调速器的安装

（1）按元器件明细表配齐元器件。

（2）元器件的选择与测试。根据图 5-29 所示原理图选择元器件并进行测量，重点对双向晶闸管的性能、管脚进行测试和区分。

（3）焊接前的准备工作。将元器件按布置图在电路底板焊接位置上做引线成形。弯脚时切忌从元件根部直接弯曲，应将根部留有 5～10 mm 以免断裂。清除元器件引脚、连接导线端的氧化层后涂上助焊剂，上锡备用。

（4）元器件的焊接安装。根据电路布置图和布线图将元器件进行焊接安装。焊接应无虚焊、错焊、漏焊，焊点应圆滑无毛刺。焊接时应重点注意双向晶闸管的管脚。

2）电风扇无级调速器的调试

（1）通电前的检查。对已经焊接安装完毕的电路板根据图 5-29 所示电路进行详细检查。

重点检查元器件的管脚是否正确，输入、输出端有无短路等。

(2) 通电调试。电风扇无级调速电路分主电路和触发电路两大部分，因而通电调试亦分成两个步骤，首先调试触发电路，然后将主电路和触发电路连接，进行整体综合调试。

3) 电风扇无级调速器故障分析与处理

电风扇无级调速器在安装、调试及运行过程中，由于元器件及焊接等原因产生故障，可根据故障现象用万用表、示波器等仪器进行检查、测量并根据电路原理进行分析，找出故障原因并排除。

5. 实训注意事项

(1) 注意元器件布置要合理。

(2) 焊接应无虚焊、错焊、漏焊，焊点应圆滑无毛刺。

(3) 焊接时应重点注意双向晶闸管的管脚。

6. 实训报告

(1) 阐述电风扇无极调速电路的工作原理和调试方法。

(2) 分析实训中出现的现象和故障。

(3) 写出本实训的心得体会。

7. 实训评价(见表 5-2)

表 5-2　评　分　表　　　　老师________得分________

考核内容	配分	评分标准	扣分	得分
按图装接	20 分	1. 不按图装接，扣 5 分； 2. 不会用仪器、仪表的，扣 2 分； 3. 元器件选择错误或损坏，每只扣 2 分； 4. 错装漏装，每只扣 2 分		
焊接安装和连接	40 分	1. 焊接不合理、不美观、不整齐，扣 5 分； 2. 焊接安装错误的，每点扣 2 分； 3. 电路连接错误的，每点扣 2 分； 4. 连接双踪示波器错误的，每点扣 2 分		
测量与故障排除	40 分	1. 不能正确使用各个挡位，扣 3 分； 2. 测量不成功，扣 2 分； 3. 故障排除不成功，扣 2 分		
安全文明生产	符合国家颁布安全文明生产规定。每违反一项规定，从总分中扣 3 分，发生重大事故取消考核资格			

习　题　5

5.1　交流调压和交流调功电路有何区别？

5.2　在单相交流调压电路中，当控制角小于负载功率时为什么输出电压不可控？

5.3 晶闸管相控整流电路和晶闸管交流调压电路在控制上有何区别?

5.4 交一交变频电路的主要特点和不足是什么?其主要用途是什么?

5.5 单相交一交变频电路和直流电动机传动用的反并联可控整流电路有什么不同?

5.6 什么是软开关?采用软开关技术的目的是什么?

5.7 软开关电路可以分为哪几类?其典型的拓扑分别是什么样子的?各有什么特点?

5.8 什么叫准谐振?零电压和零电流开关电路各有什么特点?

5.9 零开关的含义是什么?

5.10 试比较 ZCS PWM 与 ZCT PWM 这两种变换方式的优缺点。

5.11 试比较 ZVS PWM 与 ZVT PWM 这两种变换方式的优缺点。

第6章 电力电子装置

学习目标

- 通过学习掌握常见的几种电力电子装置的电路结构和工作原理。
- 通过学习掌握不间断电源 UPS 的分类，理解 UPS 的整流器、逆变器静态开关的结构和工作原理。
- 了解变频调速装置的间接和直接变频调速装置，以及 SPWM 变频调速装置。

电力电子装置电路和特定的控制技术组成的实用装置即为电力电子装置。一般情况下电力电子装置由控制电路、驱动电路、检测电路和以电力电子器件为核心的主电路组成，如图 6-1所示。

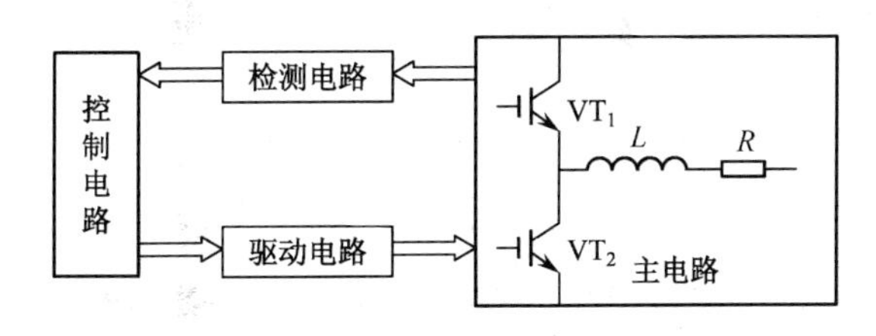

图 6-1　电力电子装置的一般组成

控制电路按系统的工作要求形成控制信号，通过驱动电路控制主电路中电路电子器件的通或断，来完成整个系统的功能；检测电路检测主电路中的相关参数并反馈给控制电路，经过判断后决定控制策略并发出相应的驱动信号控制主电路。

随着电力电子技术的发展，电力电子装置正朝着智能化、模块化、小型化、高效化和高可靠性方向发展，其应用领域不断扩大。

6.1　开关电源

1. 开关电源的工作原理

稳压电源通常分为为两种，即线性稳压电源与开关稳压电源。

线性稳压电源是指电压调整功能的器件始终工作在线性放大区的直流稳压电源，其原理框图如图 6-2 所示，由 50 Hz 工频变压器、整流器、滤波器、串联调整稳压器组成。它虽然具有良好的纹波及动态响应特性，但同时存在以下缺点：

(1) 输入采用 50 Hz 工频变压器,体积庞大;

(2) 电压调整器件工作在线性放大区内,损耗大,效率低;

(3) 过载能力差。

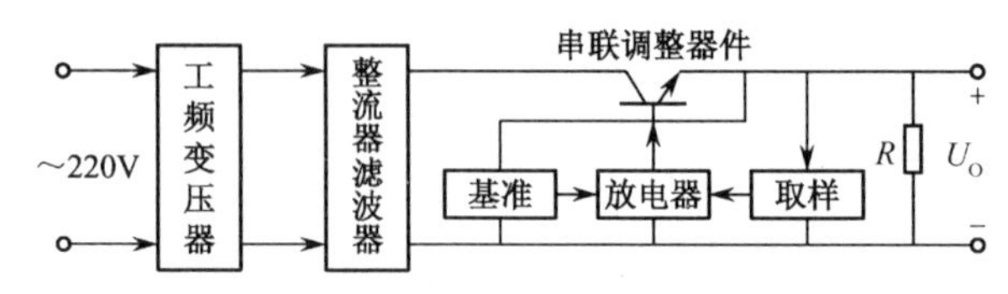

图 6-2 线性稳压电源原理框图

开关稳压电源简称开关电源,它是指电压调整功能的器件始终以开关方式工作的一种直流稳压电源。图 6-3 所示为输入/输出隔离的开关电源原理框图。50 Hz 单相交流 220 V 电压或三相交流 220 V/380 V 电压经 EMI 防电磁干扰电源滤波器,直接整流滤波,然后再将滤波后的整流电压经变换电路变换为数十千赫或数百千赫的高频方波或准方波电压,通过高频变压器隔离并降压(或升压)后,再经高频整流、滤波电路,最后输出直流电压。通过取样、比较、放大及控制、驱动电路,控制变换器中功率开关管的占空比,便能得到稳定的输出电压。

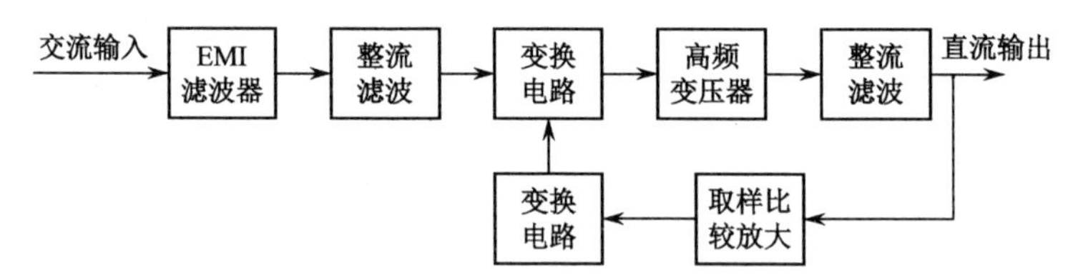

图 6-3 开关电源原理框图

在脉冲宽度控制中,保持开关频率(开关周期 T_S)不变,通过改变导通时间 T_{on}来改变占空比 K,从而达到改变输出电压的目的。占空比 K 越大,经滤波后的输出电压也就越高。而频率控制方式中则是保持导通时间 T_{on}不变,通过改变开关频率而达到改变占空比的一种控制方式。由于频率控制方式的工作频率是不固定的,造成滤波器设计困难,因此,目前绝大部分的开关电源均采用 PWM 控制。

开关电源的优点如下:

1) 功耗低、效率高

开关管中的开关器件交替地工作在导通-截止和截止-导通的开关状态,转换速度快,这使得开关管的功耗很小,电源的效率可以大幅度提高至 90%~95%。

2) 体积小、重量轻

(1) 开关电源效率高,损耗小,可以省去较大体积的散热器。

(2) 隔离变压用的高频变压器取代工频变压器,可以大大减小体积,降低重量。

(3) 因为开关频率高,输出滤波电容的容量和体积可大为减小。

3) 稳压范围宽

开关电源的输出电压由占空比来调节,输入电压的变化可以通过调节占空比的大小来补偿,这样在工频电网电压变化较大时,它仍能保证有较稳定的输出电压。

4）电路形式灵活多样

设计者可以发挥各种类型电路的特长，设计出能满足不同应用场合的开关电源。

开关电源的缺点主要是存在开关噪声干扰。在开关电源中，开关器件工作在开关状态，它产生的交流电压和电流会通过电路中的其他元件产生尖峰干扰和谐振干扰，这些干扰如果不采取一定的措施进行抑制、消除和屏蔽，就会严重地影响整机的正常工作。此外，这些干扰还会影响工频电网，使附近的其他电子仪器、设备和家用电器受到干扰。因此，设计开关电源时，必须采用合理的措施来抑制其本身产生的干扰。

2. 开关电源的应用

图 6-4 所示为由开关电源构成的电力系统用直流操作电源的电路原理图，它的主电路采用半桥变换电路，额定输出直流电压为 220 V，输出电流为 10 A。它包含图 6-3 中所有基本功能块，下面简单介绍各功能块的具体电路。

1）交流进线滤波器

为了满足有关的电磁干扰（EMI）标准，防止开关电源承受的噪声进入电网，或者防止电网的噪声进入开关电源内部，干扰开关电源的正常工作，必须在开关电源的输入端施加 EMI 滤波器。图 6-5 所示为一种常用的高性能 EMI 滤波器。该滤波器能同时抑制共模和差模干扰信号。C_{c1}、L_c 和 C_{c2} 构成低通滤波器用来抑制共模干扰信号，其中 L_c 称为共模电感，其两组线圈匝数相等，但绕向相反，对差模信号的阻抗为零，而对共模信号产生很大的阻抗。C_{d1}、L_d、C_{d2} 构成的低通滤波器则用来抑制差模干扰信号。

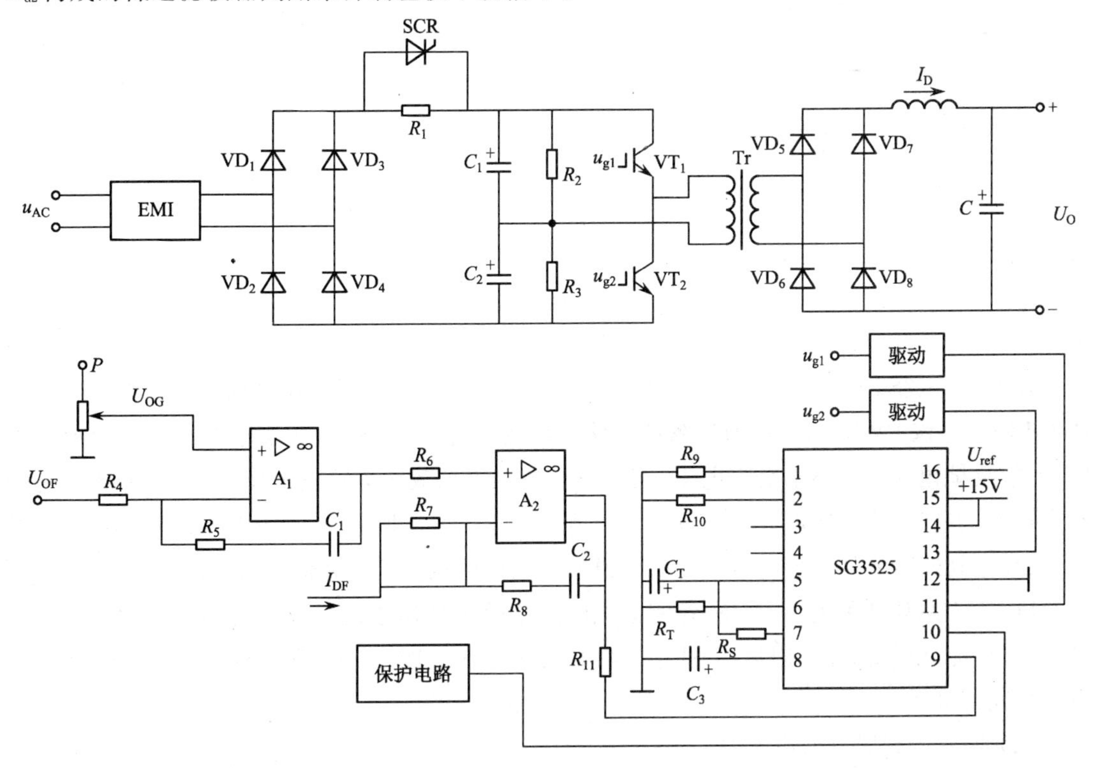

图 6-4　直流操作电源电路原理图

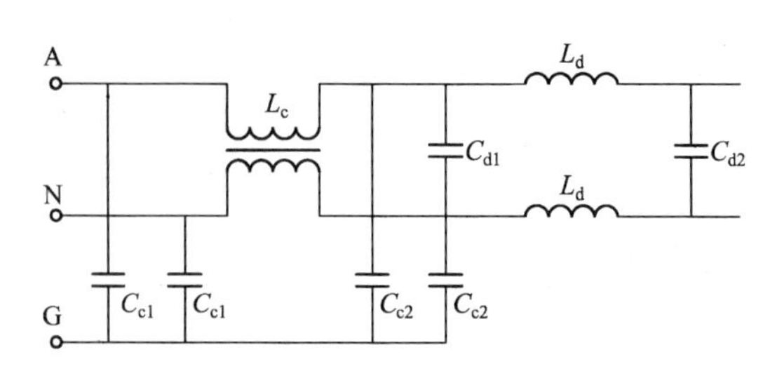

图 6-5　交流进线 EMI 滤波器

2）启动浪涌电流抑制电路

开启电源时，由于给滤波电容 C_1 和 C_2 充电，会产生很大的浪涌电流，其大小取决于启动时的交流电压的相位和输入滤波器的阻抗。抑制启动浪涌电流最简单的方法是在整流桥的直流侧和滤波电容之间串联具有负温度系数的热敏电阻。启动时电阻处于冷态，呈现较大的电阻，从而可抑制启动电流。启动后，电阻温度升高，阻值下降，以保证电源具有较高的效率。由于电阻在电源工作的过程中有损耗，降低了电源的效率，因此，该方法只适合小功率电源。对于大功率电路，将上述热敏电阻换成普通电阻，同时在电阻的两端并联晶闸管开关，电源启动时晶闸管开关关断，由电阻限制启动浪涌电流，当滤波电容的充电过程完成后，触发晶闸管，使之导通，从而达到电路限流电阻的目的。

3）输出整流电路

高频隔离变压器的输出为高频交流电压，要获得直流电压，必须具有整流电路。小功率电源通常采用半波整流电路，而对于大功率电源则采用全波或桥式整流电路。输出高频整流电路所采用的整流二极管必须是快速恢复二极管。整流后再通过高频 LC 滤波则可获得所需要的直流电压。

4）控制电路

控制电路是开关电源的核心，它决定开关电源的动态特性。该开关电源采用双环控制方式，电压环为外环控制，电流环为内环控制。输出电压的反馈信号 U_{OF} 与电压给定信号 U_{OG} 相减，其误差信号经 PI 调节器后形成输出电感的电流给定，再与电感电流的反馈信号 I_{OF} 相减得电流误差信号，经 PI 调节器后送入 PWM 控制器 SG3525，然后与控制器内部三角波比较形成 PWM 信号。该 PWM 信号再通过驱动电路去驱动主电路 IGBT。如果输出电压因种种原因降低，即反馈电压 U_{OF} 小于给定电压，则电压调节器误差放大器输出电压升高，即电感电流的给定增大，电感电流给定增大又导致电流调节器的输出电压增大，使得 PWM 信号的占空比增大，最后达到所需要的输出电压。这就是说增大电感电流便可增大输出电压。

SG3525 系列开关电源 PWM 控制集成电路是美国硅通用公司设计的第二代 PWM 控制器，工作性能好，外部元件用量小，适用于各种开关电源。图 6-6 所示为 SG3525 的内部结构，其管脚功能如下：

（1）误差放大器反向输入端。

（2）误差放大器同向输入端。

（3）同步信号输入端，同步脉冲的频率应比振荡器频率 f_S 要低一些。

(4) 振荡器输出。

(5) 振荡器外接定时电阻 R_T 端，R_T 值为 $2\sim150\text{k}\Omega$。

(6) 振荡器外接定时电容 C_T 端，振荡器频率为 $f_S=1/[C_T(0.7R_T+3R_0)]$；其中 R_0 为⑤脚与⑦脚之间跨接的电阻，用来调节死区时间，定时电容范围为 $0.001\sim0.1\mu\text{F}$。

(7) 振荡器放电端，外接电阻来控制死区时间，电阻范围为 $0\sim500\Omega$。

(8) 软启动端，外接软启动电容，该电容内部 U_{ref} 的 $50\mu\text{A}$ 恒流源充电。

(9) 误差放大器的输出端。

(10) PWM 信号封锁端，当该脚为高电平时，输出驱动脉冲信号被封锁，用于故障保护。

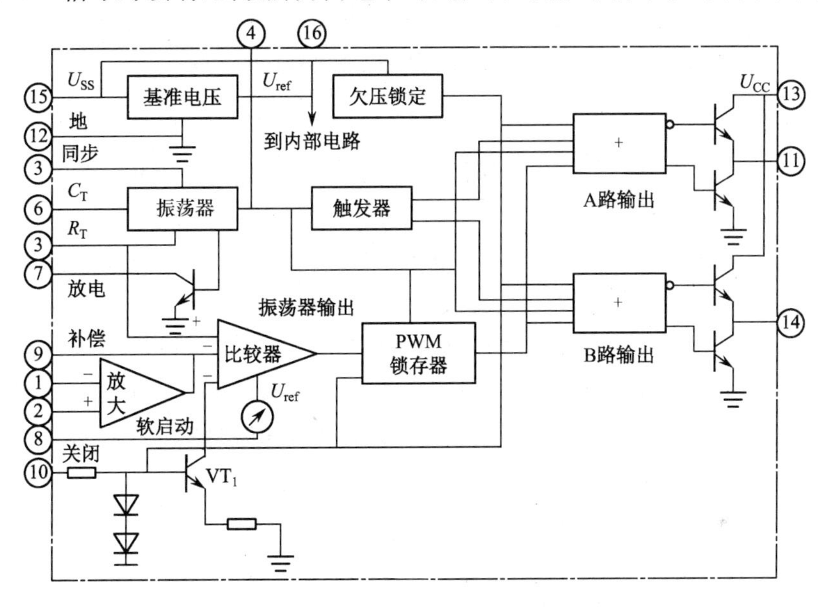

图 6-6　PWM 控制器 SG3525 的内部结构

(11) A 路驱动信号输出。

(12) 接地。

(13) 输出集电极电压。

(14) B 路驱动信号输出。

(15) 电源，其范围应为 8～35 V。

(16) 内部＋5V 基准电压输出。

5) IGBT 驱动电路

驱动电路采用驱动模块 M57962L。该驱动模块为混合集成电路，将 IGBT 的驱动和过流保护集于一体，能驱动电压为 600V 和 1200V 系列，电流容量不大于 400 A 的 IGBT。驱动电路的接线图如图 6-7 所示。输入 PWM 信号 U_{in} 与输出 PWM 信号 U_g 彼此隔离，当 U_{in} 为高电平时，输出 U_g 也为高电平，此时，IGBT 导通；当 U_{in} 为低电平时，输出 U_g 为－10 V，IGBT 截止。该驱动模块通过实时检测集电极电位来判断 IGBT 是否发生过流故障。当 IGBT 导通时，如果驱动模块的①脚电位高于其内部基准值，则其⑧脚输出为低电平，通过光耦，发出过流信号，与此同时，使输出信号 U_g 变为－10V，关断 IGBT。

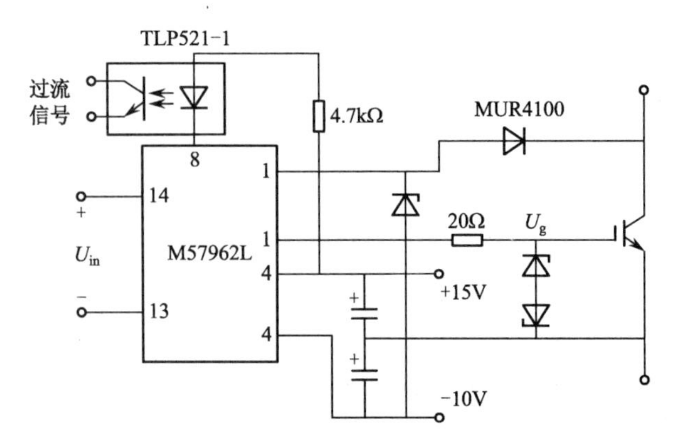

图 6-7　IGBT 驱动电路接线图

6.2　有源功率因素校正装置的工作原理

随着电力电子技术的发展，越来越多的电力、电子设备接入电位运行。这些设备的输入端往往包含不可控或相控的单相或三相整流桥，造成交流输入电流严重畸变，由此产生大量的谐波注入电网。电网谐波电流不仅引起变压器和供电线路过热，降低电器的额定值，并且产生电磁干扰，影响其他电子设备正常运行。因此，许多国家和组织制定了限制用电设备谐波的标准，对用电设备注入电网的谐波和功率因数都作了明确的具体限制。这就要求生产电力电子装置的厂家必须采取措施来抑制其产品注入电网的谐波，以提高其产品的功率因数。

抑制谐波的传统方法是采用无源校正，即在主电路中串入无源 *LC* 滤波器。该方法虽然简单可靠，并且在稳态条件下不产生电磁干扰，但是，它有以下缺点：

(1) 滤波效果取决于电网阻抗与 *LC* 滤波器阻抗之比，当电网阻抗或频率发生变化时，滤波效果不能保证，动态特性差。

(2) 可能会与电网阻抗发生并联谐振，将谐波电流放大，从而导致系统无法正常工作。

(3) *LC* 滤波体积庞大。

因此，无源校正目前一般用于抑制高次谐波，如须进一步抑制装置的低次谐波，提高装置的功率因数，目前大多采用有源功率因数校正技术。

1. 有源功率因数校正技术的原理

有源功率因数校正技术(PFC)就是在传统的整流电路中加入有源开关，通过控制有源开关的通断来强迫输入电流跟随输入电压的变化，从而获得接近正弦波的输入电流和接近 1 的功率因数。目前，单相电路 PFC 技术已经成熟，其产品开始进入实用化阶段。

下面以单相电路为例，介绍 PFC 技术的工作原理。

从原理上说，任何一种 DC-DC 变换电路，例如 Boost、Buck、Buck-Boost、Flyback、Sepic 和 Cuk 电路等，均可用作 PFC 主电路。但是，由于 Boost 变换电路的特殊优点，将其用于 PFC 主电路更广泛。

此处以 Boost 电路为例，说明有源功率因数校正电路的工作原理。图 6-8 所示为 Boost-PFC 电路的工作原理。主电路由单相桥式整流电路和 Boost 变换电路组成，点画线框内位控制电路，包含电压误差放大器 VA 及基准电压 U_r、乘法器、电流误差放大器 CA、脉宽调制器和驱动电路。

PFC 的工作原理如下：输出电压 U_O 和基准电压 U_r 比较后，误差信号经电压误差放大器 VA 以后送入乘法器，与全波整流电压取样信号相乘以后形成基准电流信号。基准电流信号与电流反馈信号相减，误差信号经电流误差放大器 CA 后再与锯齿波相比较形成 PWM 信号，然后经驱动电路控制主电路开关管 VT 的通断，使电流跟踪基准电流信号变化。由于基准电流信号同时受输入交流电压和输出直流电压调控，因此，当电路的实际电流与基准电流一致时，既能实现输出电压恒定，又能保证输入电流为正弦波，并且与电网电压同相，从而获得接近 1 的功率因数。

根据上面的分析，PFC 电路与一般的开关电源的区别在于：

(1) PFC 电路不仅反馈输出电压，还反馈输入电流平均值。

(2) PFC 电路的电流环基准信号为电压环误差信号与全波整流电压取样信号的乘积。

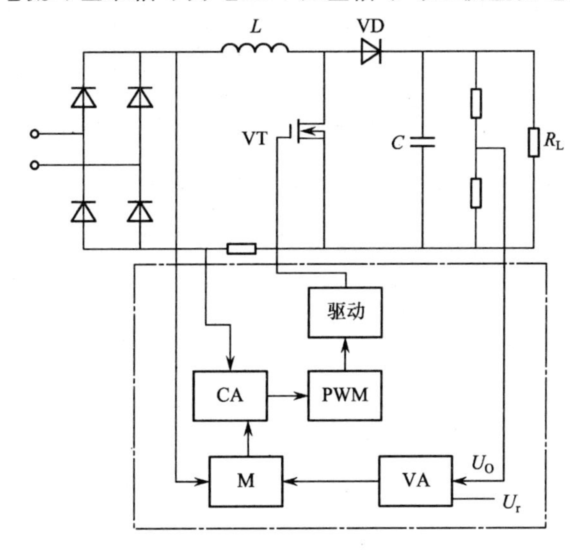

图 6-8　Boost-PFC 电路图

2. PFC 集成控制电路 UC3854 及其应用

UC3854 是美国 Unit rode 集成电路公式生产的 PFC 控制专用集成电路，也是目前使用最多的一种 PFC 集成控制电路，用于控制图 6-8 所示的 PFC 变换电路。它内部集成了 PFC 控制电路所需要的所有功能，应用时，只须增添少量的外围电路，便可构成完整的 PFC 控制电路。

图 6-9 所示为 UC3854 内部结构框图。从图中可见，UC3854 包含电压放大器 VA、模拟乘法/除法器 M、电流放大器 CA、固定频率 PWM 脉宽调制器、功率 MOSFET 的门极驱动电路、7.5V 基准电压等。其中模拟乘法/除法器 M 的输入信号 I_M 为基准电流信号，它与乘法器的生产电流 I_{AC}的关系为（与图中 $I_M=AB/C$ 对应）

$$I_M=I_{AC}(U_{AO}-1.5\text{V})/(KU_{rms}^2) \tag{6.2.1}$$

式中，U_{AO}为电压放大器的输出信号，U_{rms}为 1.5～4.7 V，由 PFC 的输入电压经分压器后提供，

比例系数 $K=-1$。I_{AC}约为 250 μA,取自输入电压,故与输入电压的瞬时值成比例。从 U_{AO} 中减去 1.5 V 是芯片设计的要求。图中平方器和除法器(除以 U_{rms}^2)起了电压前馈的作用,使输入电压变化时输入功率稳定。

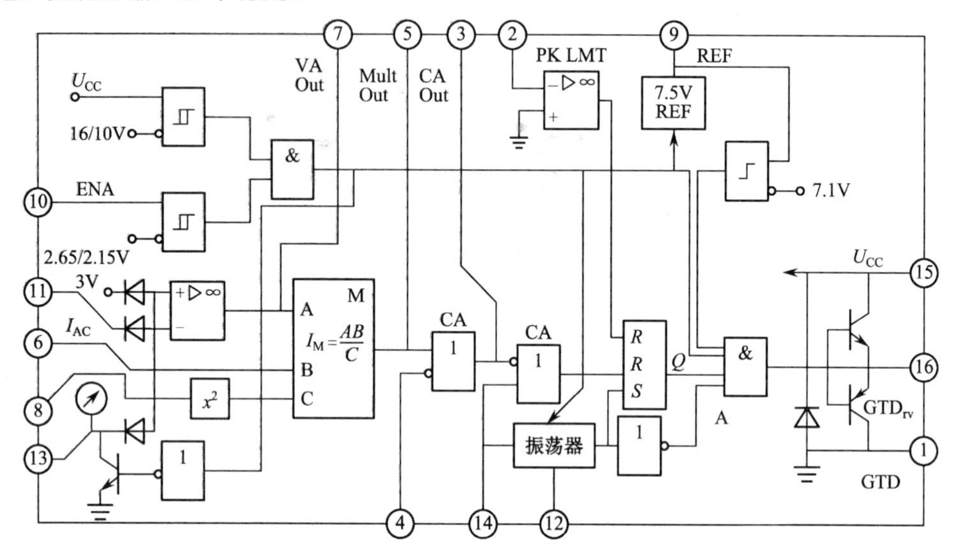

图 6-9　UC3854 内部结构框图

UC3854 有 16 个管脚,各管脚功能依次为:

(1) GND:接地端。

(2) PK LMT:峰值限制端。接电流检测电阻的电压负端。该端的门限值为 0V,利用该端可以限定主电路的最大电流值。

(3) CA Out:电流放大器 CA 输出端。

(4) ISENSE:电流检测端。它内部接 CA 输入负端,外部经过电阻接电流检测电阻的电压正端。

(5) Mult Out:乘法器输出端。内部接乘法/除法器输出端和 CA 输入正端,外部经电阻电流检测电阻的电压负端。

(6) I_{AC}:输入电流端。内部接乘法/除法器的输入 B,外部经电阻接整流输入电压的正端。

(7) VA Out:电压放大器输出端。内部接乘法/除法器的输入 A,外部接 RC 反馈网络。

(8) TRMS:电源电压有效值输入端。内部经过平方器接乘法/除法器的输入 C,起前馈作用,该端口的电压数值范围为 1.5～4.7 V。

(9) REF:基准电压端。产生 7.5 V 基准电压。

(10) ENA:使能端。它是一个逻辑输入端,使能控制 PWM 输出、电压基准和振荡器。当它不用时,可接在+5 V 电源或用 22 kΩ 的电阻使 EMA 置于高电平。

(11) TSENSE:输出电压检测端。接电压放大器 VA 的输入负端。

(12) Rset:外接电阻 Rest 端,控制振荡器充电电流及限制乘法/除法器最大输出。

(13) SS:软启动端。

(14) C_T:外接振荡电容 C_T 端。振荡频率为

$$f=1.25/R_{set}C_T \tag{6.2.2}$$

(15) U_{CC}:电源端。正常工作期间 U_{CC} 的值应大于 17 V,但最大不能超过 35 V。U_{CC} 对 GND 端应接入旁路电容。

(16) GTDrv:门极驱动端。

控制芯片 UC3854 适用的功率范围比较宽,5 kW 以下的担心 Boost-PFC 电路均可以采用该芯片作为控制器。图 6-10 所示为输出功率为 25 W 由 UC3854 构成的 PFC 电路原理图。输出功率不同时,只须改变主电路中电感 L_1 和电流检测电阻 R_S、控制电路中 的电流控制环参数。输出电压 U_0 由下式确定

$$U_O=\frac{R_1+R_2}{R_2}\times 7.5 \tag{6.2.3}$$

U_O 的大型一般选取为 380～400 V。

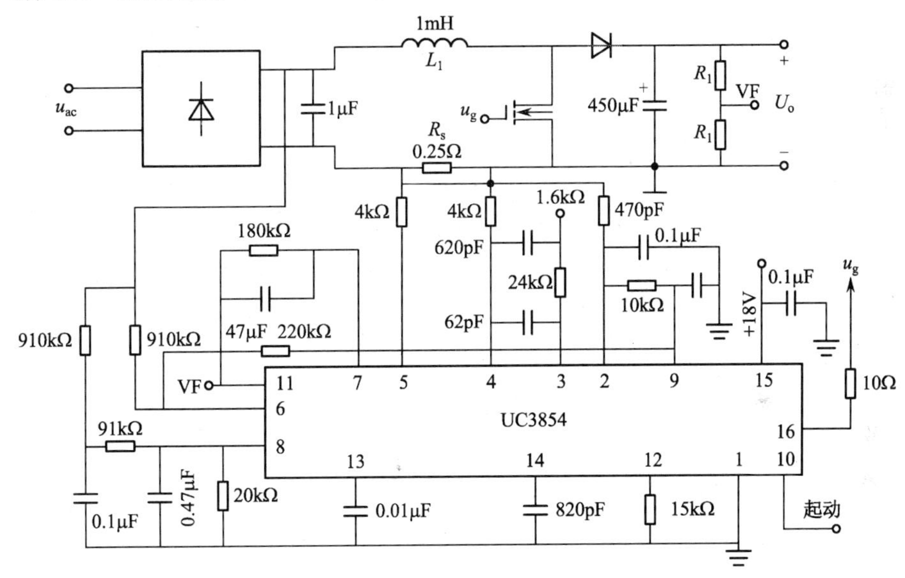

图 6-10　由 UC3854 构成的 PFC 电路原理图

6.3　不间断电源

随着计算机应用的日益普及全球信息网络化的发展,对高质量的供电设备的需求越来越大,不间断电源 UPS 正是为了满足这种情况下而发展起来的电力电子装置。UPS 在保证不间断供电的同时,还能提供稳压、稳频和波形失真度极小的高质量正弦波电源,目前,在计算机网络系统、邮电通信、银行证券、电力系统、工业控制、医疗、交通、航空等领域得到广泛应用。

1. UPS 的分类

UPS 根据工作方式分为:后备式 UPS 和在线式 UPS 两大类。

后备式 UPS 的基本结构如图 6-11 所示,它由充电器、蓄电池、逆变器、交流稳压器、转换开关等部分组成。市电存在时,逆变器不工作,市电经交流稳压器稳压后,通过转换开关向负载供电,同时充电器工作,对蓄电池组浮充电。市电掉电时,逆变器工作,将蓄电池供给的直流

电压变换成稳压、稳频的交流电压，转换开关同时断开市电通路，接通逆变器，继续向负载供电。后备式 UPS 的逆变器输出电压波形有方波、准方波和正弦波三种方式。后备式 UPS 结构简单、成本低、运行效率高、价格便宜，但其输出电压稳压精度差，市电掉电时，输出有转换时间。目前市场上出售的后备式 UPS 均为小功率型的，一般在 2 kW 以下。

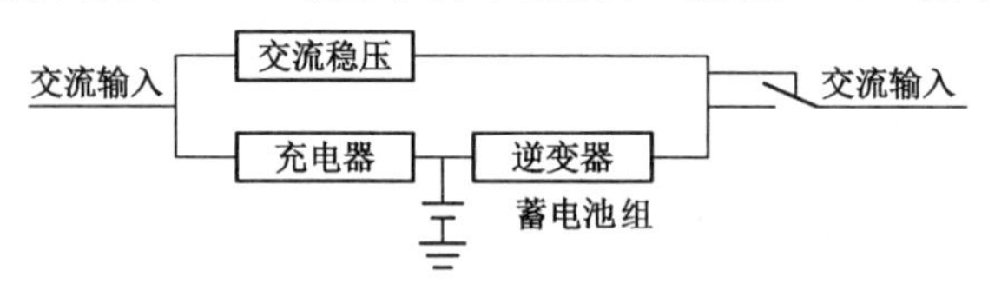

图 6-11　后备式 UPS 基本结构

在线式 UPS 的基本结构如图 6-12 所示，它由整流器、逆变器、蓄电池组、静态转换开关等部分组成。正常工作时，市电经整流器变成直流后，再经逆变器变换成稳压、稳频的正弦交流电供给负载。当市电掉电时，由蓄电池组向逆变器供电，以保证负载不间断供电。如果逆变器发生故障，UPS 则通过静态开关切换到旁路，直接由市电供电。当故障消失后，UPS 又重新切换到由逆变器向负载供电。由于在线式 UPS 总是处于稳压、稳频的供电状态，输出电压动态响应特性好，波形畸变小，因此，其供电质量明显优于后备式 UPS。目前大多数 UPS，特别是大功率 UPS，均为在线式。但在线式 UPS 结构复杂，成本较高。

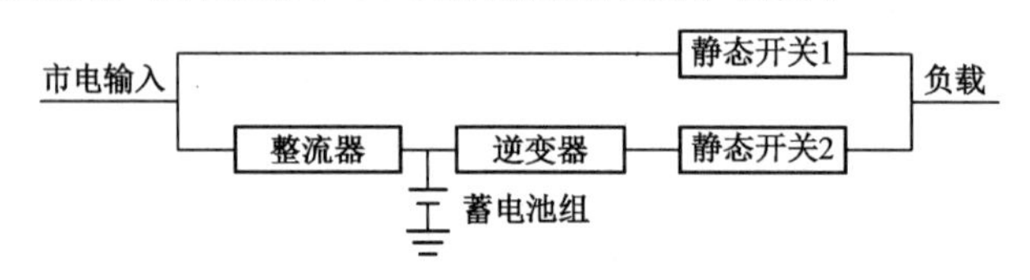

图 6-12　在线式 UPS 的基本结构

2. UPS 电源中的整流器

对于小功率 UPS，整流器一般采用二极管整流电路，它的作用是向逆变器提供直流电源。蓄电池充电由专门的充电器来完成。而对于大功率 UPS，它的整流器具有双重功能，在向逆变器提供直流电源的同时，还要向蓄电池充电，因此，整流器的输出电压必须是可控的。

中大功率 UPS 的整流器一般采用相控式整流电路。相控式整流电路结构简单，控制技术成熟，但交流输入功率因数低，并向电网注入大量的谐波电流。目前，对于大容量 UPS 大多采用 12 相或 24 相整流电路。整流电路的相数越多，则输入功率因数越高，注入电网的谐波含量也就越低。除了增加整流电路的相数外，还可以提供在整流器的输入侧增加有源或无源滤波器来滤去 UPS 注入电网的谐波电流。

目前，比较先进的 UPS 采用 PWM 整流电路，可以做到注入电网的电流基本接近正弦波，使其功率因数接近 1，大大降低了 UPS 对电网的谐波污染。下面以单相电路为例，介绍其 PWM 整流电路的工作原理。

将逆变电路中的 SPWM 技术应用于整流电路，便得到 PWM 整流电路。图 6-13 所示为单相 PWM 整流电路的原理框图，其主电路开关器件采用全控器件 IGBT。通过对 PWM 整流电路中开关器件的适当控制，不仅能获得稳定的输出电压，而且还使整流电路的输入电流非常接近正弦波，功率因数近似为 1，同 SPWM 逆变电路控制输出电压相类似，可在 PWM 整流电路的交流输入端 AB 间产生一个正弦波调制 PWM 波 u_{AB}，u_{AB}中除了含有与电源同频率的基波分量外，还含有与开关频率有关的高次谐波。由于电感 L_S 的滤波作用，这些高次谐波电压只会使交流电流 i_s 产生很小的脉动。如果忽略这种脉动，i_S 为频率与电源频率相同的正弦波。在交流电源电压 u_S 一定时，i_S 的幅值和相位由 u_{AB}中基波分量的幅值及其与 u_S 的相位差决定。改变 u_{AB}中基波分量的幅值和相位，就可以使 i_S 与 u_S 同相位，电路工作在整流状态，且功率因数为 1。这就是 PWM 整流电路的基本工作原理。

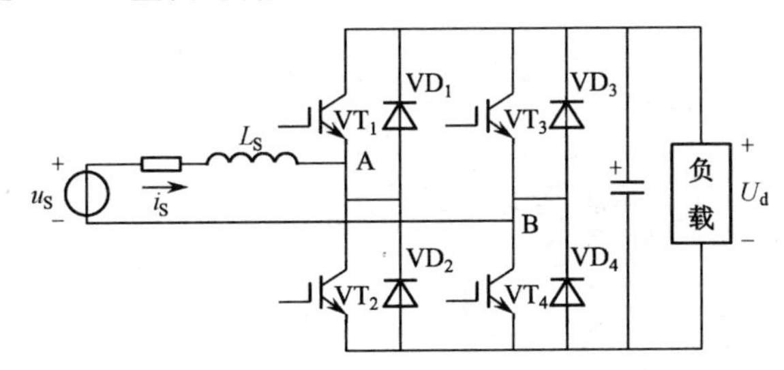

图 6-13　单相 PWM 整流电路的原理框图

图 6-14 所示为单相 PWM 整流电路采用直流电流控制时的控制相同结构简图。直流输出电压给定信号 U_d^* 和实际的直流电压 U_d 的幅值比较后送入 PI 调节器，PI 调节器的输出即为整流器交流输入电流的幅值，它与标准正弦波相乘后形成交流输入电流的给定信号 i_s^*，i_s^* 与实际的交流输入电流 i_s 进行比较，误差信号经比例调节器放大后送入比较器，再与三角载波信号比较形成 PWM 信号。该 PWM 信号驱动电路后去驱动主电路开关器件，便可使实际的交流输入电流跟踪指令值，从而达到控制输出电压的目的。

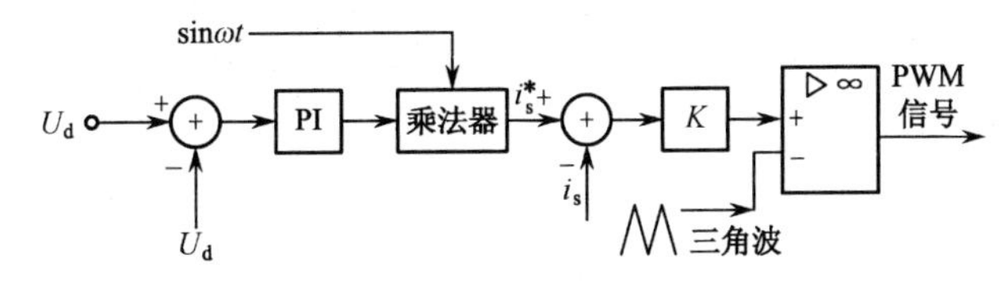

图 6-14　直流电控制系统结构图

3. UPS 电源中的逆变器

为了获得恒频、恒压和波形畸变较小的正弦波电压，UPS 的逆变器必须对其输出电压的波形进行瞬时控制。通常采用输出电压谐波系数 HF 来衡量 UPS 输出电压波形质量的好坏。设输出电压基波分量的有效值为 U_1，谐波分量的有效值为 U_n，则电压谐波系数定义为

$$HF=\frac{U_n}{U_1}\times 100\% \tag{6.3.1}$$

HF 越小，则说明 UPS 输出电压波形越接近理想的正弦波。

正弦波输出 UPS 通常采用 SPWM 逆变器，有单相输出，也有三相输出。下面以单相输出 UPS 为例，分析逆变器的跟踪原理。图 6-15 所示为单相输出 UPS 逆变器的原理框图，它由主电路、控制电路、输出隔离变压器和滤波电路等构成。主电路采用全桥逆变电路，对于小功率 UPS，开关器件一般为 MOSFET，而对于大功率 UPS，则采用 IGBT。为了滤去开关频率噪声，输出采用 LC 滤波电路，因为开关频率较高，一般大于 20 kHz，因此，采用较小的 LCV 滤

波器便能滤去开关频率噪声。输出隔离变压器实现逆变器与负载隔离，避免它们之间电的直接联系，从而减少干扰。另外，为了节约成本，绝大多数 UPS 利用隔离变压器的漏感来充当输出滤波电感，从而省去图 6-15 中的电感 L。

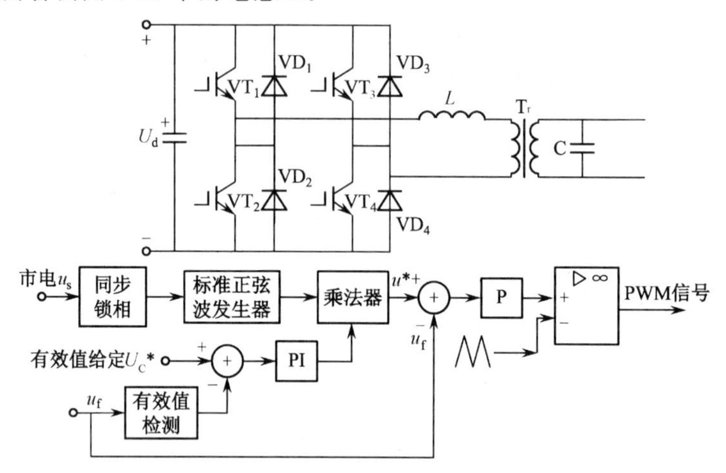

图 6-15　UPS 逆变器及其控制原理框图

为了保证逆变器供电和旁路供电之间能可靠无间断切换，则逆变器必须实时跟踪市电，使输出电压与旁路电压同频率、同相位、同幅值。图 6-15 中，市电将同步锁相电路得到与市电同步的 50 Hz 方波，将其输入标准正弦波发生器，便能产生与市电同步的标准正弦波信号。该标准正弦波信号与输出有效值调节器的输出相乘后便得到输出电压瞬时值给定信号 u^*，再与输出电压瞬时值反馈信号 u_f 相减后，误差信号经 P 调节器后，再与三角载波信号相比较，得到 PWM 信号，该信号缉拿驱动电路后分别去驱动主电路的开关器件，从而达到控制输出电压的目的。

4. **UPS 的静态开关**

为了进一步提高 UPS 的可靠性，在线式 UPS 均装有静态开关，将市电作为 UPS 的后备电源，在 UPS 发生故障或维护检修时，不间断地将负载切换到市电上，由市电直接供电。静态开关的主电路比较简单，一般由两只晶闸管开关反向并联组成，一只晶闸管用于通过正半周电流，另一只晶闸管则用于通过负半周电流。单相输出 UPS 的静态开关如图 6-16 所示。

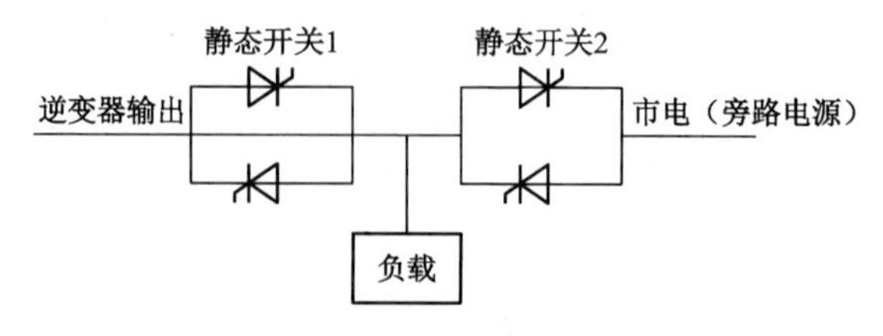

图 6-16　单相输出 UPS 的静态开关原理

静态开关的切换有两种方式：同步切换和非同步切换。在同步切换方式中。为了保证在切换的过程中供电不间断，静态开关的切换为先通后断。假设负载由逆变器供电，用于某种故障，例如蓄电池电压太低，需要由逆变器供电转向旁路供电。切换时，首先触发开关 2，使之导通，然后再封锁静态开关 1 的触发脉冲，用于晶闸管导通以后，即使除去触发脉冲，它仍然保持导通，只有等到下半个周波到来时，使其承受反压，才能将其关断，因此，便存在静态开关1和静态开关2同时导通的现象，此时，市电和逆变器同时向负载关断。为了防止环流的产生，逆变器输出电压必须与市电同频、同相、同幅度。这就要求在切换的过程中，逆变器必须跟踪市电的频率、相位和幅值。如果不满足同频、同相、同幅度的条件，则不能采用同步切换方式，否则将会使逆变器烧坏。

绝大部分在线式UPS除了具有同步切换方式外，还具有非同步切换方式。当需要切换时，由于某种故障，UPS的逆变器输出电压不能跟踪市电，此时，只能采用非同步切换方式，即先断后通切换方式。首先封锁正在导通的静态开关触发脉冲，延迟一段时间，待导通的静态开关关断后，在触发另外一路静态开关。很明显，非同步切换方式会造成负载短时间断电。

6.4 变频调速装置

直流电机具有优良的调速性能，在传统的调速系统中得到广泛应用。但是，直流电机也有很多缺点，例如结构复杂、价格昂贵、不合适恶劣的工作环境、需要定期维护、最高速度和容量受限制等，同直流电机相比，交流电机具有结构简单、体积小、重量轻、惯性小、运行可靠、价格便宜、维修简单、能适应恶劣的工作环境等一系列优点。以前，由于交流电机调速比较困难，在传统的调速系统中应用得很少。近年来，由于电力电子技术的发展，由电力电子装置构成的交流调速装置已趋成熟并得到广泛应用，在现代调速系统中，交流调速已占主要地位。

由交流电机的转速公式 $n=60f(1-S)/P$ 可以看出，若均匀地改变定子频率 f，则可以平滑地改变电机的转速。因此，在各种异步电机调速系统中，变频调速的性能最好，使得交流电机调速性能可与直流电机相媲美，同时效率高，这是交流调速的主要发展方向。

1. 变频调速的基本控制方式

把交流电机的额定频率称为基频。变频调速可以从基频往下调，也可以从基频往上调。频率改变，不仅可以改变交流电机的同步转速，而且也会使交流电机的其他参数发生相应的变化，因此，针对不同的调速范围即使用场所，为了使调速系统具有良好的调速性能，变频调速装置必须采取不同的控制方式。

1）基频以下的变频调速

三相异步电动机的每相电动势为

$$E=4.44fNK_w\Phi_m \tag{6.4.1}$$

式中：E——定子每相感应电动势的有效值；

f——定子电源频率；

N——定子每相绕组串联匝数；

K_W——基波绕组系数；

Φ_m——每极气隙磁通量。

如果忽略定子阻抗压降，则外加电源电压 $U=E$。由此可见，当 U 不变时，随着电源输入频率 f 的降低，Φ_m 将会相应增加。由于电机在设计制造时，已使气隙磁通接近饱和，如果 Φ_m 增加，就会使磁路过饱和，相应的励磁电流电流增大，铁损急剧增加，严重时导致绕组过热烧坏。所以，在调速的过程中，随着输入电源的频率降低，必须相应地改变电子电压 U，以保证气隙磁通不超过设计值。根据式(6.3.1)可得，如果使 U/f=常数，则在调速过程中可维持 Φ_m 近似不变，这就是恒压频比控制方式。

2）基频以上的变频调速

电源频率从基频向上调，可使电机的转速增加。由于电机的电压不能超过其额定电压，因此在基频以上调频时，U 只能保持在额定值。根据式(6.3.1)，当电压 U 一定时，电机的气隙磁通随着频率 f 的升高成比例下降，类似直流电机的弱磁调速。因此，基频以上的调速属恒功率调速。

除了上述两种基本控制方式外，变频调速装置的频率控制方式还有转差频率控制、矢量控制、直接转矩控制等，它们的原理将在“电力拖动自动控制系统”中叙述。

2. 变频调速装置的分类

由前面分析可知，必须同时改变电源的电压和频率，才能满足变频调速的要求。现有的交流供电电源均是恒压恒频电源。必须通过变频装置，在改变频率的同时改变电压，因此，变频装置通常又称变压变频装置(VVVF)。变频调速装置最早是通过旋转变流机组来实现，随着电力电子技术的发展，现在全部采用电力电子装置来实现。

从电路结构上看，变频调速装置可以分为间接变频和直接变频装置两大类。

1）间接变频调速装置

间接变频调速装置即交—直-交变频装置，首先将工频交流电源通过整流器变换成直流，然后再经过逆变器将直流变换成电压和频率可调的交流电源。按照电路结构和控制方式的不同，间接变频调速装置又可分为三种，如图 6-17(a)、(b)、(c)所示。

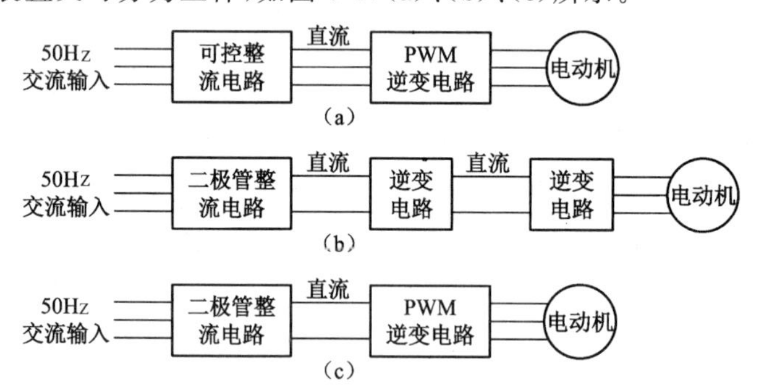

图 6-17　间接变频装置的三种结构形式

图 6-17(a)所示的间接变频装置由相控整流电路和逆变电路构成，其中整流电路调节输出电压的大小，逆变电路控制输出交流的频率。由于调压和调频分别在两个环节上进行，两者必须在控制电路上协调配合。这种装置结构简单、控制方便。但由于输入环节采用相控整流电路，当电压和频率调得较低时，电网端功率因数较小。输出环节大多采用晶闸管组成的三相逆变器，输出谐波较大，这是此类变频装置的主要缺点。

图 6-17(b)所示的间接变频装置由二极管整流电路、斩波器和逆变器三部分组成，其中斩波器用于调节输出电压，逆变器用于调节输出频率。同图 6-17(a)相比，由于采用二极管整流电路，其输入功率因数高，但是多了一个变压环节，结构复杂。此类变频装置的输出环节仍然

存在输出谐波较大的缺点。

图6-17(c)所示的间接变频装置由二极管整流电路和PWM逆变电路构成，其中调压和调频全部由PWM逆变器完成。由于采用二极管整流电路，其输入功率因数高；采用SPWM逆变器，输出波形非常接近正弦波，谐波含量小。随着IGBT等新型全控器件的出现以及PWM技术和计算机控制技术的发展，此类变频装置得到了飞速发展并且技术已经成熟，应用已日益普及。它是目前最有发展前途的一种变频装置。

2）直接变频装置

直接变频装置的结构如图6-18所示，它采用交一交变频电路，只用一个变换环节，直接将恒压恒频的交流电源变换成VVVF电源。根据输出波形，直接变频装置可以分成方波形和正弦波形两种。此类变频装置一般只用于低速大容量的调速系统，例如轧钢机、球磨机水泥回转窑等。

图6-18　直接变频装置

3. SPWM变频调速装置

图6-19所示为一种开环控制的SPWM的变频调速系统结构简图，它由二极管整流电路、能耗制动电路、逆变电路和控制电路组成，逆变电路采用IGBT器件，为三相桥式SPWM逆变电路，其电路结构和工作原理在前面已经介绍，下面主要阐述能耗制动电路和控制电路的工作原理。

1）能耗制动电路

在图6-19中，R为外接能耗制动电阻，当电机正常工作时，电力晶体管VT截止，R中没有电流流过。当快速停机或逆变器输出频率急剧降低时，电机将处于再生发电状态，向滤波电容C充电，直流电压U_d升高。当U_d升高到最大允许电压U_{dmax}时，功率晶体管VT导通，接入电阻R，电机进行能耗制动，以防止U_d过高危害逆变器的开关器件。

2）控制电路

输出频率给定信号f_i^*首先经过给定积分器，以限定输出频率的升降速度。给定积分器的输出信号的极性决定电机正反转，当输出为正时，电机正转；反之，电机反转。给定积分器的输出信号的大小控制电机转速的高低。不论电机正转还是正转，输出频率和电压的控制都需要正的信号，因此需加一个绝对值运算器。绝对值运算器的输出，一路去函数发生器，函数发生器用来实现低频电压补偿，以保证在整个调频范围内实现输出电压和频率的协调控制；绝对值运算器输出电压的另一路经过压振荡器，形成频率为f_i的脉冲信号，由此信号控制三相正弦波发生器，产生频率与f_i相同的三相标准正弦波信号，该信号同函数发生器的输出相乘后形成逆变器输出指令信号。同时，给定积分器的输出经极性鉴别器确定正反转逻辑后，去控制三相标准正弦波的相序，从而决定输出指令信号的相序。输出指令信号与三角波比较后形成三相SPWM控制信号，再经过输出电路和驱动电路，控制逆变器中IGBT的通断，使逆变器输出所需频率、相序和大小的交流电压，从而控制交流电机的转速和转向。

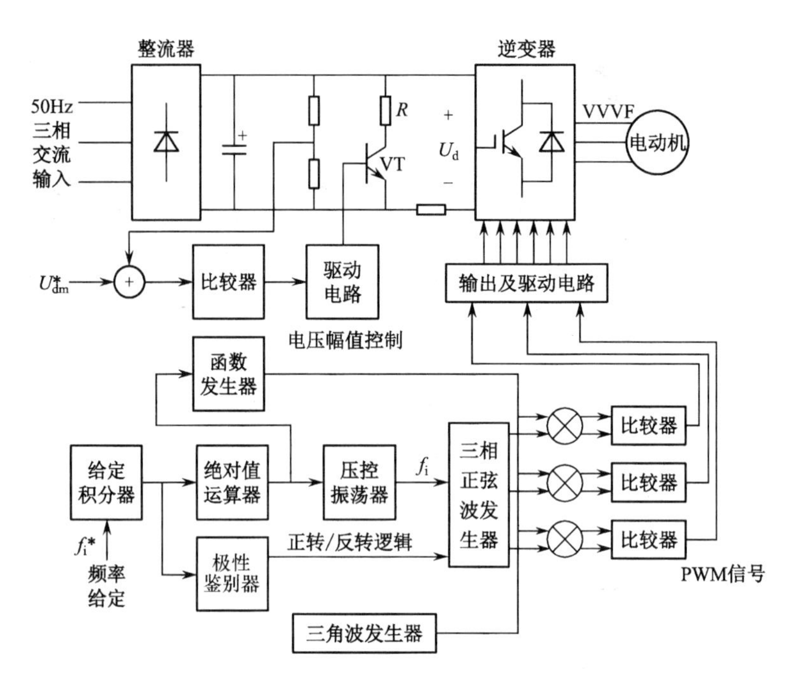

图 6-19　开环控制的 SPWM 变频调速系统结构简图

※实训 11　升、降压与复合斩波电路

1. 实训目标

(1) 了解直流斩波电路在电机负荷时的应用原理。

(2) 了解复合斩波器供电的直流电动机传动系统中，断流、逆流等工作状态时的电压、电流波形和形成条件。

2. 实训仪器与设备

实训所需仪器设备如表 6-1 所示。

表 6-1　实训所需仪器设备

设备名称	数量	设备名称	数量
DJK01 电源控制屏	1 块	DJ13-1 直流发电机	1 件
DJK09 单相调压与可调负载	1 块	DJ15 直流并激电动机	1 件
DJK27 升降压与复合斩波电路	1 件	双踪示波器	1 台
DD03-2 电机导轨、测速发电机及转速表	1 块	万用表	1 只

3. 预备知识

直流斩波电路的种类很多，其中斩波电路的典型用途之一是拖动直流电动机，当负载是直流电机时，电路中会出现反电动势而无须另配置大电感和大电容，电路十分简单。

1) 降压斩波电路

图 6-20 所示为降压斩波电路的原理图及波形。图中 L、R 为负载电机的等效电路，负载

电压的平均值为 $U_O=\frac{t_{on}}{t_{on}+t_{off}}E=\frac{t_{on}}{T}E=\gamma E$。因此称为降压斩波电路。若负载 L 值很小，或 t_{on} 较小，或 E 较小，则在可控器件 V 关断后，到了 t_2 时刻，负载电流已衰减至零将会出现负载电流断续的情况。图 6-20(c)表明了电流断续时的波形情况。

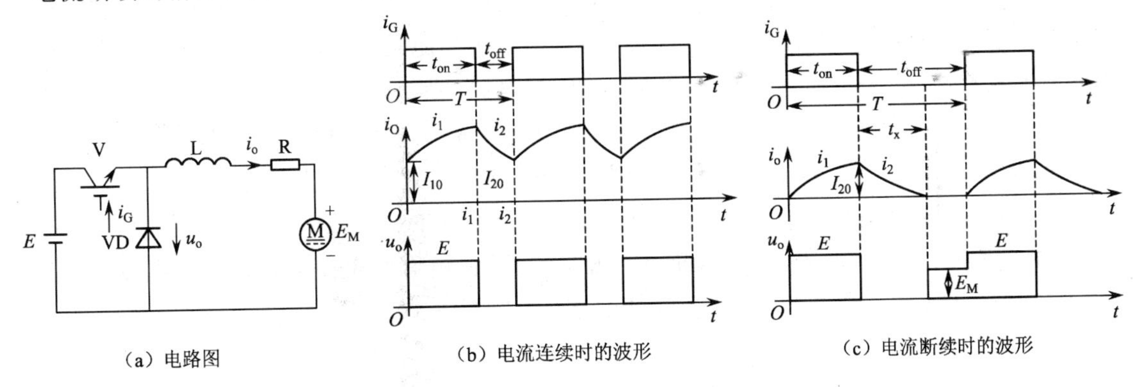

图 6-20　降压斩波电路的原理图及波形

2）升压斩波电路

图 6-21 所示为升压斩波电路的一般电路，用于电感 L 和电容 C 的存在，从电路原理可分析输出电压 $U_O=\frac{t_{on}+t_{off}}{t_{on}}E=\frac{T}{t_{on}}E$。因此称为升压斩波电路。

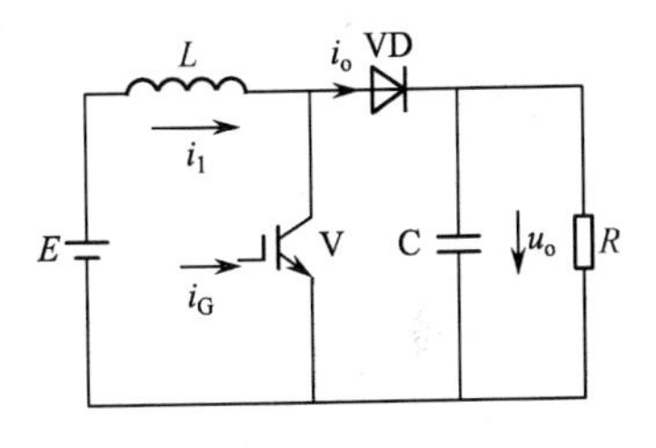

图 6-21　升压斩波一般电路的原理图

当升压斩波电路用于直流电动机传动时，通常是在直流电动机再生制动时把电能回馈给直流电源，此时的电路及工作波形如图 6-22 所示，图中 L 为直流电机的等效电感，由于实际电路中电感 L 值不可能无穷大，因此该电路和斩波电路一样，也有电动机电枢电流连续和断续两种工作状态。还需要说明的是，此时电动机的反电动势相当于图 6-21 所示电路中的电源，而此时的直流电源相当于如图所示电路中的负载，由于直流电源的电压基本是恒定的，因此不必并联电容器。图 6-22 所示为由于直流电动机回馈能量的升压斩波电路及其波形。

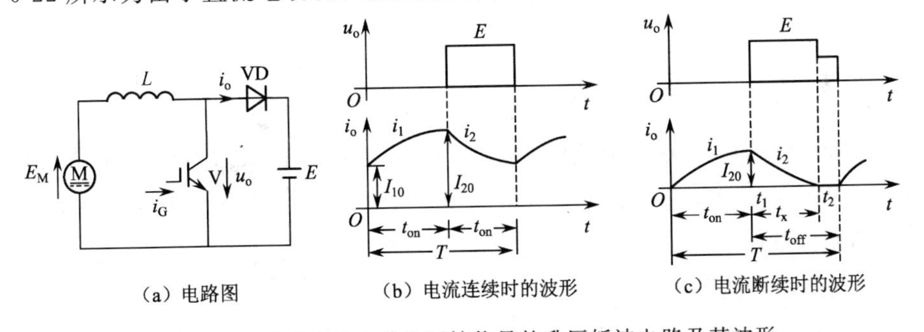

图 6-22　用于直流电动机回馈能量的升压斩波电路及其波形

从图中可以看出，当 $t_x<t_{off}$ 时，电路为电流断续工作，$t_x<t_{off}$ 是电流断续的条件，注意在升压电路中，电流是逆向流动的。

3）复合电流可逆斩波电路

当斩波电路用于拖动直流电动机时，常要使电动机既可电动运行，又能再生制动，将能量回馈电源，降压斩波电路在拖动直流电动机时，电动机工作于第一象限，升压斩波电路中，电动机工作于第二象限，复合电流可逆斩波电路将降压斩波电路与升压斩波电路组合在一起，在拖动直流电动机时，电动机的电枢电流可正可负，但电压只能是一种极性，故其可工作于第一象限和第二象限，图 6-23 所示为复合电流可逆斩波电路的原理图及其波形。图中 L、R 为电动机电枢的等效电感和电阻。在该电路中，V_1 和 V_{D1} 构成降压斩波电路。由电源向直流电动机供电，电动机为电动运行，工作于第一象限，V_2 和 VD_2 构成升压斩波电路，把直流电动机的动能转变为电能反馈到电源，使电动机再生制动运行，工作于第二象限。需要注意的是若 V_1 和 V_2 同时导通，将导致电源短路，因此，V_1 和 V_2 的栅极触发脉冲在时间上必须错开。从图中可看出，当电路工作于复合电流可逆斩波电路时，V_1、VD_1、V_2、VD_2 将依次导通。

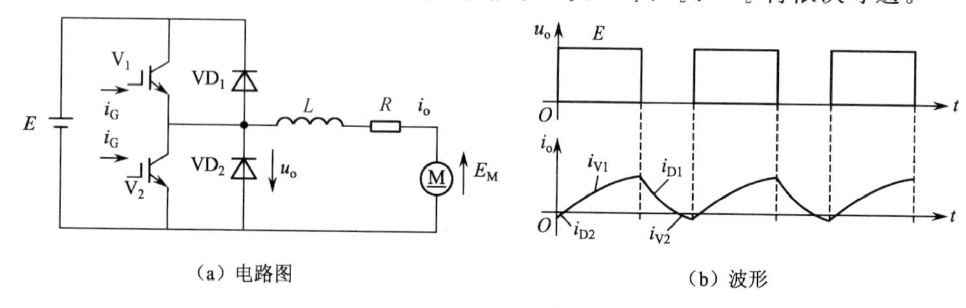

（a）电路图　　（b）波形

图 6-23　复合电流可逆斩波电路及其波形

4）实训电路原理图

如图 6-24 所示，PWM 脉宽调节电路部分不再介绍，可参考半桥型开关稳压电源的性能研究的实验实训项目。

4. 实训内容与方法

1）项目实训实施内容

（1）控制与驱动电路的测试。

（2）三种直流斩波器的测试。

2）项目实训实施方法

（1）控制与驱动电路的测试：

① 启动 DJK-27 控制电路电源开关。

② 用万用表测量 U_r，用双踪示波器两路探头分别观察 SG3525 的第 11 脚、第 14 脚波形。

③ 调节 PWM 电位器，记录 PWM 频率、幅值，最大、最小占空比以及相应的 U_r 值。记录两路 PWM 的相位差以及两路之间最小的“死区”时间。

（2）降压斩波电路的测试：

① 根据工作要求连接电路，开启 DJK01 电源控制屏，电源控制屏输出接 DJK09 挂件上的调压器，调压器输出接整流模块，输出的直流接 DJK27 斩波器的输入，按降压原理图、斩波器输出接电动机(DJ15)，发电机(DJ13-1)和电动机同轴连接，发电机的电枢输出接负载 R(将两个 900Ω 串联)。

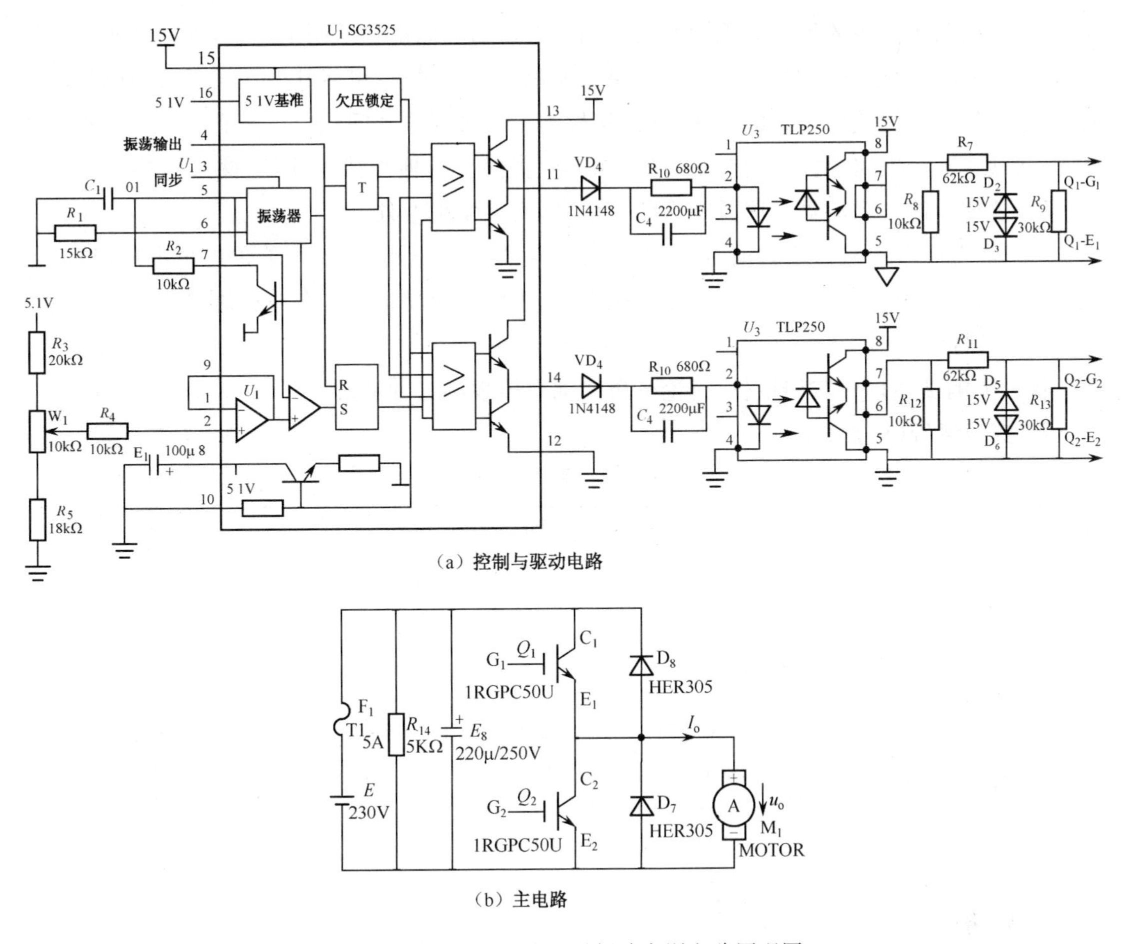

（a）控制与驱动电路

（b）主电路

图 6-24　DJK-27 电流可逆斩波实训电路原理图

② 用双踪示波器两路探头分别观察 U_O 和 i_O。输入的直流电压控制在 230 V，记录最大最小 PWM 占空比时的电机转速，观察加大负荷时的 U_O 和 i_O 的变化情况，记录临界断流时的 PWM 占空比。

③ 在最大占空比的情况下，逐步降低输入的直流电压，记录临界断流时的电压值。

3）升压斩波电路的测试

（1）根据工作要求连接电路，电源控制屏输出接 DJK09 挂件上的调压器，调压器输出接整流模块，直流输出接电动机（DJ15）负载，发电机（DJ13-1）和电动机同轴，发电机的电枢输出接直流斩波器的输出端，斩波器的输入侧接直流输出，调节调压器增加输出的直流电压。注意在实训中要把直流电压控制在 70 V 以下。

（2）重复降压斩波电路测试的步骤（1）、（2）。

4）复合斩波电路的测试。

（1）根据工作要求连接电路，用电动机拖动发电机。

（2）重复降压斩波电路测试的步骤（2）、（3）。

5. 实训注意事项

（1）双踪示波器有两个探头，可同时观察两路信号，但这两个探头的地线都与示波器的外壳相连，所以两个探头的地线不能同时接在同一电路的不同电位的两个点上，否则这两点会通过示波器外壳发生电气短路。为此，为了保证测量的顺利进行，可将其中一根探头的地线取下或外包绝缘，只使用其中一路的地线，这样从根本上解决了这个问题。当需要同时观察两个信号时，必须在被测电路上找到两个信号的公共点，将探头的地线接于此处，探头各接至被测信号，只有这样才能在示波器上同时观察两个信号，而吧发生意外。

（2）带直流电动机做实训时，必须要先加励磁部分的电源，然后才能加电枢电压启动，停机时要先讲电枢电压降到零后，再关闭励磁电源；否则很容易造成飞车或过流，将功率管损坏。

6. 实训报告

将以上测试整理成实训报告，讨论分析实训中出现的各种波形。

7. 实训评价（见表6-2）

表6-2 评 分 表 老师________得分________

考核内容	配分	评分标准	扣分	得分
按图装接	20分	1. 不按图装接，扣5分； 2. 不会用仪器、仪表的，扣2分； 3. 挂箱选择错误或损坏，每只扣2分； 4. 错装漏装，每只扣2分		
焊接安装和连接	40分	1. 连接安装不合理、不美观、不整齐，扣5分； 2. 连接安装错误的，每点扣2分； 3. 电路连接错误的，每点扣2分； 4. 连接双踪示波器错误的，每点扣2分		
测量与故障排除	40分	1. 不能正确使用各个挡位，扣3分； 2. 测量不成功，扣2分； 3. 故障排除不成功，扣2分		
安全文明生产	符合国家颁布安全文明生产规定。每违反一项规定，从总分中扣3分，发生重大事故取消考核资格			

习 题 6

6.1 开关电源与线性稳压电源相比有何优缺点？

6.2 功率因数校正电路的作用是什么？有哪些校正方法？其基本原理是什么？

6.3 UPS有何作用？它由几个部分组成？各部分的功能是什么？

6.4 变频调速装置分成哪两类？

6.5 阐述SPWM变频调速装置的能耗制动电路和控制电路的工作原理。

习题参考答案

习　题　1

1.1　使晶闸管导通的条件是：晶闸管承受正向阳极电压，并在门极施加触发电流（脉冲）。或：$u_{AK}>0$ 且 $u_{GK}>0$。导通后流过晶闸管的电流由负载阻抗决定，负载上的电压由阳极电压 u_A 决定。

1.2　晶闸管的关断条件是：要使晶闸管由正向导通状态转变为阻断状态，可采用阳极电压反向使阳极电流 I_A 减小，I_A 下降到维持电流 I_H 以下时，晶闸管内部建立的正反馈无法进行。处于阻断状态时其两端的电压由电源电压决定。

1.3　温度升高时，晶闸管的触发电流减小、正反向漏电流增大、维持电流减小、正向转折电压和反向击穿电压减小。

1.4　非正常导通方式有：(1) $I_g=0$，阳极电压升高至相当高的数值；(1) 阳极电压上升率 du/dt 过高；(3) 结温过高。

1.5　晶闸管从正向阳极电流下降为零到它恢复正向阻断能力所需的这段时间称为关断时间。

1.6　(a) $\dfrac{100\text{V}}{50\text{k}\Omega}=2\ \text{mA}<I_H$，不合理。

(b) I_A，$\dfrac{200\ \text{V}}{10\ \Omega}=20\ \text{A}$，KP100 的电流额定值为 100 A，裕量达 5 倍，太大了。

(c) $\dfrac{150\ \text{V}}{1\ \Omega}=150\ \text{A}>100\ \text{A}$，不合理。

1.7　由题意可得晶闸管导通时的回路方程：$L\dfrac{di_A}{dt}+Ri_A=E$　可解得 $i_A=\dfrac{E}{R}(1-e^{-\frac{t}{\tau}})$

$\tau=\dfrac{L}{R}=1$，要维维持持晶闸管导通，$i_A(t)$ 必须在擎住电流 I_L 以上，即 $\dfrac{50}{0.5}(1-e^{-t})\geqslant 15\times10^{-3}$，$t\geqslant 150\times10^{-6}=150\ \mu\text{s}$ 所以脉冲宽度必须大于 150 μs。

1.8　晶闸管的额定电压：

$$u_{TN}=(2\sim3)u_{TM}=(2\sim3)\sqrt{2}\times220\ \text{V}=622\sim933\ \text{V}，取 800\ \text{V}，即 8 级晶闸管。$$

晶闸管的额定电流 $2I_{T(AV)}\geqslant 2.22I_T=222\ \text{A}$，$I_{T(AV)}=111\ \text{A}$，取 100 A。

1.9　处于工作状态的 GTR，当其集电极反偏电压 U_{CE} 渐增大电压定额 BU_{CEO} 时，集电极电流 I_C 急剧增大（雪崩击穿），但此时集电极的电压基本保持不变，这叫一次击穿。

发生一次击穿时，如果继续增大 U_{CE}，又不限制 I_C，I_C 上升到临界值时，U_{CE} 突然下降，而 I_C 继续增大（负载效应），这个现象称为二次击穿。

1.10　要求如下：

(1) 提供合适的正反向基流以保证 GTR 可靠导通与关断；

(2) 实现主电路与控制电路隔离；

(3) 自动保护功能，以便在故障发生时快速自动切除驱动信号避免损坏 GTR；

(4) 电路尽可能简单，工作稳定可靠，抗干扰能力强。

1.11 缓冲电路可以使 GTR 在开通中的集电极电流缓慢增大，关断中的集电极电压缓慢升高，避免了 GTR 同时承受高电压、大电流。另一方面，缓冲电路也可以使 GTR 的集电极电压变化率$\frac{du}{dt}$和集电极电流变化率$\frac{di}{dt}$得到有效值抑制，减小开关损耗和防止高压击穿，以及硅片局部过热熔通而损坏 GTR。

1.12 GTR 是电流型器件，功率 MOS 是电压型器件，与 GTR 相比，功率 MOS 管的工作速度快，开关频率高，驱动功率小且驱动电路简单，无二次击穿问题，安全工作区宽，并且输入阻抗可达几十兆欧。

功率 MOS 的缺点有：电流容量低，承受反向电压小。

1.13 功率 MOS 采用水平结构，器件的源极 S，栅极 G 和漏极 D 均被置于硅片的一侧，通态电阻大，性能差，硅片利用率低。VDMOS 采用二次扩散形式的 P 形区的 N^+ 型区在硅片表面的结深之差来形成极短的、可精确控制的沟道长度(1～3 μm)，制成垂直导电结构可以直接装漏极，电流容量大、集成度高。

1.14 (1)过电流保护；(2)过电压保护；(3)过热保护；(4)防静电。

1.15 IGBT 的开关速度快，其开关时间是同容量 GTR 的 1/10，IGBT 电流容量大，是同容量 MOS 的 10 倍；与 VDMOS、GTR 相比，IGBT 的耐压可以做得很高，最大允许电压 U_{CEM} 可达 4 500 V，IGBT 的最高允许结温 T_{JM} 为 150℃，而且 IGBT 的通态压降在室温和最高结温之间变化很小，具有良好的温度特性；通态压降是同一耐压规格 VDMOS 的 1/10，输入阻抗与 MOS 同。

习　题　2

2.1～2.5 √××√×

2.6～2.8 ×√√

2.9

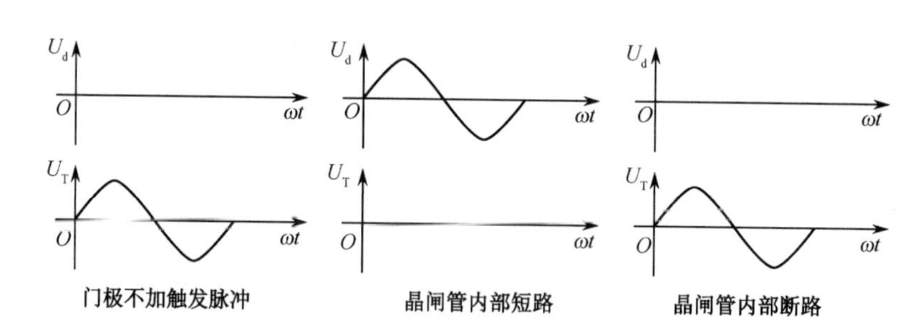

2.10 带大电感负载的晶闸管额定电流应选择小一些。由于具有电感，当其电流增大时，在电感上会产生感应电动势，抑制电流增加。电阻性负载时整流输出电流的峰值大些，在流过负载电流平均值相同的情况下，为防此时管子烧坏，应选择额定电流大一些的管子。

2.11 相控整流电路带电阻性负载时，负载电阻上的平均功率 $P_d=U_dI_d$ 不等于负载有功功率 $P=UI$。因为负载上的电压、电流是非正弦波，除了直流 U_d 与 I_d 外还有谐波分量 $U_1,U_2,\cdots$，以及 $I_1,I_2,\cdots$，负载上有功功率为 $P=\sqrt{P_d^2+P_1^2+P_2^2+\cdots}>P_d=U_dI_d$。

相控整流电路带大电感负载时，虽然 U_d 存在谐波，但电流是恒定的直流，故负载电阻 R_d 上的 U_d 与 I_d 的乘积等于负载有功功率。

2.12 采用由 220 V 交流直接供电当 $\alpha=0°$时

$$U_{do}=0.45U_2=0.45\times220\text{V}=99\text{ V}$$

由变压器降压到 60 V 供电当 $\alpha=0°$时

$$U_d=0.45U_2=0.45\times60\text{V}=27\ \text{V}$$

因此，只要调节 α 都可以满足输出 0～24 V 直流电压要求。

（1）采用由 220V 交流直接供电时

$$U_d=0.45U_2\frac{1+\cos\alpha}{2}$$

$U_d=24\text{V}$ 时

$$\alpha=121°$$

$$\theta=180°-121°=59°$$

$$U_T=\sqrt{2}U_2=311\ \text{V}$$

$$I_T=\sqrt{\frac{1}{2\pi}\int_0^{\pi}\left[\frac{\sqrt{2}U_2}{R}\sin\omega t\right]^2\text{d}\omega t}=84\ \text{A}$$

$$R=\frac{U_d}{I_d}=\frac{24}{30}=0.8\ \Omega$$

$$I_{T(AV)}=\frac{I_T}{1.57}=\frac{84}{1.57}\text{A}=54\ \text{A}$$

取 2 倍安全裕量，晶闸管的额定电压、额定电流分别为 622 V 和 108 A。

电源提供有功功率

$$P=I_2^2R=84^2\times0.8\text{W}=5644.8\ \text{W}$$

电源提供视在功率

$$S=U_2I_2=84\times220\text{kV}\cdot\text{A}=18.58\ \text{kV}\cdot\text{A}$$

电源侧功率因数

$$\text{PF}=\frac{P}{S}=0.305$$

（2）采用变压器降压到 60V 供电

$$U_d=0.45U_2\frac{1+\cos\alpha}{2}$$

$U_d==24\text{V}$ 时

$$\alpha\approx39°$$

$$\theta=180°-39°=141°$$

$$U_T=\sqrt{2}U_2=84.4\ \text{V}$$

$$I_T=\sqrt{\frac{1}{2\pi}\int_0^{\pi}\left[\frac{\sqrt{2}U_2}{R}\sin\omega t\right]^2\text{d}\omega t}=51.38\ \text{A}$$

$$R=\frac{U_d}{I_d}=\frac{24}{30}=0.8\ \Omega$$

$$I_{T(AV)}=\frac{I_T}{1.57}=\frac{51.38}{1.57}=32.7\ \text{A}$$

取 2 倍安全裕量，晶闸管的额定电压、额定电流分别为 168.8 V 和 65.4 A。

变压器二次侧有功功率　$P=I_2^2R=(51.38^2\times0.8)\text{W}=2\ 112\ \text{W}$

变压器二次侧视在功率　$S=U_2I_2=(60\times51.38)\text{kV}\cdot\text{A}=3.08\ \text{kV}\cdot\text{A}$

电源侧功率因数

2.13　（1）单相半波 $\alpha=0°$时

$$U_2=\frac{U_d}{0.45}=\frac{600\text{V}}{0.45}=1\ 333\ \text{V}$$

$$I_d=\frac{U_d}{R_d}=\frac{600}{50}\text{A}=12\ \text{A}$$

晶闸管的最大电流有效值

$$I_T=1.57\ I_d=18.8\ \text{A}$$

晶闸管额定电流为

$$I_{T(AV)}\geqslant\frac{I_T}{1.57}=12\text{A}$$

晶闸管承受最大电压为

$$U_{RM}\geqslant\sqrt{2}U_2=1\ 885\ \text{V}$$

取2倍安全裕量,晶闸管的额定电压、额定电流分别为4 000 V和30 A。

所选导线截面积为

$$S\geqslant I/J=(18.816)\text{mm}^2=3.13\ \text{mm}^2$$

负载电阻上最大功率

$$R_R=I_T^2R=17.7\ \text{kW}$$

(2) 单相全控桥 $\alpha=0°$时

$$U_2=\frac{U_d}{0.9}\text{V}=667\ \text{V}$$

$$I_d=\frac{U_d}{R_d}=\frac{600}{50}\text{A}=12\ \text{A}$$

负载电流有效值

$$I=1.11I_d=13.1\ \text{A}\qquad(K_f=1.11)$$

晶闸管的额定电流为

$$I_{T(AV)}\geqslant\frac{I_T}{1.57}=6(\text{A})$$

$$I_T=\frac{I}{\sqrt{2}}$$

晶闸管承受最大电压为

$$U_{RM}\geqslant\sqrt{2}U_2=1\ 885\ \text{V}$$

取2倍安全裕量,晶闸管的额定电压、额定电流分别为4 000 V和20 A。

所选导线截面积为

$$S\geqslant I/J=(13.3/6)\text{mm}^2=2.22\ \text{mm}^2$$

负载电阻上最大功率

$$P_R=I^2R=8.9\ \text{kW}$$

2.14 设 $\alpha=0°$

单相半波

$$I_{dT}=I_d=40\ \text{A}$$

$$I_T=1.57\times I_{dT}=62.8\ \text{A}\qquad(K_f=1.57)$$

单相桥式

$$I_{dT}=\frac{1}{2}\text{I}_d=20\ \text{A}$$

$$I_T=\sqrt{\frac{1}{2}\times I_d=28.3\ A}$$

三相半波

$$I_{dT}=\frac{1}{3}I_d=13.3\ A$$

当 $\alpha=0$ 时

$$U_d=1.17\ U_2$$

$$U_2=U_d/1.17$$

$0°\geqslant\alpha\geqslant30°$时

$$I_T=\frac{U_2}{R_d}\sqrt{\frac{1}{2\pi}\left(\frac{2\pi}{3}+\frac{\sqrt{3}}{2}\cos2\alpha\right)}$$

习 题 3

3.1 开关损耗与开关的频率和变换电路的形态性能等因素有关。

3.2 相同点:Buck 电路和 Boost 电路多以主控型电力电子器件(如 GTO,GTR,VDMOS 和 IGBT 等)作为开关器件,其开关频率高,变换效率也高。

不同点:Buck 电路在 T 关断时,只有电感 L 储存的能量提供给负载,实现降压变换,且输入电流是脉动的。而 Boost 电路在 T 处于通态时,电源 U_d 向电感 L 充电,同时电容 C 集结的能量提供给负载,而在 T 处于关断状态时,由 L 与电源 E 同时向负载提供能量,从而实现了升压,在连续工作状态下输入电流是连续的。

3.3 直流斩波电路主要有降压斩波电路(Buck),升压斩波电路(Boost),升降压斩波电路(Buck-Boost)和库克(Cook)斩波电路。

降压斩波电路是:一种输出电压的平均值低于输入直流电压的变换电路。它主要用于直流稳压电源和直流直流电机的调速。

升压斩波电路是:输出电压的平均值高于输入电压的变换电路,它可用于直流稳压电源和直流电机的再生制动。

升降压变换电路是输出电压平均值可以大于或小于输入直流电压,输出电压与输入电压极性相反。主要用于要求输出与输入电压反向,其值可大于或小于输入电压的直流稳压电源。

库克电路也属升降压型直流变换电路,但输入端电流纹波小,输出直流电压平稳,降低了对滤波器的要求。

3.4 这两种电路都有升降压变换功能,其输出电压与输入电压极性相反,而且两种电路的输入、输出关系式完全相同,Buck-Boost 电路是在关断期内电感 L 给滤波电容 C 补充能量,输出电流脉动很大,而 Cuk 电路中接入了传送能量的耦合电容 C_1,若使 C_1 足够大,输入输出电流都是平滑的,有效的降低了纹波,降低了对滤波电路的要求。

3.5 反激变换器:当开关管 T 导通,输入电压 U_d 便加到变压器 TR 初级 N_1 上,变压器储存能量。根据变压器对应端的极性,可得次级 N_2 中的感应电动势为下正上负,二极管 D 截止,次级 N_2 中没有电流流过。当 T 截止时,N_2 中的感应电动势极性上正下负,二极管 D 导通。在 T 导通期间储存在变压器中的能量便通过二极管 D 向负载释放。在工作的过程中,变压器起储能电感的作用。

输出电压为

$$U_O=\frac{N_2}{N_1}\times\frac{D}{1-D}U_d$$

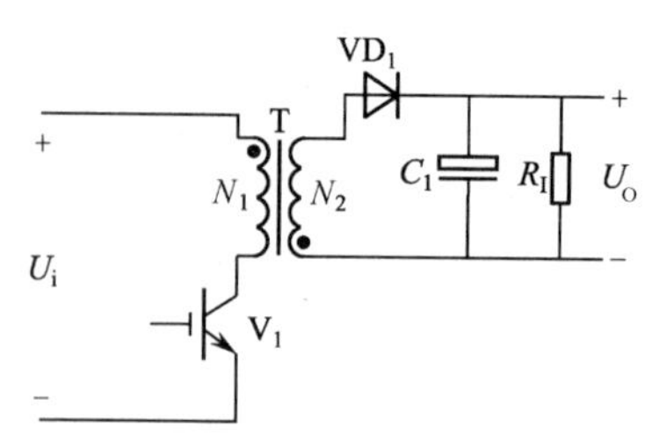

3.6　正激变换器：当开关管 T 导通时，它在高频变压器初级绕组中储存能量，同时将能量传递到次级绕组，根据变压器对应端的感应电压极性，二极管 D_1 导通，此时 D_2 反向截止，把能量储存到电感 L 中，同时提供负载电流 I_O；当开关管 T 截止时，变压器次级绕组中的电压极性反转过来，使得续流二极管 D_2 导通（而此时 D_1 反向截止），储存在电感中的能量继续提供电流给负载。变换器的输出电压为

$$U_O=\frac{N_2}{N_1}DU_d$$

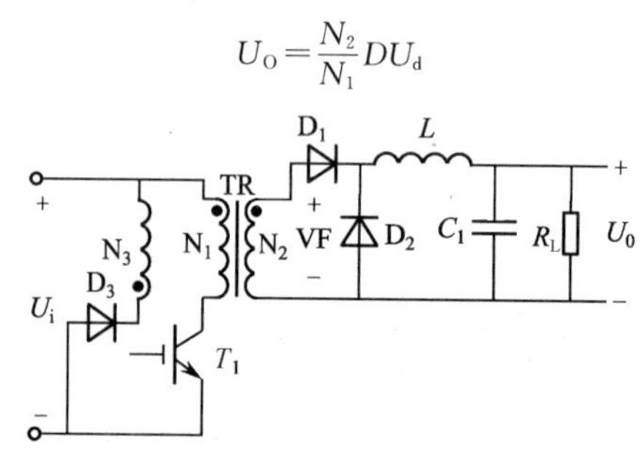

3.7　正激式电路中开关在工作时承受的最大电压

$$u_S=\left(1+\frac{N_1}{N_3}\right)U_i$$

反激式电路中开关在工作时承受的最大电压

$$u_S=U_i+\frac{N_1}{N_3}U_o$$

3.8　隔离型变换电路有正激、反激、半桥、全桥和推勉几种。

正激电路优点：电路简单，成本低，可靠性高，驱动电路简单。

正激电路缺点：变压器单向激磁，利用率低。

反激优点：电路简单，成本低，可靠性高，驱动电路简单。

反激缺点：难以达到较大的功率，变压器单向激磁，利用率低。

半桥优点：变压器双向励磁，没有偏磁问题，开关少，成本低。

半桥缺点：有直通问题，可靠性低，需要隔离驱动电路。

全桥优点：变压器双向励磁，容易达到大功率。

全桥缺点：结构复杂，有直通问题，需要多组复杂的隔离驱动电路。

推勉优点：变压器双向励磁，变压器一侧回路只有一个开关，损耗小，驱动简单。

推勉缺点：有偏磁问题。

3.9　C

3.10　C

3.11　C

3.12　D

3.13　(1) $\frac{U_d}{U_O}=\frac{1}{D}$　　$D=\frac{U_O}{U_d}=\frac{10}{15}=0.667$

(2) $\Delta I_L\ \frac{U_O(U_d-U_O)}{fLU_d}=\frac{U_dD(1-D)}{fL}=\frac{15\times0.667(1-0.667)}{50\times10^3\times0.05\times10^{-3}}\text{A}=1.333\text{ A}$

(3) 因为

$$\frac{\Delta U_O}{U_O}=\frac{\pi^2}{2}(1-D)\left(\frac{t_c}{f}\right)^2$$

$$f=50\ \text{kHz}\qquad f_c=\frac{1}{2\pi\sqrt{LC}}$$

则

$$0.05=\frac{\pi^2}{2}(1-D)\left(\frac{f_c}{f}\right)^2$$

$$f_c^2=\frac{0.05\times 2f^2}{\pi^2(1-D)}$$

$$C_m\text{in}=\frac{1-D}{0.05\times 8Lf^2}=\frac{1-0.667}{0.05\times 8\times 0.05\times 10^{-3}\times(50\times 10^3)^2}\text{F}=6.66\times 10^{-6}\text{F}=6.66\mu\text{F}$$

习 题 4

4.1 A

4.2 C

4.3～4.7 √ × × × ×

4.8 按照逆变电路直流侧电源性质分类，直流侧为电压源的逆变电路称为电压型逆变电路，直流侧为电流源的逆变电路称为电流型逆变电路。

电压型逆变电路的主要特点是：

(1) 直流侧为电压源，或并联有大电容，相当于电压源。直流电压基本无脉动，直流回路呈现低阻抗。

(2) 由于直流电压源的钳位作用，交流侧电压波形为矩形波，并且与负载阻抗角无关，而交流侧输出电流波形和相位因负载阻抗情况的不同而不同，其波形接近于三角波或正弦波。

(3) 当交流侧为阻感性负载时，须提供无功功率，直流侧电容起缓冲无功能量的作用，为了给交流侧向直流侧反馈的无功能量提供通道，逆变桥各臂都并联了二极管。

(4) 逆变电路从直流侧向交流侧传送的功率是脉动的，因直流电压无脉动，故功率的脉动是由交流电压来提供。

(5) 当用于交一直-交变频器中，负载为电动机时，如果电动机工作在再生制动状态，就必须向交流电源反馈能量。因直流侧电压方向不能改变，所以只能靠改变直流电流的方向来实现，这就需要给交—直整流桥再反并联一套逆变桥。

电流型逆变电路的主要特点是：

(1) 直流侧串联有大电感，相当于电流源，直流电流基本无脉动，直流回路呈现高阻抗。

(2) 因为各开关器件主要起改变直流电流流通路径的作用，故交流侧电流为矩形波，与负载性质无关，而交流侧电压波形和相位因负载阻抗角的不同而不同。

(3) 直流侧电感起缓冲无功能量的作用，因电流不能反向，故可控器件不必反并联二极管。

(4) 当用于交一直-交变频器且负载为电动机时，若交一直变换为可控整流，则很方便地实现再生制动。

4.9 在电压型逆变电路中，当交流侧为阻感负载时需要提供无功功率，直流侧电容起缓冲无功能量的作用。为了给交流侧向直流侧反馈的无功能量提供通道，逆变桥各臂都并联了反馈二极管。当输出交流电压与电流的极性相同时，电流经电路中的可控开关器件流通，而当输出电压与电流极性相反时，由反馈二极管提供电流通道。

4.10 由于全电路开关管采用自关断器件，其反向不能承受高电压，所以需要在各开关器件支路串入二极管。

4.11 全控型器件组成的电压型三相桥式逆变电路能构成120°导电型。

由于三相桥式逆变电路每个桥臂导通120°,同一相上下两臂的导通有10°间隔,各相导通依次相差120°,且不存在上下直通的问题,所以其能构成120°导电型。但当直流电压一定时,其输出交流线电压有效值比180°导电型低得多,直流电源电压利用率低。

4.12 为了保证电路可靠换流,必须在输出电压 u 过零前 t_f 时刻触发 T_2、T_3,称 t_f 为触发引前时间。为了安全起见,必须使 $t_f=t_r+kt_q$

式中:k 为大于1的安全系数,一般取2～3。

4.13 将一个任意波电压分成 N 等份,并把该任意波曲线每一等份所包围的面积都用一个与其面积相等的等幅矩形脉冲来代替,且矩形脉冲的中点与相应任意波等份的中点重合,得到一系列脉冲列。这就是PWM波形。但在实际应用中,人们采用任意波与等到腰三角形相交的方法来确定各矩形脉冲的宽度。

PWM控制就是利用PWM脉冲对逆变电路开关器件的通断进行控制,使输出端得到一系列幅值相等而宽度不相等的脉冲,用这些脉冲来代替所需要的波形。

4.14 单极性PWM控制方式在调制信号 U_r 的正半个周期或负半个周期内,三角波载波是单极性输出的,所得的PWM波也是单极性范围内变化的。而双极性PWM控制方式中,三角波载波始终是有正有负,而输出的PWM波是双极性的。

4.15 (1)输出相电压基波幅值

$$U_{AN1m}=\frac{2U_d}{\pi}=0.637U_d=63.7\ \text{V}$$

输出相电压基波有效值

$$U_{AN1}=\frac{U_{AN1m}}{\sqrt{2}}=0.45U_d=45\ \text{V}$$

(2) 输出线电压基波幅值

$$U_{AB1m}=\frac{2\sqrt{3}U_d}{\pi}=\frac{2\sqrt{3}\times 100}{\pi}=110\ \text{V}$$

输出线电压基波有效值

$$U_{ABm}=\frac{U_{AB1m}}{\sqrt{2}}=\frac{\sqrt{6}\times 100}{\pi}\ \text{V}=78\ \text{V}$$

习 题 5

5.1 交流调功能电路和交流调压电路的电路形式完全相同,但控制方式不同。

交流调压电路都是通过控制晶闸管在每一个电源周期内的导通角的大小(相位控制)来调节输出电压的大小。

晶闸管交流调功能电路采用整周波的通、断控制方法,例如以 n 个电源周波为一个大周期,改变导通周波数与阻断周波数的比值来改变变换器在整个大周期内输出的平均功率,实现交流调功。

5.2 当 $\alpha<\varphi$ 时电源接通,如果先触发 T_1,则 T_1 的导通角 $\theta>180°$ 如果采用窄脉冲触发,当下的电流下降为零,T_2 的门极脉冲已经消失而无法导通,然后 T_1 重复第一周期的工作,这样导致先触发一只晶闸管导通,而另一只管子不能导通,因此出现失控。

5.3 相控整流电路和交流调压电路都是通过控制晶闸管在每一个电源周期内的导通角的大小(相位控制)来调节输出电压的大小。但两者电路结构不同,在控制上也有区别。

相控整流电路的输出电压在正负半周同极性加到负载上,输出直流电压。

交流调压电路，在负载和交流电源间用两个反并联的晶闸管 T_1、T_2或采用双向晶闸管 T 相联。当电源处于正半周时，触发 T_1导通，电源的正半周施加到负载上；当电源处于负半周时，触发 T_2导通，电源负半周便加到负载上。电源过零时交替触发 T_1、T_2，则电源电压全部加到负载。输出交流电压。

5.4　主要特点：只用一次变流效率高；可方便实现四象限工作，低频率输出时的特性接近正弦波。

主要不足：接线复杂，如采用三相桥式电路的三相交交变频器至少要用 36 只晶闸管；受电网频率和变流电路脉波数的限制，输出频率低；输出功率因素低；输入电流谐波含量大，频谱复杂。

主要用途：500 kW 或 1 000 kW 以下的大功率、低转速的交流调速电路。

5.5　单相交一变频电路和直流电动机传动用的反并联可控整流电路的电路组成是相同的，均由两组反并联的可控整流电路组成。但两者的功能和工作方式不同。

单相交一交变频电路是将交流电变成不同频率的交流电，通常用于交流电动机传动，两组可控整流电路在输出交流电压一个周期里，交替工作各半个周期，从而输出交流电。

而直流电动机传动用的反并联可控整流电路是将交流电变为直流电，两组可控整流电路中并没有像交一交变频电路那样的固定交替关系，而是由电动机工作状态的需要决定。

交流调压电路和交流调功电路的电路形式完全相同，两者的区别在于控制方式不同。

交流调压电路是在交流电源的每个周期对输出电压波形进行控制。而交流调功电路是将负载与交流电源接通几个周波，再断开几个周波，通过改变接通周波数与断开周波数的比值来调节负载所消耗的平均功率。

5.6　软开关：在电路中增加了小电感、电容等谐振元件，在开关过程前后引入谐振，使开关条件得以改善。软开关有时也被称为谐振开关。

采用软开关技术的目的降低开关损耗和开关噪声。

5.7　根据电路中主要的开关元件开通及关断时的电压电流状态，可将软开关电路分为零电压电路和零电流电路两大类；根据软开关技术发展的历程可将软开关电路分为准谐振电路，零开关 PWM 电路和零转换 PWM 电路。

准谐振电路：准谐振电路中电压或电流的波形为正弦波，电路结构比较简单，但谐振电压或谐振电流很大，对器件要求高，只能采用脉冲频率调制控制方式。

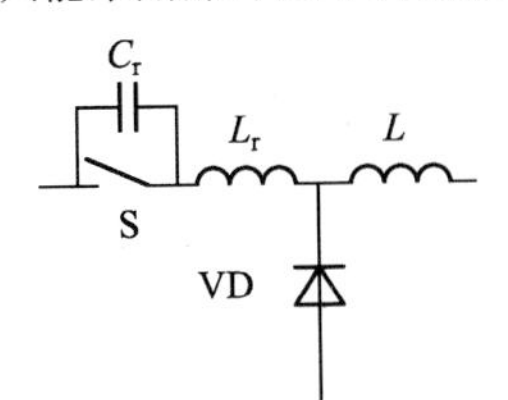

零电压开关准谐振电路的基本开关单元　　零电流开关准谐振电路的基本开关单元

零开关 PWM 电路：这类电路中引入辅助开关来控制谐振的开始时刻，使谐振仅发生于开关过程前后，此电路的电压和电流基本上是方波，开关承受的电压明显降低，电路可以采用开关频率固定的 PWM 控制方式。

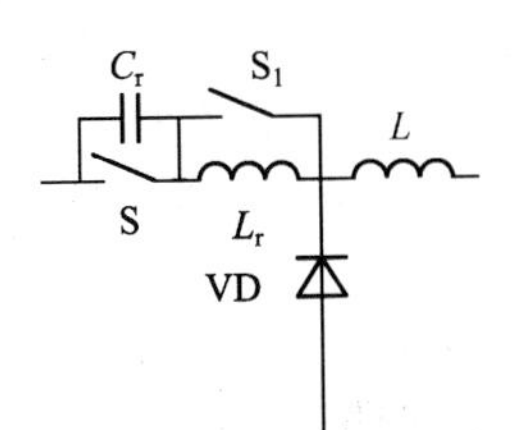

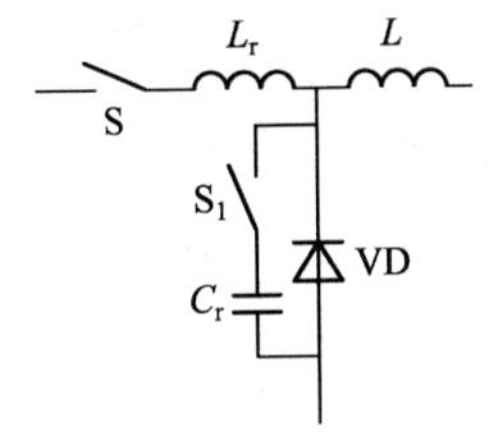

零电压开关 PWM 电路的基本开关单元　　零电流开关 PWM 电路的基本开关单元

零转换 PWM 电路：这类软开关电路还是采用辅助开关控制谐振的开始时刻，所不同的是，谐振电路是与主开关并联的，输入电压和负载电流对电路的谐振过程的影响很小，电路在很宽的输入电压范围内并从零负载到满负载都能工作在软开关状态，无功率的交换被消减到最小。

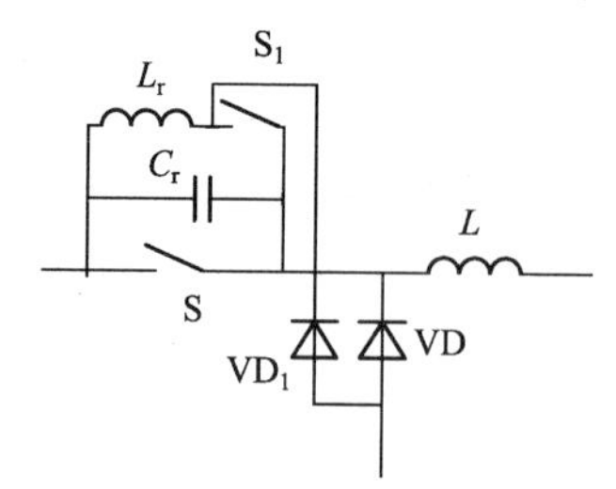

零电压开关 PWM 电路的基本开关单元

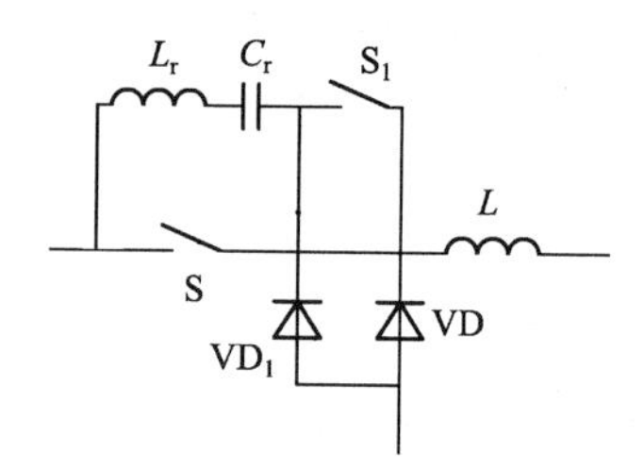

零电流开关 PWM 电路的基本开关单元

5.8　正向和反向 LC 回路值不一样，即振荡频率不同，电流幅值不同，所以振荡不对称。一般正向正弦半波大过负向正弦半波，所以常称为准谐振。无论是串联 LC 或并联 LC 都会产生准谐振。

零电压特点：谐振电压峰值很高，要求器件耐压必须提高。

零电流特点：开关谐振电流有效值很大，电路中存在大量无功功率的交换，电路导通损耗加大。

5.9　使开关开通前的两端电压为零，则开关导通过程中就不会产生损耗和噪声，这种开通方式为零电压开通；而使开关关断时其电流为零，也不会产生损耗和噪声，称为零电流关断。

5.10　ZCT PWM 电路主开关管在零电流下关断，降低了类似 IGBT 这种具有很大电流拖尾的大功率电力电子器件的关断损耗，并且没有明显增加主功率开关管及二极管的电压、电流应力。同时，谐振网络可以自适应地根据输入电压与负载的变化调整自己的环流能力。更重要的是它的软开关条件与输入、输出无关，这就意味着它可在很宽的输入电压和输出负载变化范围内有效地实现软开关操作过程，并且用于保证 ZVS 条件所需的环流能量也不大。ZCT PWM 电路变换器的开通是典型的硬开关方式。

ZCS-PWM 变换电路的输入电压和负载在一个很大范围内变化时，可像常规的 PWM 变换电路那样通过恒定频率 PWM 控制调节输出电压，且主开关管电压应力小。其主要特点与 ZCS QRS 电路是一样的，即主开关管电流应力大，续流二极管电压应力大。由于谐振电感仍保持在主功率能量的传递通路上．因此，实现 ZCS 的条件与电网电压、负载变化有很大的关系，这就制约了它在这些场合的作用。可以像 QRC 电路一样通过谐振为主功率开关管创造零电压或零电流开关条件，又可以使电路像常规 PWM 电路一样，通过恒频占空比调制来调节输出电压。

5.11　ZVS PWM 变换电路既有主开关零电压导通的优点，同时，当输入电压和负载在一个很大的范围内变化时，又可像常规 PWM 那样通过恒频 PWM 调节其输出电压，从而给电路中变压器、电感器和滤波器的最优化设计创造了良好的条件，克服了 QRC 变换电路中变频控制带来的诸多问题。但其主要缺点是保持了原 QRC 变换电路中固有的电压应力较大且与负载变化有关的缺陷。另外，谐振电感串联在主电路中，因此主开关管的 ZVS 条件与电源电压及负载有关。

ZVT PWM 电路主功率管在零电压下完成导通和关断，有效地消除了主功率二极管的反向恢复特性的影响，同时又不过多的增加主功率开关管与主功率二极管的电压和电流应力 ZVT PWM 变换器中的辅助开关是在高电压、大电流下关断，这就使辅助开关的开关损耗增加，从而影响整个电路的效率。然而，无论是 ZCT PWM 还是 ZVT PWM 的缺点都可以通过电路拓扑结构的改进来加以克服。

习　题　6

6.1　(1)功耗小、效率高。开关管中的开关器件交替地工作在导通-截止和截止-导通的开关状态，转换速度快，这使得开关管的功耗很小，电源的效率可以大幅度提高，一般为 90%～95%。

(2) 体积小、重量轻。

① 开关电源效率高,损耗小,则可以省去较大体积的散热器;

② 隔离变压用的高频变压器取代工频变压器,可大大减小体积,减轻重量;

③ 因为开关频率高,输出滤波电容的容量和体积可大为减小。

(3) 稳压范围宽。开关电源的输出电压是由占空比来调节,输入电压的变化可以通过调节占空比的大小来补偿,这样在工频电网电压变化较大时,它仍能保证有较稳定的输出电压。

(4) 电路形式灵活多样,设计者可以发挥各种类型电路的特长,设计出能满足不同应用场合的开关电源。

缺点:存在开关噪声干扰。

6.2　功率因数校正电路的作用是抑制由交流输入电流严重畸变而产生的谐波注入电网。

校正方法有:无源校正和有源校正。

无源校正的基本原理是:在主电路中串入无源 LC 滤波器。

有源校正的基本原理是:在传统的整流电路中加入有源开关,通过控制有源开关的通断来强迫输入电流跟随输入电压的变化,从而获得接近正弦波的输入电流和接近 1 的功率因数。

6.3　UPS 电源装置在保证不间断供电的同时,还能提供稳压,稳频和波形失真度极小的高质量正弦波电源。

后备式 UPS 由充电器、蓄电池、逆变器、交流稳压器、转换开关等部分组成。各部分的功能:当市电存在时,逆变器不工作,市电经交流稳压器稳压后,通过转换开关向负载供电,同时充电器工作,对蓄电池组浮充电。市电掉电时,逆变器工作,将蓄电池供给的直流电压变换成稳压,稳频的交流电压。转换开关同时断开市电通路,持通逆变器,继续向负载供电。

在线式 UPS 由整流器、逆变器、蓄电池组、静态转换开关等部分组成。各部分功能:正常工作时,市电经整流器变换成直流,在经逆变器变换成稳压、稳频的正弦波交流电压供给负载。当市电掉电时,由蓄电池组向逆变器供电,以保证负载不间断供电,如果逆变器发生故障,则 UPS 通过静态开关切换到旁路,直接由市电供电。

6.4　变频调速装置一般可以分为交－交变频和交－直-交变频两类。

6.5　SPWM 变频调速装置的能耗制动电路:

在变频调速系统中,电动机的降速和停机,是通过逐渐减小频率来实现的。

构成如下:

① 制动电阻。

② 制动单元 BV。由功率管 VB、电压取样与比较电路和驱动电路组成。

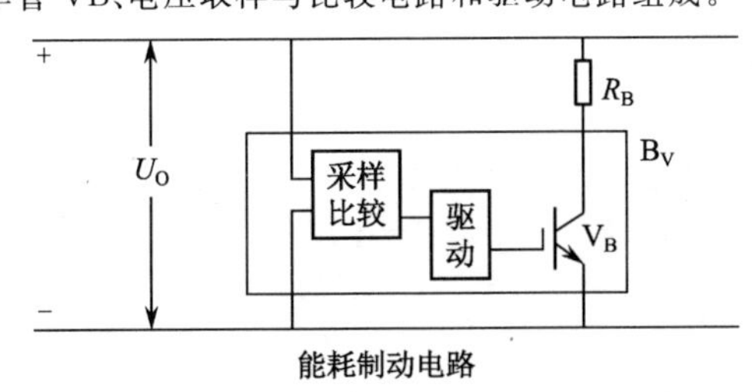

能耗制动电路

控制电路:控制回路由下列回路构成:对频率、电压协调控制的运算回路;主回路的电压/电流检测回路;电动机的速度检测回路;驱动回路;逆变器和电动机的保护回路。

控制回路没有接收异步电动机转速检测信号而根据设定运行参数工作时,为开环状态;若将电机运行的速度信号也作为控制信号,则控制回路工作于闭环状态。

参 考 文 献

[1] 莫正康．电力电子应用技术[M]．北京：机械工业出版社，2000.

[2] 王兆安，黄俊．电力电子技术[M]．北京：机械工业出版社，2000.

[3] 林渭勋．电力电子技术基础[M]．北京：机械工业出版社，1990.

[4] 郑忠杰，吴作海，等．电力电子交流技术[M]．北京：机械工业出版社，1999.

[5] 黄家善，王廷才．电力电子技术[M]．北京：机械工业出版社，2000.

[6] 陈坚．电力电子学：电力电子变换和控制技术[M]．北京：高等教育出版社，2002.

[7] 华伟，周文定．现代电力电子器件及其应用[M]．北京：清华大学出版社，2002.

[8] 张涛．电力电子技术[M]・2 版．北京：电子工业出版社，2009.

[9] 应建平，林渭勋，黄敏超，等．电力电子技术基础[M]．北京：机械工业出版社，2003.

[10] 张立．现代电力电子技术基础[M]．北京：高等教育出版社，1999.

[11] 丁道宏．电力电子技术[M]．修订版．北京：航空工业出版社，1999.

[12] 阮新波，严仰光．直流开关电源的软开关技术[M]．北京：科学出版社，2000.

[13] 浣喜明，姚为正．电力电子技术[M]．北京：高等教育出版社，2004.

[14] 赵建平．电力电子技术[M]．北京：电子工业出版社，2009.